Fatma Zohra Chelali

Reconnaissance de visages parlants, application à la langue Arabe

Fatma Zohra Chelali

Reconnaissance de visages parlants, application à la langue Arabe

Vers des communications multimodales

Presses Académiques Francophones

Impressum / Mentions légales

Bibliografische Information der Deutschen Nationalbibliothek: Die Deutsche Nationalbibliothek verzeichnet diese Publikation in der Deutschen Nationalbibliografie; detaillierte bibliografische Daten sind im Internet über http://dnb.d-nb.de abrufbar.

Information bibliographique publiée par la Deutsche Nationalbibliothek: La Deutsche Nationalbibliothek inscrit cette publication à la Deutsche Nationalbibliografie; des données bibliographiques détaillées sont disponibles sur internet à l'adresse http://dnb.d-nb.de.

Coverbild / Photo de couverture: www.ingimage.com

Verlag / Editeur:
Presses Académiques Francophones
ist ein Imprint der / est une marque déposée de
OmniScriptum GmbH & Co. KG
Heinrich-Böcking-Str. 6-8, 66121 Saarbrücken, Deutschland / Allemagne
Email: info@presses-academiques.com

Herstellung: siehe letzte Seite /
Impression: voir la dernière page
ISBN: 978-3-8416-2661-5

USTHB

Spécialité : Communication parlée
Par : **Fatma zohra CHELALI**

Thème

Reconnaissance de Visages Parlants

Soutenue publiquement le **20 / 06/ 2012,** devant le jury composé de :

H.SAYOUD	Professeur	USTHB	Président
A. DJERADI	Professeur	USTHB	Directeur de thèse
S.LARABI	Professeur	USTHB	Examinateur
L.HAMMAMI	Professeur	ENP	Examinateur
A. GUESSOUM	Professeur	BLIDA	Examinateur
M. HALIMI	Maitre de Recherches	CRSTSC, ALGER	Examinateur

Remerciements

Je remercie Dieu tout puissant de m'avoir donné la force, le courage et la patience de mener à bien ce travail de recherches effectué au long de ces années au niveau de l'équipe Communication Homme machine et production de la parole, du Laboratoire Communication Parlée et Traitement du Signal.

Je tiens à remercier mon directeur de thèse, Mr Amar DJERADI Professeur à la faculté d'électronique et d'informatique, pour le soin qu'il a porté à la correction du manuscrit et des résultats présentés, pour ses remarques et conseils qui ont contribué à son amélioration. Je lui suis reconnaissante de m'avoir si bien dirigée tout au long de cette recherche et de m'avoir initiée dans le domaine de la communication homme machine multimodale.

Je le remercie pour son aide, son soutien, son encouragement, ses conseils, du temps qu'il m'a consacré à l'amélioration des idées projetées et les critiques qu'il n'a jamais cessé de me faire depuis mon inscription en magister en 2002 jusqu'à ce jour avec l'aboutissement par une thèse de doctorat. Je le remercie vivement pour la confiance qu'il m'a témoignée, les conseils utiles et le soutien qu'il m'a apporté tout au long de ces années d'étude.

Mes remerciements s'adressent également aux membres du jury qui ont accepté de juger ce modeste travail : Mr H. Sayoud, Professeur à Faculté génie Electrique et Informatique pour l'honneur qu'il me fait de présider le jury de ma thèse, Mme hammami, Professeur à l'école nationale polytechnique pour l'honneur qu'elle me fait en acceptant d'examiner ma thèse.Mr Guessoum, Professeur à l'université de BLIDA, pour l'honneur qu'il me fait d'examiner ma thèse malgré sa charge. Mr slimane Larabi, Professeur au département informatique à Faculté génie Electrique et Informatique, pour l'honneur qu'il me fait d'examiner ma thèse de doctorat et ma thèse de magister en 2006.Mr Halimi, maître de recherches au niveau du Centre de Recherche Scientifique et Technique en Soudage et Contrôle, pour l'honneur qu'il me fait d'examiner ma thèse.

Je tiens à témoigner ma reconnaissance à tous les membres de ma famille, en particulier ma chère mère Oumelkheir, mon très cher père Ahmed qui nous a quitté, que Dieu l'accueille dans son vaste paradis, mes sœurs Fatiha, Dahbia et Amina et mes frères Mohamed, Bouzid, Mustapha, hakim, Kheireddine et Youcef, qui m'ont soutenus tout au long de ces années pour mener à bien mon projet jusqu'à son achèvement, je les remercie infiniment.

Je tiens à remercier également tous les enseignants et chercheurs de la faculté d'électronique et d'informatique et spécialement ceux du laboratoire Communication parlée et traitement du signal.

Mes vifs remerciements s'adressent aussi aux étudiants que j'ai encadrés et qui ont contribué au corpus audiovisuel enregistré au laboratoire : zohir, fazia, amine, nora, naima, hanane, halim, Khadidja, nabil, Mohamed, dalila, etc. merci beaucoup.

Je dédie ce modeste travail à la mémoire de mon père, mon très cher et adorable père Ahmed.Que Dieu l'accueille dans son vaste paradis.

Je te remercie père pour ton soutien, ton affection, ton amour, ton encouragement, tes conseils et tes sacrifices qui m'ont permis d'etre élevée aujourd'hui à ce stade. J'espère t'honorer avec ce travail et je t'écris ces quelques versets coraniques que tu m'as toujours appris dés mon jeune age :

بِسْمِ ٱللَّهِ ٱلرَّحْمَٰنِ ٱلرَّحِيمِ

ٱلَّذِى خَلَقَنِى فَهُوَ يَهْدِينِ (٧٨) وَٱلَّذِى هُوَ يُطْعِمُنِى وَيَسْقِينِ (٧٩) وَإِذَا مَرِضْتُ فَهُوَ يَشْفِينِ (٨٠) وَٱلَّذِى يُمِيتُنِى ثُمَّ يُحْيِينِ (٨١) وَٱلَّذِىٓ أَطْمَعُ أَن يَغْفِرَ لِى خَطِيٓـَٔتِى يَوْمَ ٱلدِّينِ (٨٢) رَبِّ هَبْ لِى حُكْمًا وَأَلْحِقْنِى بِٱلصَّٰلِحِينَ (٨٣) وَٱجْعَل لِّى لِسَانَ صِدْقٍ فِى ٱلْٱخِرِينَ (٨٤) وَٱجْعَلْنِى مِن وَرَثَةِ جَنَّةِ ٱلنَّعِيمِ (٨٥)

صَدَقَ ٱللَّهُ ٱلْعَظِيمُ

A ma chère mère Oumelkheir, pour ses conseils, son amour, son sacrifice pour ses enfants et ses petits enfants. Merci.

Résumé

L'objectif de notre travail de recherches est l'interprétation de la parole visuelle ou la reconnaissance de visages parlants par la fusion des deux modalités acoustiques et visuelles, les signaux étudiés sont des séquences monosyllabiques et bisyllabiques représentant les 28 phonèmes de la langue arabe.

La perception naturelle de l'être humain est multimodale avec la vision et la parole comme modalités primaires, plusieurs recherches ont été menées dans ce domaine pour développer des systèmes intelligents avec l'objectif de pouvoir communiquer avec une machine en s'inspirant des modes de communication humains. En plus, ces travaux visent à rendre la machine capable de reconnaître et d'interpréter tous les signes de communication humaine à savoir le langage verbal et les signes de communication non verbale d'où la nécessite de l'utilisation de la multimodalité tels que les systèmes audiovisuels. En effet, la reconnaissance de la parole audiovisuelle (RPAV), dans laquelle l'information visuelle de la parole (mouvement des lèvres) est utilisée avec l'information acoustique pour la reconnaissance, a reçu une attention particulière pour résoudre ce problème.

L'analyse de visages par traitement d'images est encore aujourd'hui un sujet de recherche très actif puisqu'il concerne de nombreux domaines d'application tels que par exemple la sécurité (biométrie, surveillance), la robotique (interaction homme machine, expression des émotions), le handicap (communication par le visage), les jeux vidéo ou les télécommunications à très bas débits (clones synthétiques). Les recherches englobent la détection, le suivi, le codage, la reconnaissance et la synthèse de visages en tenant compte des variations possibles de leur apparence (pose tridimensionnelle, regard, lèvres, expressions, âge, genre, mouvements faciaux et comportement facial, occultations, etc.).

Dans ce cadre de recherches, il s'agit de mettre en place un système de reconnaissance de visages parlants, cette modalité à l'entrée aura deux intérêts : 1) permettre à la plate forme d'identifier le locuteur et 2) améliorer la robustesse du système de compréhension et d'interprétation pragmatique de la communication homme machine multimodale CHMM par l'introduction de visèmes. Les signaux étudiés sont des séquences monosyllabiques et bisyllabiques représentant les 28 phonèmes de la langue arabe.

Puisque le signal visuel n'est pas influencé par le bruit acoustique, nous allons montrer dans ce travail qu'il peut être utilisé comme une source puissante pour compenser les performances de reconnaissance de la parole bruitée. Il n y a pas de bijection entre les éléments de l'espace des sons et ceux du visuel. En effet, on remarque qu'il existe plusieurs sons qui possèdent la même forme labiale. Une des difficultés rencontrées dans cette analyse serait de déterminer les différentes classes de sons qui sont visuellement ambiguës, appelés visèmes. La première étape de ce travail est celle de monter l'expérimentation qui nous a permis de déterminer les visèmes pour la langue arabe.

La deuxième étape de notre travail est la mise en place du système de reconnaissance globale du visage. Dans cette partie nous avons implémenté plusieurs techniques et une comparaison a été proposée. On observe alors que les résultats dépendent fortement de la stratégie utilisée.

Dans cette dernière partie, nous avons fusionné les résultats précédents en nous basant sur la paramétrisation des lèvres comme source de la parole visuelle (la perception de la parole), et la paramétrisation des sons produits, à savoir les phonèmes de la langue arabe afin de proposer un système de reconnaissance complet.

Plusieurs classifieurs ont été utilisés et une évaluation des résultats est proposée. Notre analyse de la fusion sérielle des paramètres acoustiques, utilise les paramètres MFCC/PLP et dans le cas du visuels les paramètres DCT, DWT), on obtient ainsi des vecteurs audiovisuels, ces derniers servent comme vecteurs d'entrée au classifieur neuronal MLP ou RBF pour réaliser la reconnaissance audiovisuelle de la parole ou du locuteur.

Nous avons montré que la modalité visuelle améliore fortement les résultats de la reconnaissance audiovisuelle en la comparant à ceux obtenus pour la reconnaissance acoustique. En effet, Les résultats obtenus pour la modalité acoustique varient de 75% à 100%, ceci est du à plusieurs paramètres tels que : état émotionnel et physique du locuteur, bruits existants, les conditions d'enregistrement, la vitesse d'élocution, etc, alors que les résultats de la fusion donne des taux élevées de 97% à 100%.

Mots clés : Perception, Reconnaissance audiovisuelle, DCT, DWT, MLP, RBF, RAL, RAP.

Liste des acronymes

IHM   Interface homme machine
RAP   reconnaissance automatique de la parole
TMPP   La théorie motrice de la perception de la parole
RAPV   Reconnaissance automatique de la parole visuelle
RPAV   Reconnaissance de la parole audiovisuelle
AVSR   Audiovisual speech recognition
RAV   Reconnaissance automatique visuelle
RAL   Reconnaissance automatique du locuteur
RAVL   Reconnaissance audiovisuelle de locuteurs
FFA   Fusiform Face Area
TPPZ   Taux de passage par zéro
DSP   Densité Spectrale de Puissance
ROI   Region of interest (Région d'intérêt)
HD   Distance horizontale
VD   Distance verticale
TCD   Transformée en cosinus discrète (discrete cosine transform en anglais DCT)
TOD   Transformée en ondelettes discrètes (discrete wavelet transform DWT)
LPC   Analyse par prédiction linéaire (Linear predictif coding)
MFCC   Coefficients cepstraux de Mel (Mel Frequency Cepstral Coefficients)
PLP   Analyse prédictive perceptuelle (Perceptually based Linear Prediction analysis)
ACP   Analyse en composantes principales (principal Component analysis PCA)
ADL   Analyse discriminante linéaire (Linear Discriminant Analysis LDA)
ACI   Analyse en composantes indépendantes (Independant component analysis ICA)
HMM   chaînes de markov cachées (Hidden Markov Models)
RNA   Les réseaux de neurones artificiels
SVM   Les machines à vecteurs de support (Support Vector Machine)
EBGM   Elastic Bunch Graph Matching
KLT   Karhunen Loeve Transform
Kppv   K plus proche voisins
MLP   perceptron multicouches (Multilayer perceptron)
RBF   Réseau à fonction de basc radiale (Radial basis Function)

Sommaire

Table des illustrations

Liste des figures

Liste des tableaux

Introduction générale

La perception naturelle de l'être humain est multimodale avec la vision et la parole comme sens ou modalités primaires. Plusieurs recherches ont été menées dans ce domaine pour développer des systèmes intelligents avec l'objectif de pouvoir communiquer avec une machine. En plus, ces travaux visent à rendre la machine capable de reconnaître et d'interpréter tous les signes de communication humaine à savoir le langage verbal et les signes de communication non verbales tels que le langage complété parlé pour les personnes malentendantes, la reconnaissance d'expression faciales et d'émotion dans des applications visant l'analyse du comportement humain, le développement des interfaces interactifs et éducatifs, etc, d'où la nécessité de l'utilisation de la **multimodalité** tels que les **systèmes audiovisuels.**

Il a été montré que le développement des interfaces homme-machine basées sur les deux modalités audio et vidéo apportent une solution efficace à celles utilisant les écrans/clavier/ souris. Les travaux de recherches sur la modélisation de visages parlants ont été développés visant à rendre les rapports homme –machine plus naturels avec l'habilité **d'analyser**, de **percevoir** ou de **reconnaître** le langage oral ou visuel de l'être humain. L'objectif des travaux de recherches est l'interprétation de la parole visuelle ou la *reconnaissance de visages parlants*.

Dans ce domaine, la reconnaissance audiovisuelle est au cœur de tout système intelligent de communication homme –machine. Elle est étudiée dans le but d'exploiter les informations provenant du visage du locuteur afin d'améliorer l'intelligibilité . D'une part, le principe d'intégration des deux modalités doit être bien connu, et d'autre part les informations visuelles et acoustiques doivent être exploitées de façon optimale.

Dans la **reconnaissance de la parole audiovisuelle (RPAV)** ou **la reconnaissance audiovisuelle de locuteurs (RAVL)** on combine l'information visuelle de la parole (mouvement des lèvres) avec l'information acoustique pour la reconnaissance. Puisque le signal visuel n'est pas influencé par le bruit acoustique, nous allons montrer dans notre travail qu'il peut être utilisé comme une source puissante pour améliorer les performances de reconnaissance de la parole acoustique dans des conditions bruitées.

Le traitement des signaux multimodaux analyse le phénomène audiovisuel par deux modalités. Cela conduit à l'extraction d'information de meilleure qualité et plus fiable que celle obtenu à partir de signaux monomodaux. Comme les modalités sont généralement complémentaires, l'utilisation du flux multimodal rend le système robuste et plus informatif que pour chacun des modalités individuellement .

Implémenter un système de reconnaissance audiovisuel de la parole est basé sur des expériences d'une lecture labiale. En effet,L'analyse fiable des mouvements faciaux occupe aujourd'hui une place importante dans l'étude des signaux de la parole, les lèvres s'imposent comme un des organes visibles les plus informatifs et les plus accessibles à la mesure. Dans le cadre de la communication multimodale, le signal visuel de lèvres parlantes peut s'appréhender à la fois comme modalités d'entrée et de sortie. La machine peut lire sur les lèvres en intégrant des paramètres labiaux dans les systèmes de reconnaissance automatique et réduire considérablement sa sensibilité au bruit ambiant. Elle peut aussi synthétiser à l'écran l'image de visages parlants **(Bredin,07)**.

Les conditions favorables pour une bonne lecture labiale dépendent largement de la qualité de la parole visuelle du locuteur (articulation, angle de prise de vue, illumination, etc.).

Problématique

Dans les systèmes de reconnaissance automatique de la parole visuelle (RAPV) ou reconnaissance audiovisuelle de locuteurs (RAVL),le problème posé est l'étude de la fusion des paramétres audio avec les caractéristiques orofaciaux, plus précisement les gestes de la parole produite par les lèvres. Il s'agit d'enregistrer les articulations des sons à analyser c'est-à-dire les séquences monosyllabiques et bisyllabiques représentant les 28 phonèmes de la langue arabe.

Pour cela, nous allons mettre en place un système de reconnaissance de visages parlants, cette modalité à l'entrée aura deux intérêts : 1) permettre à la plate forme d'identifier le locuteur et 2) améliorer la robustesse du système de compréhension et d'interprétation pragmatique de la communication homme machine multimodale CHMM par l'introduction de visèmes. Il n y a pas de bijection entre les éléments de l'espace des sons et ceux du visuel. En effet, on remarque qu'il existe plusieurs sons qui possèdent la même forme labiale. Une des difficultés rencontrées dans cette analyse serait de déterminer les différentes classes de sons qui sont visuellement ambiguës, appelés visèmes.

Méthodologie

L'objectif de cette thèse est de proposer et d'évaluer les composants d'un système, qui, à partir d'une séquence vidéo d'un locuteur prononçant les séquences monosyllabiques de la langue arabe, capture les mouvements de son visage, en particulier les lèvres et les vecteurs descripteurs acoustiques et visuels dans le but de proposer un système de reconnaisssance bimodale de locuteurs dépendant de syllabes de la langue arabe (représenté par le système de reconnaissance audiovisuelle locuteurs/parole). La méthodologie adoptée pour réaliser ce travail se déroule en deux phases :

- La $1^{\text{ére}}$ phase consiste en l'extraction d'information de bas niveau : on calcule les coefficients cepstraux de MEL MFCC ou les coefficients cepstraux de Bark PLP pour l'information acoustique et les coefficients issus de la transformée en cosinus discrète ou les ondelettes discrètes pour l'information visuelle.

- Dans la $2^{\text{éme}}$ phase, on réalise la fusion de données de ces deux types de données.

La première étape de ce travail est celle de monter l'expérimentation qui nous a permis de déterminer les visèmes pour la langue arabe. La deuxième étape de notre travail est la mise en place du système de reconnaissance globale labiale. Dans cette partie nous avons implémenté plusieurs techniques linéaires et neuronales, une comparaison a été proposée. On observe alors que les résultats dépendent fortement de la stratégie utilisée.

Dans une deuxième partie, nous avons fusionné les résultats précédents en nous basant sur la paramétrisation des lèvres comme source de la parole visuelle (la perception de la parole), et la paramétrisation des sons produits, à savoir les phonèmes de la langue arabe afin de proposer un système de reconnaissance complet, fiable et robuste aux bruits.

Organisation de la thèse

La composante visuelle de la parole est issue de l'analyse des gestes orofaciaux. Plusieurs classifieurs ont été utilisés et une évaluation des résultats est proposée. Il s'agit dans un premier temps de réaliser un classifieur permettant la reconnaissance du locuteur / parole (RAP et RAL) pour les 28 phonèmes de la langue arabe basée sur les vecteurs descripteurs issus de la phase de paramétrisation tel que les coefficients MFCC et PLP. La reconnaissance visuelle est réalisée par plusieurs classifieurs : un classifiieur basé sur une analyse discriminante linéaire (ADL) suivie du k plus proche voisin, un classifieur neuronal MLP dont les entrées sont les coefficients cepstraux MFCC ou PLP issus d'une caractérisation acoustique et les coefficients issue d'une transformation en cosinus discrète DCT ou transformée en ondelettes discrètes DWT pour la modalité visuelle. Une discussion sur les résultats obtenus est donnée à titre de comparaison pour les systèmes monomodaux.

Notre analyse de la fusion sérielle utilise les paramètres descripteurs acoustiques (MFCC ou PLP) et les paramètres descripteurs visuels (DCT et DWT), on obtient ainsi des vecteurs audiovisuels, ces derniers servent comme vecteurs d'entrée au classifieur neuronal MLP ou RBF pour réaliser la reconnaissance audiovisuelle de la parole ou du locuteur.La combinaison des paramètres descripteurs visuels et acoustiques est étudiée dans le but de proposer un système de reconnaissance audiovisuel robuste aux bruits.

Nous avons organisé la présentation de notre thèse en 05 chapitres :

Le premier chapitre décrit dans une première étape les modèles proposés pour la reconnaissance de visage, la reconnaissance des mots et la perception de la parole ainsi que les régions cérébrales responsables de cet acte. Nous enchainons par la perception audiovisuelle. Nous présentons dans une deuxième partie quelques théories et résultats sur la perception de la parole auditive, visuelle et audiovisuelle. Une description des différentes architectures d'intégration des informations auditives et visuelles est ainsi faite dans le but de modéliser le phénomène de fusion de données chez l'etre humain. Par la suite, nous présentons quelques résultats sur la reconnaissance de visages parlants, la complémentarité audiovisuelle et l'intérêt de la lecture labiale dans le développement des systèmes de reconnaissance audiovisuelle.

Le deuxième chapitre présente d'une manière générale les mécanismes de la production de la parole, et de l'audition par une analyse des propriétés perceptuelles de l'oreille. Nous étudions par la suite les particularités phonologiques de la langue arabe, le système vocalique et le système consonantique. Nous terminons par une brève étude sur la durée des syllabes de l'arabe standard. Pour cela, un corpus a été réalisé dans le but d'étudier la durée des syllabes simples, avec gémination et avec allongement pour illustrer cette particularité.

Le troisième chapitre présente tout d'abord le banc expérimental, puis la compagne de mesure, menée pour réaliser l'enregistrement du corpus audiovisuel,au niveau du laboratoire communication parlée et traitement du signal LCPTS. Cette étape de notre travail est importante car c'est d'elle que dépend la qualité de cette étude. En effet, nous avons soigné toute la chaîne de mesure en tenant compte des aspects de lumière, de locuteurs et du bruit ambiant. L'enregistrement tel que indiqué sur la figure 1 est réalisé selon deux protocoles : le premier permet l'enregistrement de signaux acoustiques et visuels dans un but d'étudier les deux modalités séparément, alors que le deuxième protocole permet l'acquisition des signaux audiovisuels synchronisés avec l'objectif d'étudier l'effet de coarticulation et la synchronie audiovisuelle. Nous nous focalisons pour la modalité visuelle sur la zone labiale porteuse d'une grande information sur la parole produite, nous définissons ainsi l'ambiguïté visuelle décrite par les sosies labiaux pour la langue arabe. Enfin nous donnons les caractéristiques pertinentes obtenues lors de notre analyse tels que l'analyse des visemes et les phases de production de la parole audio-visuelle.

Le quatrième chapitre se focalise sur la caractérisation des locuteurs en analysant les données relatives à la modalité acoustique et la modalité visuelle. Les caractéristiques des deux modalités sont appelées traits acoustiques et visuels. L'extraction de caractéristiques consiste à réduire l'information initialement présente dans le signal de parole ou de l'image labiale. La caractérisation visuelle de locuteurs concerne l'extraction des vecteurs visuels pertinents à notre analyse à savoir la transformée en cosinus discrète TCD (ou discrete cosine transform en anglais DCT) et la transformée en ondelettes discrètes TOD (ou discrete wavelet transform en anglais DWT). Nous avons choisi les vecteurs cepstraux MFCC et les vecteurs perceptuels PLP pour la caractérisation acoustique.

Dans le cinquième chapitre, nous discutons le problème d'un système de reconnaissance bimodale, qui reconnaît les individus à partir d'images fixes ou de séquences acoustiques basé sur la fusion des traits acoustiques et visuels déjà enregistrés dans une base d'individus connus. Nous commençons avant tout par décrire les modèles d'intégration caractérisant la combinaison des informations audio et visuelle dans la perception humaine de la parole qui est bimodale par nature.Notre système décrit la forme labiale par des méthodes dites « globales » telles que l'analyse en composantes principales « ACP » et l'analyse discriminante linéaire de Fisher « LDA », La méthode de reconnaissance ou d'identification utilisée est celle du K plus proche voisins. Nous discutons ainsi les limites de ces méthodes à résoudre les problèmes posés lors de la reconnaissance tels que les variations d'illumination, de pose et de prise de vue. Nous nous focalisons sur le problème de la fusion d'informations audio-visuelle, c'est-à-dire comment combiner efficacement les deux modalités, qui est une solution importante pour les systèmes de reconnaissance audiovisuelle AVSR robustes aux bruits. Nous implémentons ainsi un réseau de neurones (perceptron multi couches MLP et un réseau à fonction de base radiale RBF) pour combiner les deux modalités acoustiques et visuelles. La combinaison des paramètres descripteurs visuels et acoustiques est étudiée et un système de reconnaissance audiovisuel est développé. Nous terminerons en présentant les résultats et nous donnerons quelques commentaires et nos perspectives.

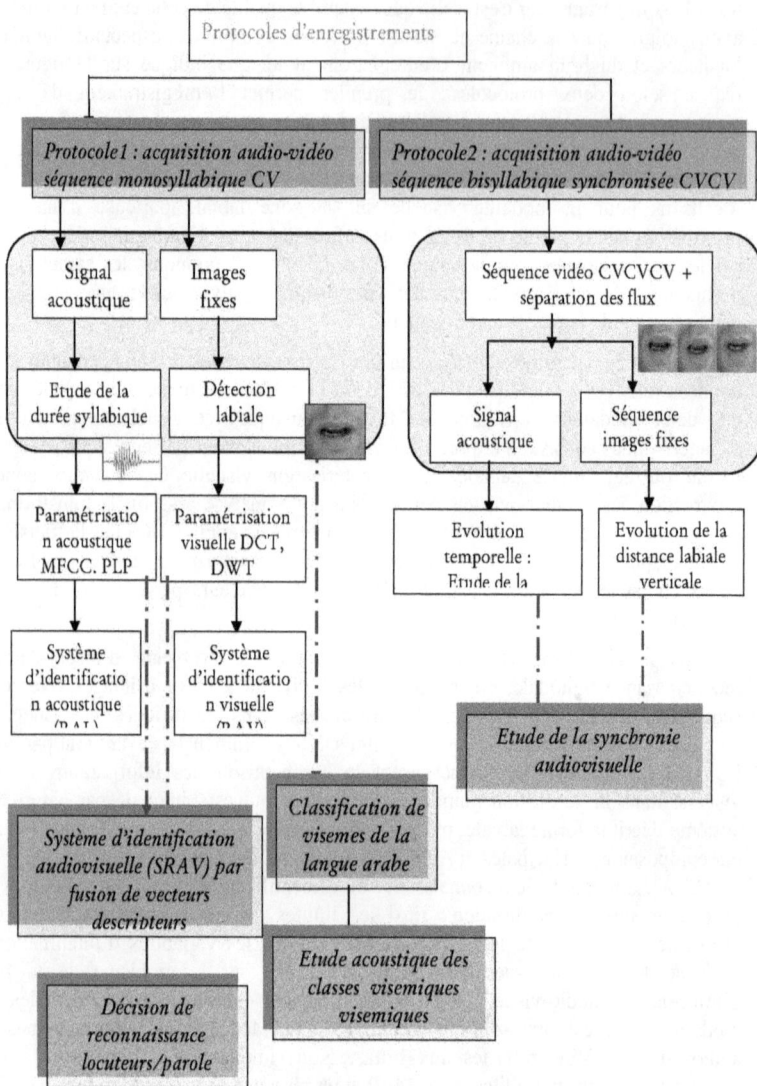

Figure 1 Méthodologie adoptée dans notre thèse

Chapitre 1   Perception et reconnaissance de la parole et du visage parlant

Introduction

L'être humain utilise plusieurs modalités de communication comme la parole, les gestes, la posture, le regard, les expressions faciales, etc. Le caractère multimodal, et principalement audiovisuel, de la production et de la perception de la parole a fait l'objet de plusieurs recherches ces dernières années. L'objectif de ces recherches est de doter la machine de systèmes de comprehension du langage verbal et non verbal de l'etre humain.Pour cela, une étude des mécanismes de perception de la parole audiovisuelle est nécessaire pour pouvoir élaborer un système de reconnaissance de visages parlants.

Nous décrivons dans une première partie les principaux circuits cérébraux responsables de l'analyse du son de parole et de l'identification des mots de la langue ainsi que les régions cérébrales impliquées dans les fonctions du langage. Par la suite, nous décrivons les modèles proposés pour la reconnaissance de visage, la reconnaissance des mots et la perception de la parole ainsi que les régions cérébrales responsables de cet acte.

Nous présentons dans une deuxième partie quelques résultats sur la perception de la parole auditive, visuelle et audiovisuelle. Une description des différentes architectures d'intégration des informations auditives et visuelles est ainsi faite dans le but de modéliser le phénomène de fusion de données chez l'homme. Par la suite, nous présentons quelques résultats sur la reconnaissance de visages parlants, la complémentarité audiovisuelle et l'intérêt de la lecture labiale dans le développement des systèmes de reconnaissance audiovisuelle de la parole ou du locuteur.

1.1 La perception de la parole

La perception est un acte unitaire qui engage tout le corps humain dans le recueil de données peuplant notre univers interne et externe. En effet, la capture des informations sensorielles interprétables et coordonnables par le cerveau dépasse les cinq sens. Cette réception de percepts, différents par leurs nature et intensités, est réalisée par toute la surface du corps et par des capteurs internes, la conjonction de leur activité nous renseignant instantanément sur notre état.

Le débit de l'information sensorielle est différent d'un capteur à l'autre, d'un mode de captation à un autre. Le cerveau reçoit toutes ces informations sensorielles hétéroclites, les calibre, les décode, les coordonne afin de les interpréter et de créer une réponse efficace. En final, c'est notre cerveau qui perçoit. En fait notre cerveau est un émetteur d'hypothèses et un décideur « proactif » qui anticipe, en temps réel et à la lumière de l'expérience mémorisée antérieurement, les conséquences de l'acte réponse avant de le déclencher ou de l'inhiber. Il va fusionner et harmoniser les données perceptives recueillies en une entité cohérente afin d'adapter, par simulation prédictive, la réponse à l'objectif **(Dumont & al, 02)**.

Dans le cas de la perception de la parole, le traitement du signal acoustique est complexe du fait des caractéristiques mêmes du signal de parole. Le premier point est le caractère directionnel du signal de parole. Contrairement au langage écrit où le traitement du mot entier est possible car disponible à l'oeil (si la longueur du mot n'est pas trop grande), le signal de parole subit une contrainte temporelle correspondant à l'ordre dans lequel les sons arrivent aux oreilles **(Jaquier, 08)**.

Le second point est la nature continue du signal de parole. Contrairement à l'écriture où la frontière entre les mots est marquée par un espace blanc, le signal de parole ne présente pas de frontières simples entre les mots, le flux est donc dit continu. Cette dernière caractéristique pose des difficultés, notamment, pour segmenter le signal en unités phonétiques discrètes.

L'apprentissage de notre langue maternelle passe en tout premier lieu par notre perception auditive. Bien avant de savoir lire, l'enfant reconnaît les mots qu'il entend. Dès les premières étapes de notre développement, nous entendons les sons de notre environnement et nous sommes capables de discriminer les sons de parole des bruits **(Jaquier, 08)**.

1.2 Communication homme-machine vs. Interaction homme-machine

La communication humaine est un phénomène social dans lequel l'individu agit de façon rationnelle : « la communication relève d'une "tentative d'ajustement" où l'on doit ajouter au transport de l'information, le jeu des rôles et des actes par quoi les interlocuteurs se reconnaissent comme tels, agissent comme tels et fondent ainsi des communautés linguistiques dans un monde humain » **(Caelen, 02)**.

1.2.1 Interaction multimodale

Lorsque nous communiquons entre personnes, nous utilisons plusieurs modalités de communication comme la parole, les gestes, la posture, le regard, les expressions faciales. Ces modalités de communications sont impliquées dans des conversations bi-directionnelles avec la personne avec laquelle nous communiquons. Nous connaissons encore de manière incomplète les mécanismes qui sous-tendent cette multimodalité de la communication humaine et lui permettent d'être intuitive et efficace **(Martin, 00)**.

Un des objectifs des recherches en Interfaces Homme-Machine IHM multimodales est d'augmenter ces capacités communicatives de l'ordinateur, par exemple en étudiant et en s'inspirant de la multimodalité de la communication humaine pour améliorer la communication entre les utilisateurs et les ordinateurs. Cela consiste par exemple à développer des spécifications, des outils logiciels et des méthodologies d'évaluation appropriés pour la coordination de plusieurs médias et modalités de communication comme la parole et les gestes **(Martin, 00)**.

La multimodalité doit permettre l'amélioration de la *reconnaissance* et de la *compréhension* par l'ordinateur des commandes de l'utilisateur. Ainsi, la reconnaissance vocale peut être améliorée si elle était combinée avec la reconnaissance de gestes (2D ou 3D). En effet, il est alors envisageable d'utiliser conjointement les modalités pour résoudre des ambiguïtés (on parle alors de « désambiguïsation mutuelle »). Les modalités coopèrent dans ce cas par complémentarité ou redondance. De plus il a été observé (dans certaines applications et avec certains médias) que les utilisateurs avaient un comportement vocal plus correct et comportant moins d'hésitations (donc plus facile à reconnaître) si on leur permettait d'utiliser le stylo en même temps que la parole pour sélectionner des objets.

1.2.2 Parole et interaction homme machine

L'importance de la parole fait que toute interaction homme-machine devrait plus ou moins passer par elle. D'un point de vue humain, la parole permet de se dégager de toute obligation de contact physique avec la machine, libérant ainsi l'utilisateur qui peut alors effectuer d'autres tâches. Sans pour autant imposer la parole là où elle pourrait être un frein à l'interaction (il est par exemple difficile d'imaginer une application graphique où seule la parole serait utilisée), son utilisation permettrait de commencer à limiter l'emploi des claviers, tablettes graphiques et autres écrans tactiles ou gants de désignation. La recherche en reconnaissance automatique de la parole, RAP, tente donc aujourd'hui de mieux comprendre le processus humain de génération et de compréhension de la parole, tant d'un point de vue mécanique par le biais de l'étude et de la modélisation des organes biologiques en charge de ces tâches, que d'un point de vue mathématique par le développement de méthodes de classification toujours plus fines et exactes **(Buniet, 97)**.

1.2.3 Le traitement automatique de la langue
1.2.3.1 Les règles de la langue

La parole est le support le plus courant de la langue : il est plus facile de parler à quelqu'un que de lui écrire ou de lui faire un schéma. Le message est structuré selon des règles reconnues par toute personne partageant la même culture au sein d'une même société. Mais cette culture évolue au rythme de la société et de ses progrès techniques et scientifiques. L'actuelle grande facilité de communication a permis d'imposer un même langage sur des étendues géographiques de plus en plus importantes **(Buniet, 97)**.

Le problème principal du traitement automatique de la langue est de définir un coefficient de confiance sur la compréhension du message. La mise en place d'une interface vocale impose en effet d'être sûr du sens du message avant toute réaction du système. La compréhension du message n'est pour l'instant assurée que pour les langages de commandes restreints pour lesquels cette compréhension ne résulte pas d'un processus automatique mais de la simple association entre un mot, ou une phrase de quelques mots, et l'action qui doit résulter de sa prononciation. Dans de tels langages, c'est le mot, et non son sens, qui détermine le traitement à effectuer **(Buniet, 97)**.

L'auteur a résumé le processus de communication et montré la possible différence sémantique pouvant exister dans la compréhension d'un message dans la figure 1.1 **(Buniet, 97)**.

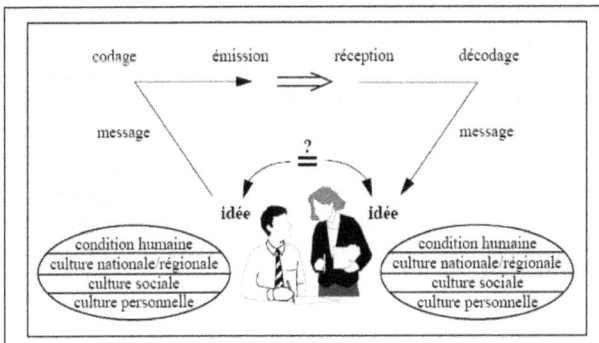

Figure 1. 1 Exemple de dialogue personne-personne **(Buniet, 97)**.

Après avoir présenté quelques-uns des problèmes que peut poser une langue, nous allons maintenant voir quels peuvent être les problèmes posés par le dialogue homme-machine.

1.2.3.2 Le dialogue homme-machine

Le dialogue homme-machine essaie de mettre en place un traitement automatique de la langue qui puisse servir d'interface entre la machine, ou une application, et l'homme. Cette mise en place, qui reste limitée dans ses ambitions pour les raisons que nous venons d'exposer, impose de définir plusieurs processus concourant à la compréhension, même restreinte, du dialogue ou, plus simplement, des commandes **(Buniet, 97).**

Les travaux en communication Homme-Machine cherchent donc à procurer à l'homme des moyens de plus en plus naturels et efficaces pour dialoguer avec l'ordinateur. Les recherches liées à cette problématique dans les différentes disciplines concernées sont multiples: Analyse de la multimodalité dans la communication humaine, Linguistique, Interaction verbale et non-verbale, Reconnaissance du visage, de la parole, de gestes de la main, reconnaissance des expressions du visage et la vision par ordinateur.

De ce fait, le domaine de l'intelligence artificielle tente de rendre les rapports homme –machine plus naturels avec l'habilité d'analyser, de percevoir le langage oral ou visuel de l'être humain. L'idée est de tendre vers une communication homme-machine non pas par l'intermédiaire des traditionnels écran/clavier /souris mais vers un processus plus humain de communication, ces interfaces sont considérées trop restreints à l'interaction entre l'homme et la machine. Ceci suppose que la machine est capable de *reconnaître* et *d'interpréter* tous les signes de communication humaine à savoir le langage verbal mais aussi tous les signes de communication non verbales. Ceci nécessite l'utilisation de la multimodalité tels que les *systèmes audiovisuels*. La reconnaissance audiovisuelle est au cœur de tout système intelligent de communication homme –machine développée par beaucoup de chercheurs ces dernières années.

Nous décrivons dans le paragraphe suivant Les principaux circuits cérébraux responsables de l'analyse du son de parole et de l'identification des mots de la langue ainsi que les régions cérébrales impliquées dans les fonctions du langage.

1.3 Les aires cérébrales du langage

1.3.1 Introduction

Le langage est une fonction cognitive de haut niveau qui implique de nombreux processus de traitement différents mettant en jeu un réseau complexe de régions cérébrales spécialisées.

Le cerveau humain est composé d'un grand nombre d'aires cérébrales assurant le traitement de l'information en provenance de l'environnement et des informations internes. Parmi celles-ci, certaines sont plus spécifiquement dédiées au traitement de la parole. Les deux grandes aires les plus connues sont l'aire de Broca et l'aire de Wernicke, dont la localisation dans le cerveau est indiquée ci-dessous: **(WWW1)**

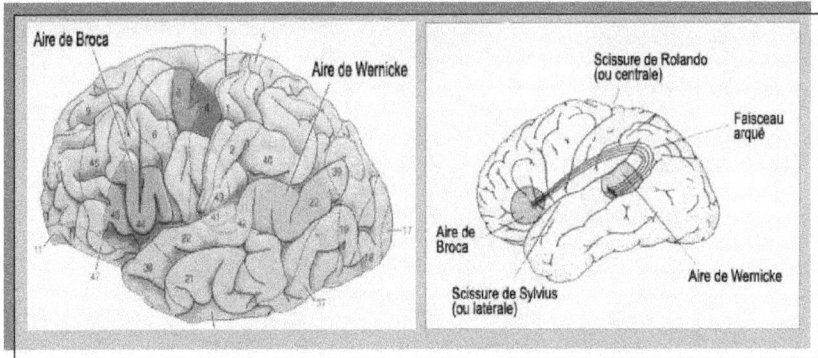

Figure 1. 2 Les principales parties du cerveau humain **(WWW1)**

Les principaux circuits cérébraux responsables de l'analyse du son de parole et de l'identification des mots de la langue sont relativement complexes, et une représentation schématique de ces circuits est indiquée dans la figure 1.2

1.3.2 Le modèle classique

Jaquier **(Jaquier, 08)** décrit dans sa thèse « Étude d'indices acoustiques dans le traitement temporel de la parole chez des adultes normo-lecteurs et des adultes dyslexiques » les régions cérébrales impliquées dans les fonctions du langage : « Au départ, nos connaissances sur les régions cérébrales impliquées dans les fonctions du langage étaient plutôt sommaires. L'aire de Broca était dédiée à la production de la parole et l'aire de Wernicke en permettait la compréhension (Figure 1.3). L'aire de Broca est située dans la partie inférieure du cortex frontal, chevauchant les aires 44 et 45 de Brodmann. La partie postérieure du gyrus frontal extérieur (aire 44) serait impliquée dans le traitement phonologique et la production du langage alors que la partie antérieure de ce même gyrus (aire 45) serait davantage impliquée dans les aspects sémantiques du langage. Sans être directement impliquée dans l'accès au sens, l'aire de Broca participe donc à la mémoire verbale (sélection et manipulation d'éléments sémantiques). L'aire de Wernicke est située sur le gyrus temporal supérieur, dans la portion supérieure de l'aire 22 de Brodmann, entre le cortex auditif primaire (aire 41) et le lobe pariétal inférieur. Le composant clé de cette aire est le planum temporale. L'aire de Wernicke joue un rôle dans la compréhension de la parole ainsi que dans la représentation de séquences phonétiques. Le cortex moteur est également un élément important dans la fonction langagière. Il a pour rôle de recruter les régions motrices spécifiques aux organes de la parole mis en jeu lors de la production du langage parlé **(Jaquier, 08).**

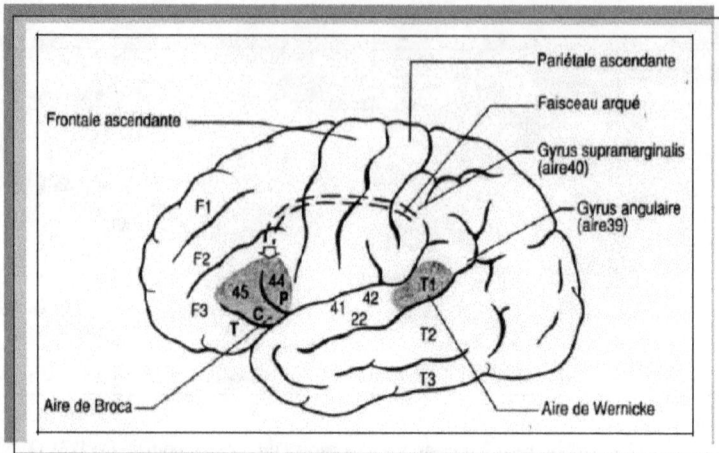

Figure 1. 3 Les principales aires cérébrales du langage

1.3.3 Le lobe pariétal inférieur

De nombreuses études utilisant les techniques d'imagerie ont permis de mettre en évidence une autre région cérébrale indispensable au langage : le lobe pariétal inférieur. Il se situe au carrefour des lobes occipital, temporal et pariétal, il a de multiples interconnexions avec ces lobes, il est composé de neurones multimodaux : visuels, auditifs, et tactiles ce qui lui confère un rôle de candidat idéal pour appréhender les multiples propriétés d'un mot (son aspect visuel, sa fonction, son nom). Il aiderait ainsi le cerveau à classifier et à étiqueter les choses, une condition préalable pour former des concepts et une pensée abstraite. Le lobe pariétal inférieur est composé de deux régions distinctes : le gyrus angulaire (aire 39) et le gyrus supramarginal (aire 40). Le gyrus angulaire situé caudalement est lui-même au voisinage des aires occipitales visuelles (aires 17, 18, 19) alors que le gyrus supramarginal situé dorsalement chevauche l'extrémité de la scissure de Sylvius, adjacent à la partie inférieure du cortex somato-sensoriel (Figure 1.3). Le gyrus supramarginal semble impliqué dans le traitement phonologique et articulatoire des mots alors que le gyrus angulaire serait impliqué davantage dans le traitement sémantique (de concert avec le gyrus cingulaire postérieur). Le gyrus angulaire droit serait également actif, révélant ainsi une contribution sémantique de l'hémisphère droit dans le langage. Le lobe pariétal inférieur est connecté par d'importants faisceaux de fibres nerveuses à la fois à l'aire de Broca et à l'aire de Wernicke.

L'information pourrait donc transiter entre ces deux régions, soit directement par le faisceau arqué (faisceau longitudinal supérieur reliant l'aire de Wernicke à l'aire de Broca), soit en passant par le lobe pariétal inférieur par une seconde route parallèle **(Jaquier, 08).**

Certaines aires cérébrales vont être spécialisées dans le traitement temporel, d'autres dans le traitement fréquentiel. Nous allons voir ces différences d'analyse des informations sonores.

1.4 Le traitement et l'intégration des informations sonores

Le son est caractérisé par deux principales grandeurs physiques, l'intensité et la fréquence. L'intensité d'un son correspond à son volume sonore, exprimé en décibels (dB). La fréquence est exprimée en hertz (Hz). Au niveau psychoacoustique, le temps, la fréquence et l'amplitude sont trois dimensions dépendantes les unes des autres. L'appareil auditif va traiter une onde acoustique et va créer un influx nerveux sous la forme d'un pattern spectro-temporel contenant toutes les informations perceptives. L'oreille est un transducteur spectro-temporel non-linéaire d'une grande précision dans les deux dimensions temporelle et fréquentielle. Le modèle de l'audition de Lyon (1982) met en avant un rôle très important de la cochlée. L'oreille interne correspond à un ensemble de filtres non linéaires en cascade. Plus il y a de filtres, plus le modèle est précis. Carlyon (2004) met en évidence les règles utilisées par notre cerveau pour séparer les sources sonores dans l'analyse d'une scène auditive. Le cerveau doit sélectionner les informations pertinentes mais il doit également organiser ces informations dans le temps. Il est important de noter que le système auditif s'intéresse davantage aux transitions, aux variations et aux changements qu'aux états statiques pour discriminer les phonèmes.

L'organisation temporelle du signal de parole est donc primordiale pour une bonne intelligibilité des sons de parole et notamment, l'intégrité des traits distinctifs qui composent les sons de la parole.

En plus, certains indices visuels tels que les mouvements de la bouche sont essentiels à une meilleure compréhension de la parole. Il a été montré que plus de 80% de l'information visuelle lors d'une conversation entre deux personnes provient des mouvements labiaux. De ce fait, nous portons un intérêt particulier dans notre travail à l'étude de la parole visuelle porteuse d'informations complémentaires et pertinentes à la compréhension et la reconnaissance de la parole auditive.

1.5 Parole audiovisuelle

La spécificité de la modalité visage parlant est le fait que le signal de parole y est audiovisuel. La perception humaine tire profit de l'information visuelle apportée par le visage du locuteur notamment lorsque les conditions acoustiques sont dégradées. C'est cette bimodalité intrinsèque, et le gain d'intelligibilité qu'elle apporte, qu'explore l'étude de la parole audiovisuelle. Mise en évidence pour la communication humaine, elle ouvre de nouvelles perspectives pour la communication avec et par la machine **(Revéret,92).**

Au sein même du visage, les yeux et la bouche sont les principaux lieux d'exploration visuelle, témoignant certainement qu'ils révèlent plus que toute autre partie les informations inhérentes à la personne. Pendant une conversation, les yeux se fixent essentiellement sur la bouche, la lecture labiale favorisant la compréhension du discours.

Ainsi les visages portent un certain nombre d'informations impliquées dans la communication verbale, via la lecture labiale, et non-verbale, via les yeux et les expressions faciales. L'importance des visages dans les interactions sociales explique l'engouement des scientifiques pour l'étude des mécanismes cérébraux impliqués dans leur perception. **(Latinus, 07).**

L'intégration des informations apportées par le visage et la voix joue un rôle fondamental, notamment dans la compréhension du discours. Ainsi, dans un environnement bruyant, la perception du langage est facilitée par les informations apportées par le mouvement articulatoire des lèvres (lecture labiale). Par exemple, dans le cadre de la compréhension du discours en condition normale, il est plus judicieux de porter son attention sur la voix que sur le visage : les informations apportées par la voix sont plus faciles à décoder ; par contre, dans un environnement bruyant il sera nécessaire d'augmenter l'attention dédiée aux visages afin de recueillir les informations sur le mouvement des lèvres **(Latinus, 07)**.

En effet, le mouvement des lèvres est utilisé comme une source complémentaire d'information au signal de parole acoustique. Nous détaillons dans les prochains paragraphes la perception auditive et visuelle de la parole, les traits acoustiques et les traits visuels pertinents nécessaires pour la reconnaissance audiovisuelle de la parole ou du locuteur.

1.6 Perception d'un visage, Perception Visuelle et Neurosciences
1.6.1 Introduction

Ce paragraphe introduit quelques concepts de base en perception des images et des visages dans un contexte neuroscientifique. Il doit permettre de mieux comprendre les processus de reconnaissance faciale par les humains et par ordinateur. Par ailleurs, les Technologies de l'Information et de la Communication (TIC) regroupent les ressources nécessaires pour manipuler de l'information tandis que la cognition rassemble les divers processus mentaux qui vont de l'analyse perceptive de l'environnement à la commande motrice et qui fait appel à l'informatique et aux neurosciences. La reconnaissance faciale peut donc être vue comme étant au croisement des TIC et de la cognition **(Morizet, 09b)**.

Il semble alors intéressant de se poser les questions suivantes :
− Comment fonctionne notre cerveau pour identifier et reconnaître une personne par son visage ?
− Quelles sont les parties du cerveau qui sont impliquées dans ce processus complexe mais à la fois tellement rapide ?
− Dans quelles mesures peut-on comparer le fonctionnement de notre cerveau à certains algorithmes utilisés en reconnaissance faciale par ordinateur ? **(Morizet, 09b)**.

Nous allons donc nous intéresser dans cette section au phénomène de perception des images pour ensuite étudier la perception des visages. Enfin, nous mettrons en avant les liens qui peuvent exister entre le fonctionnement de notre cerveau et certains algorithmes fondamentaux utilisés en reconnaissance faciale.

1.6.2 Perception des images et Théorie de la Gestalt

La perception d'une image est le produit d'une chaîne d'opérations que l'on peut représenter par une pyramide (Figure 1.4). Chaque étage de cette pyramide représente un niveau de perception. La base de la pyramide correspond au premier (bas) niveau de la perception où s'opèrent la détection et le codage des structures élémentaires et des formes simples. Les niveaux supérieurs font appel à la cognition où des tâches plus complexes sont accomplies. Il est important de noter que l'information circule de manière bilatérale (avec des "feedbacks") le long de cette pyramide et qu'elle est "calculée" de proche en proche selon ce que l'on appelle des algorithmes pyramidaux qui permettent de "fabriquer" des approximations successives et de plus en plus grossières de l'image **(Morizet, 09b)**.

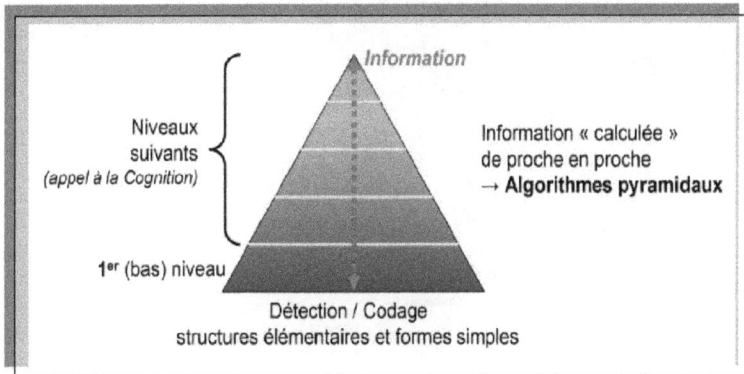

Figure 1. 4 Pyramide de la perception

Selon le philosophe allemand Ernst Cassirer (1874 - 1945), *"La perception d'une image naturelle est basée sur la reconnaissance des formes ou des structures sous-jacentes qui y figurent"*.

La Théorie de la Gestalt illustre très bien les propos d'Ernst Cassirer. Elle relève du domaine de la psychophysiologie et trouve son origine dans quelques idées de Goethe.

Le mot allemand gestalt est traduit par "forme" (ainsi, Gestalttheorie signifie *"théorie de la forme"*). Bien qu'il s'agisse en réalité de quelque chose de beaucoup plus complexe, elle dit à peu près la chose suivante : "A priori, une image possède une structure géométrique simple". Le verbe gestalten signifie "mettre en forme, donner une structure signifiante".Le résultat, la "gestalt", est donc une forme structurée, complète et prenant sens pour nous **(Morizet, 09b).**

Nous donnerons par la suite un aperçu sur quelques théories sur la perception et la reconnaissance des visages.

1.6.3 Perception des visages

La perception des visages est un processus cognitif par lequel le cerveau analyse une image pour y détecter et identifier un visage. C'est une faculté très développée chez l'être humain. Il s'agit d'une aptitude très spécifique qui repose sur des mécanismes neurocognitifs complexes en partie innés dont certains sont présents chez le nourrisson dès la naissance. On parle alors de précâblage couplé à un apprentissage**(Morizet, 09).**

La perception d'un visage commence, comme celle de tout autre stimulus visuel, par l'activation des photorécepteurs de la rétine qui assurent la transduction de l'information lumineuse en messages nerveux. Les potentiels d'action, générés au niveau des cellules ganglionnaires, convergent vers le cortex visuel primaire via le thalamus puis dans les aires visuelles associatives jusqu'au cortex inférotemporal et au gyrus fusiforme **(Latinus, 07).**

Au sein du système visuel, l'aire fusiforme des visages ("Fusiform Face Area", FFA) qui constitue une partie du gyrus fusiforme au niveau de la jonction des lobes temporaux et occipitaux est impliquées dans la perception des visages(Figure 1.5).

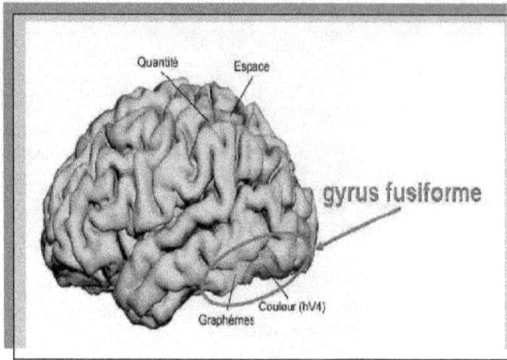

Figure 1. 5 Cartographie de l'hémisphère gauche (E. Hubbard) avec le gyrus fusiforme.

Le cortex visuel primaire, aussi appelé V1 (Figure 1.6), est l'endroit du cerveau où la reconnaissance d'objet est la plus efficace. Elle se fait de manière très rapide (de 100ms à 200ms) et reste très robuste aux variations en éclairement, pose, taille et angle de vue. L'information circule le long d'une sorte de "nappe" en partant d'abord de la rétine avant de passer par le noyau géniculaire latéral (LGN) pour enfin atteindre le V1. Le flux dorsal est le chemin qui indique "où" sont les objets tandis que le flux ventral indique "quoi", donc la nature des objets. Le V1 représente le premier niveau de traitement dans le cortex visuel et reste "le plus facile" à caractériser notamment grâce à la présence de ce que l'on appelle des cellules "simples" **(Morizet, 09b)**.

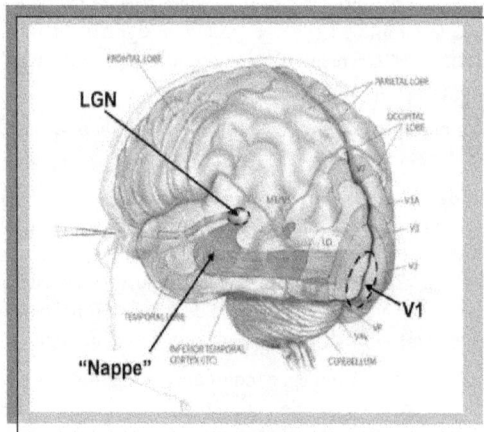

Figure 1. 6 Chemin visuel dans le cerveau humain **(Morizet, 09b).**

Nous allons présenter par la suite quelques théories sur la perception d'un visage, élément principal dans toute chaîne de communication verbale ou non verbale. La reconnaissance des visages a été expliquée par plusieurs modèles cognitifs qui ont beaucoup influencé la littérature sur les visages.

1.7 Théories de perception et de reconnaissance de visage
1.7.1 Introduction

L'observation visuelle d'un visage révèle l'identité de la personne. Dans le bruit (effet coktail- party), elle permet de localiser le locuteur actif, de déterminer si une personne parle ou ne parle pas, de compenser l'information acoustique parasite afin d'améliorer la compréhension. La reconnaissance de visages a alimenté de nombreuses recherches en psychologie cognitive et autant de modélisations.

La relation au visage parlant est motivante et propice à l'attention visuelle, à l'apprentissage et à la mémorisation. La reconnaissance d'un visage est donc un acte perceptif, cognitif, affectif, acte de communication précurseur et pilote des acquisitions langagières à venir **(Dumont & al, 02)**.

1.7.2 Modèle fonctionnel de la reconnaissance des visages (Bruce & Young, 1986)

Le modèle de Bruce & Young (1986) est plus adapté à la perception des visages familiers qu'à celle des visages non familiers, pour lesquels les informations sémantiques ne sont pas disponibles ; la dénomination ne peut donc avoir lieu **(Latinus, 07)**.

Ce modèle s'appuie sur l'existence de trois voies de traitement parallèles et indépendantes mises en route à la présentation d'un visage ; ces trois voies de traitement partagent la première étape consistant à l'extraction d'une représentation dépendante de l'angle de vue (Figure 1.7). Une de ces voies est impliquée dans le décodage du discours facial, afin de faciliter la compréhension du discours sous certaines conditions ambigües (e.g. environnement bruité). La deuxième voie indépendante permet l'accès aux informations émotionnelles portées par le visage. La troisième, qui fut décrite en détail par Bruce & Young, est celle impliquée dans la reconnaissance des visages **(Latinus, 07 ; Jonas, 11)**.

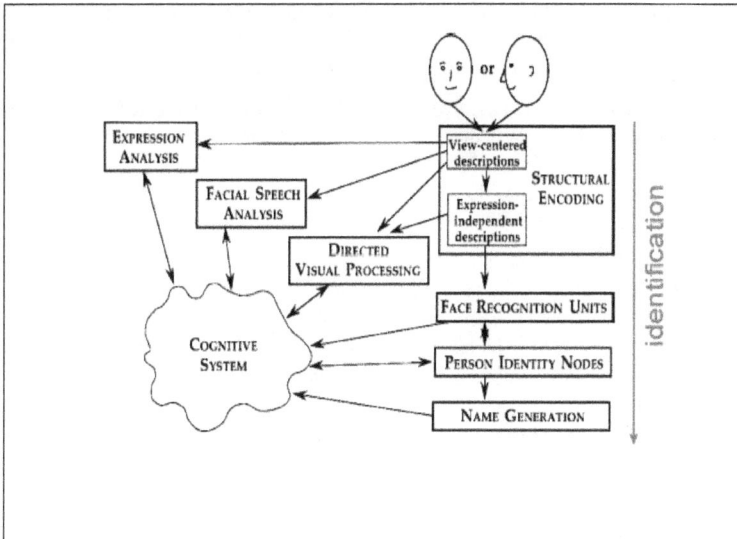

ure 1. 7 Modèle de Bruce & Young (1986). Ce modèle explique les mécanismes de reconnaissance du visage **(Jonas, 11)**

Selon latinus, La perception du visage commence par l'encodage des informations structurelles, ces dernières permettant la création d'une représentation du visage ; cette étape est celle de détection du visage. Le pattern du visage perçu est ensuite comparé aux représentations stockées en mémoire dans des modules de reconnaissance du visage (« Face recognition unit ») (Figure 1.7). La force du signal envoyé depuis les modules de reconnaissance du visage vers les aires de plus haut niveau (cognitive system) dépend du résultat de la comparaison entre le code extrait du visage perçu et les codes stockés. Si la comparaison se révèle positive (sentiment de familiarité), les informations seront alors envoyées dans le module où est représentée l'identité d'une personne (« person identity nodes »). La représentation extraite sera alors associée aux informations sémantiques sur l'individu et rendra ainsi possible l'accès au nom de la personne. Les modules de reconnaissance des visages sont spécifiques d'une modalité ; les informations en provenance d'autres modalités sensorielles convergent vers le module de l'identité (« person identity nodes ») et peuvent ainsi faciliter la reconnaissance. La reconnaissance d'une image ambiguë (Mooney Faces, etc.) est facilitée par une amorce non ambiguë , cela suggère que le module de l'identité peut avoir une influence descendante sur les modules de reconnaissance des visages **(Latinus, 07 ; Jonas, 11).**

Ce modèle découle d'un certain nombre d'observations comportementales et cliniques. Par exemple, il a été montré que l'accès au nom d'un individu prend plus de temps que la reconnaissance, et est parfois extrêmement difficile bien que d'autres informations soient connues telles que le genre, l'âge (« visually derived semantic information ») ou autres données biographiques. Le genre de la personne est d'ailleurs perçu en en même temps que le visage **(Latinus, 07).**

Ceci implique trois choses i) l'accès aux informations sémantiques est indépendant de l'accès au nom, ii) il précède forcément l'accès au nom révélant un traitement sériel de ces informations, iii) la perception du genre est indépendante de la familiarité ; le genre serait traité en parallèle de la familiarité, et son extraction pourrait être très précoce, au moment de l'encodage structurel, voire avant **(Latinus, 07).**

La perception et la reconnaissance du visage est une tache d'une grande importance dans le développement de systèmes multimodales, de reconnaissance audiovisuelle, de biométrie, d'analyse et de synthèses, d'interfaces homme systèmes, etc. nous allons nous focaliser maintenant sur la perception visuelle de la parole et nous mettons un accent sur la lecture labiale développée par plusieurs chercheurs ces dernières années.

1.7.3 Perception faciale de la parole

La perception visuelle de la parole a été d'abord assimilée à la seule lecture labiale apprise et pratiquées par les personnes sourdes. S'appuyant sur quelques rares indices « visibles » sur les lèvres, le labiolecteur construit le signe correspondant par la suppléance mentale afin d'aboutir à la compréhension. Cependant la zone utile à la perception visuelle intègre, en plus des formes articulatoires labiales, des mimiques faciales « stylistiques » et dans certains cas des gestes manuels et corporels. La lecture conjointe des informations non verbales peut induire plus de sens que le verbal lui-même **(Dumont & al,02).**

L'entendant est tellement conditionné à percevoir la parole d'un interlocuteur sans le voir (téléphonie, internet, par écrit,…), qu'il n'a plus conscience de cet apport complémentaire à l'intelligibilité et à la véracité du discours que sont les indices visuels faciaux et corporels. De nombreuses situations de la vie quotidienne montrent que, même incomplète et ambiguë, l'information segmentale et prosodique produite par le visage parlant n'en ai pas moins essentielle quand le phonique est peu ou pas perçu, quand le message oral est sémantiquement complexe à comprendre. La perception de la parole n'est donc pas qu'auditive. Elle concerne aussi la vision, qui dans ce processus ne réalise pas la simple addition d'indices visuels aux percepts acoustiques, mais qui, en synchronie avec l'audition, s'intègre dans l'acte de perception unitaire de la parole qu'est « *l'audiovision* ».

Les traits visuels, qui communiquent les différents aspects de la parole, sont répartis dans diverses zones du visage. L'identification des mots est essentiellement réalisée sur la partie basse du visage, alors que l'information visuelle spécifique à l'intonation est distribuée plus largement, et déborde sa zone de prédilection représentée par la partie supérieure du visage **(Dumont & al, 02 ;Bredin, 07)**.

En final, la perception faciale de la parole est complexe à réaliser étant donné la coexistence simultanée d'informations linguistiques et stylistiques expressives. De plus la répartition de ces informations sur tout le visage, la rapidité d'exécution des gestes et des mouvements faciaux inducteurs d'un temps de perception très bref, rendent complexe la lecture faciale de la parole. Malgré toutes ces restrictions et difficultés, la lecture labiale existe, renseigne sur la parole, nourrit la compréhension comme le montre ses pratiquants sourds et non sourds.

1.8La parole visuelle

Nous décrivons dans ce paragraphe les régions cérébrales activées lors de la lecture labiale.Quelles régions cérébrales sont activées lors de la lecture sur les lèvres ?

A travers des séries d'expériences contrôlées par résonance magnétique fonctionnelle (IRMF), Ruth Campbell a observé l'activation du cortex auditif pendant la lecture labiale silencieuse (sans audition) et celles activées pendant l'audition pure (sans lecture labiale), afin de rechercher l'existence d'une voie commune pour l'intégration des informations auditives et visuelles pour le traitement du langage. Une activation des aires de Brodmann impliquées dans la perception auditive a été retrouvée en situation auditive seule. Le lobe temporal inféro-postérieur ,responsable de la reconnaissance des mouvements du visage, était activé en situation de lecture labiale silencieuse, ainsi que le gyrus angulaire, qui met en relation un *input visuel* avec la représentation verbale correspondante. Par conséquent, l'activation du cortex auditif primaire pendant la lecture labiale incite à penser que les informations visuelles contenues dans les mouvements des lèvres influencent la perception auditive avant que les sons de parole ne soient discriminés en phonèmes au niveau du cortex associatif **(Dumont & al, 02)**.

Dans les expériences suivantes, il agit de déterminer à quel niveau la dynamique faciale, c'est-à-dire les mouvements du visage, influe sur la perception auditive. Elles ont montrés que :

-le cortex temporal, activé pendant la lecture labiale silencieuse, ne l'est pas lors de l'observation d'un visage faisant des grimaces (les grimaces activant plutôt les régions impliquées dans les tâches attentionnelles de types « mouvement connu versus mouvement inconnu »).

- le cortex temporal supérieur n'est pas activé lors de l'articulation de pseudo-mouvements des lèvres **(Dumont & al, 02).**

Ces observations impliquent que la perception de mouvements de visage ayant une valeur linguistique influe sur la perception auditive, à un niveau prélexical.Toutes ces expériences suggèrent que la lecture labiale silencieuse, constituée d'indices visuels, active des zones du cortex auditif primaire, zones également impliquées dans la perception du signal de parole. De ce fait, on peut penser que la lecture labiale intervient sur la perception auditive non seulement au niveau prélexical mais aussi au stade de la catégorisation phonémique.

D'autres travaux de R Campbell et coll ont révélés que des patients cérébrolésés qui ont conservés de bonnes capacités au niveau des zones corticales du mouvement ne peuvent réaliser de lecture labiale alors qu'ils voient bien le mouvement. Ceux qui ont des troubles concernant la perception du mouvement mais pas de la forme peuvent lire labialement les voyelles mais ne peuvent suivre un discours en continu. La lecture labiale est donc un processus cognitif complexe sollicitant des régions cérébrales spécifiques et dans lequel les formes et les mouvements des lèvres sont essentiels **(Dumont & al, 02).**

1.9Théories pour la perception de la parole
1.9.1 La théorie motrice (Liberman & Mattingly)

La théorie motrice de la perception de la parole (Liberman & Mattingly, 1985) relie la perception auditive à la perception d'un pattern de mouvements articulatoires anticipés par l'auditeur. Elle fait référence à un décodage articulatoire de la parole. Les mouvements articulatoires de la parole seraient segmentés et stockés dans une représentation mentale des sons 1 à 1. Un code spécial permettrait de lier le geste articulatoire à la structure phonétique **(Jaquier, 08).**

La perception nécessiterait donc de faire référence à la production de la parole. D'où l'hypothèse que la parole accélérée naturellement soit plus facile à percevoir et à reconnaître que la parole accélérée artificiellement. Cependant, si la parole synthétisée contient suffisamment d'informations phonétiques, elle sera considérée, par l'auditeur, comme de la parole naturelle. De même, Fowler (1986, 1996) présente sa théorie de la perception directe de la parole qui repose sur les mêmes principes de base de la théorie motrice **(Jaquier, 08).**

Au contraire, Ohala (1996) avance des preuves phonétiques et phonologiques contre la théorie motrice en disant que nous avons la capacité de discriminer des sons avant de pouvoir produire ces contrastes. Les représentations phonétiques doivent être établies avant que nous puissions produire les sons. La perception de la parole ne s'effectue pas directement à partir des représentations des gestes articulatoires. Les sons de parole sont donc stockés sous leur forme phonétique, une catégorisation est nécessaire, mais les gestes articulatoires ne sont pas stockés. Les mouvements articulatoires seraient stockés au niveau des représentations lexicales du fait qu'ils font partie intégrante du message linguistique. La parole synthétisée ne serait donc pas perçue comme de la parole naturelle car elle ne correspond pas aux représentations phonétiques **(Jaquier, 08).**

Plus récemment, Liberman et Whalen (2000) confrontent ces deux théories majeures de la production et de la perception de la parole. Les auteurs sont en faveur de la théorie motrice pour expliquer les mécanismes de la perception de la parole. Les éléments phonétiques de la parole, pour eux, ne sont pas les phonèmes, mais les gestes articulatoires qui sont générés. Cependant, la théorie motrice soulève toujours plusieurs questions. La première est qu'elle suppose un module cérébral capable de convertir le signal en gestes, ce qui implique que l'on ne peut pas comprendre la parole si on ne peut pas la produire. Et pourtant, l'enfant muet de naissance qui comprend la parole peut être pris comme contre exemple. Par conséquent, l'hypothèse d'un module cérébral inné est proposée **(Jaquier, 08).**

Pour conclure, la théorie motrice ne permet pas d'expliquer la représentation des sons de la parole. De plus, la variabilité du système articulatoire entre les individus va donc engendrer d'importants problèmes pour l'identification des sons de la parole. La variation de production entre les locuteurs ne va pas permettre de mettre en correspondance un geste articulatoire et un son de la parole. D'autres théories, comme la théorie des exemplaires, ont une vision différente de la représentation des sons de parole. La théorie des exemplaires, elle, émet l'idée que chaque exemplaire correspond à un morceau de la langue, stocké en mémoire avec tous les détails spécifiques aux circonstances particulières au moment où il a été produit ou rencontré **(Jaquier, 08).**

1.9.2 Théories sensorielles

Pour J.D. Miller (1976), le processus de catégorisation phonétique ne serait pas lié à l'articulation mais aux effets de seuil différentiels masqués, en dessous desquels les variations des paramètres du signal ne sont pas perçus. Au-delà de ce seuil, les variations, par exemple de fréquence (ou de seuil différentiel de fréquence), se traduisent qualitativement sur le plan életrophysiologique **(Dumont & al, 02).**

Pastore (1977) a émis l'hypothèse que la catégorisation phonétique est liée à un processus neuroperceptif, dépendant soit de facteurs internes, comme un seuil masqué qui ferait intervenir la cochlée, soit de facteurs externes mettant en relation des mécanismes perceptifs et cognitifs **(Dumont & al, 02).**

1.9.3 Théorie des détecteurs de traits

Selon cette modélisation, les traits phonétiques contenus dans le signal seraient décodés par des groupes de neurones spécialisés dans le traitement de certains paramètres physiques du signal. Par conséquent, il existerait une relation entre les mécanismes perceptifs visuels , c'est-à-dire des détecteurs de traits visuels, et les mécanismes perceptifs auditifs. En effet, les indices acoustiques contenus dans le signal de parole sont d'abord traduis en indice neuronaux au niveau de la cochlée puis traités par des structures neuronales rétrocochléaires spécialisées dans la discrimination des *traits phonétiques* **(Dumont & al, 02).**

1.9.4 Modèles connexionnistes

Les modèles connexionnistes issus de l'intelligence artificielle, présentent l'avantage, par rapport à la théorie de détecteurs de traits, de ne pas s'appuyer sur un système binaire « du tout ou rien », mais sur une logique plus indéterminée permettant des essais/erreurs et un apprentissage du système. Selon Lippman (1989), il n'y aurait pas de détecteurs de forme phonétiques génétiquement inscrits au niveau neuronal mais des entrées (phase de reconnaissance) activées par l'expérience linguistique du sujet (phase d'apprentissage) **(Dumont & al, 02).**

1.10 L'audiovision de la parole

La perception audiovisuelle de la parole est une évidence fonctionnelle dont on ignore encore le fonctionnement précis, malgré la multiplication des recherches, l'intégration de deux modalités aussi différents que la vue et l'ouie créant une entité complexe à étudier. Un son est transporté à la vitesse de 330km à la seconde tandis que son image est diffusée à la vitesse de la lumière soit 300 000 kilomètres à la seconde. La vision précède donc l'audition d'environ 200ms (une syllabe=200ms) ,200 ms de silence qui donnent à voir à l'audition avant que nous entendions. Le canal visuel permet d'acheminer 107 bits/seconde, soit 7 fois plus que l'audition. Mais cette quantité doit être considérablement simplifiée et réduite à 8-25 bits/seconde avant d'être interprétée par le cerveau. L'audition et la vision différent par leur vitesse de traitement de l'information. En moyenne, lorsqu'elle a perçu, l'audition analyse et synthétise plus rapidement que la vision, aidée en cela par la plus grande intelligibilité des indices acoustiques de la parole. La vision par rapport à l'audition doit sa relative lenteur au fait qu'elle traite simultanément plus d'informations : elle explore l'espace et suit un mouvement dans le temps. En dépit de tant de discordances entre ces deux composantes perceptives, l'audiovision parvient à les coordonner dans une même cohérence fonctionnelle, pour plus d'efficacité(**Dumont & al, 02**).

L'audiovision harmonise et coordonne en un seul geste perceptif l'audition et la vision. Que le signal acoustique soit dégradé, parasité, réduit, totalement audible, la vision apporte dans tous les cas un complément d'informations sur la parole et améliore l'intelligibilité perceptive.

Pour tenter de comprendre le fonctionnement intime de la bimodalité audiovisuelle les chercheurs ont étudié la discordance temporelle à l'aide d'une désynchronisation son/image et une discordance configurationnelle en créant une incohérence entre l'information visuelle et l'information sonore (**Dumont & al, 02**).

1.11   Interactions bimodales et illusions perceptives intermodales

La parole ne se réduit pas uniquement à du son transmis entre la bouche d'un locuteur et l'oreille de celui qui le reçoit. La chaîne de production de la parole est un système complexe mettant en œuvre un ensemble d'articulateurs dont certains sont peu visibles car placés à l'intérieur du conduit vocal et d'autres visibles tels que les lèvres. La parole est donc multimodale et met en éveil les sens du système de perception de la parole qui sait recruter non seulement l'audition, mais aussi la vision.

L'un des exemples les plus frappants de ces illusions a été mis en évidence par McGurk et McDonald (1976) dans le domaine de la parole. Cet effet McGurk est dû à l'influence de la perception visuelle du mouvement articulatoire des lèvres sur la perception auditive de la parole. Dans leur expérience princeps, McGurk et McDonald montrent que la perception auditive de la syllabe /ba/ est modifiée par la perception simultanée du mouvement des lèvres articulant la syllabe /ga/, la syllabe finalement perçue étant /da/ (fusion des syllabes /ba/ et /ga/) (Figure 1.8). Cet effet est particulièrement robuste puisqu'il persiste lorsque les sujets connaissent la nature des informations unimodales (**Alexandra, 02**).

Ce percept illusoire peut s'expliquer par le fait que les informations auditives et visuelles de la parole dans les conditions habituelles, sont complémentaires et concordantes. Or acoustiquement et visuellement, les syllabes /ba/ et /ga/ sont très différentes l'une de l'autre, mais d'un point de vue acoustique la syllabe /ba/ est plus proche de /da/ que de /ga/, et d'un point de vue visuel la syllabe /ga/ est plus proche de /da/ que de /ba/. Compte tenu des proximités perceptuelles différentes de ces syllabes dans les deux modalités, et afin de satisfaire à la concordance habituelle des informations bimodales, l'interprétation la plus cohérente est /da/ **(Alexandra, 02).**

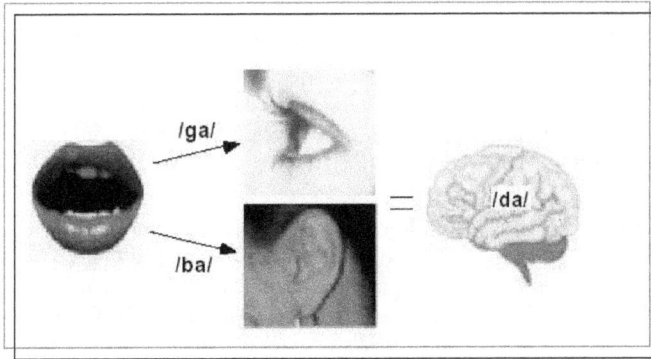

Figure 1. 8 Illustration de l'effet McGurk. Lorsque la bouche articule la syllabe /ga/ alors que l'information sonore est la syllabe /ba/, les sujets perçoivent généralement /da/.

Plus récemment, on a montré que cet effet pouvait également être observé pour des phrases entières. La présentation visuelle de la séquence "my gag kok me koo grive" doublée de la séquence sonore "my bab pop me poo brive" induit la perception de la phrase "my dad taught me to drive". Dans ce cas, l'illusion perceptive est d'autant plus forte que les deux séquences isolées n'ont aucun sens et que seule leur fusion permet d'obtenir une phrase intelligible, cohérente pour le sujet.

L'existence de l'effet McGurk suggère que les informations linguistiques visuelles et auditives convergent très tôt dans la chaîne de traitement, avant l'interprétation phonétique **(Summerfield, 87 ;Alexandra, 02).**

1.12 la bimodalité intrinséque de la parole

Du fait que la parole est un processus complexe dans lequel l'ouïe et la vision sont impliqués, nous allons montrer l'importance de la vision dans ce processus .Pour cela, nous citons quelques résultats de recherches sur la bimodalité audiovisuelle de la parole, nous avons regroupés ces travaux en deux grandes parties : l'apport de la vision et la reconnaissance faciale, en particulier l'identification par les lèvres.

La spécificité de la modalité visage parlant est le fait que le signal de parole y est audiovisuel. La perception humaine tire profit de l'information visuelle apportée par le visage du locuteur notamment lorsque les conditions acoustiques sont dégradées. C'est cette bimodalité intrinsèque, et le gain d'intelligibilité qu'elle apporte, qu'explore l'étude de la parole audiovisuelle. Mise en évidence pour la communication humaine, elle ouvre de nouvelles perspectives pour la communication avec et par la machine **(Bredin, 07 ;Revéret, 92).**

Nous verrons donc dans ce qui suit les résultats d'un certain nombre d'expériences attestant que la vision joue un rôle important dans la perception et la compréhension du langage oral. Les sections suivantes permettront d'abord de présenter la nature de l'information visuelle, puis de tenter de mieux comprendre l'intérêt et l'apport de la vision dans la perception de la parole en montrant que le son et le visage du locuteur sont à la fois complémentaires en termes d'information, et partiellement corrélés entre eux. Enfin la dernière section présentera des applications de traitement audiovisuel de parole dans lesquelles les propriétés de complémentarité et de cohérence audiovisuelles fournissent une augmentation de performance par rapport à des traitements classiques purement acoustiques.

La perception audiovisuelle de la parole ne procède pas d'une simple juxtaposition des modalités mais découle de notre sensibilité à rechercher et percevoir la cohérence entre les phénomènes acoustiques et visuels liés à la production de la parole **(Revéret, 92)**.

Le mécanisme de fusion semble de plus être relativement précoce dans la perception bimodale : c'est ce que révèle l'illusion connue sous le nom de « l'effet McGurk » (McGurk et McDonald, 1976). Cette fusion est très robuste aux conditions externes puisqu'elle persiste même lorsque les sujets sont prévenus de l'effet. Celui-ci résiste aussi à une désynchronisation de plusieurs dizaines de millisecondes entre les deux sources. Lors de l'effet McGurk, les perceptions de ces deux stimuli sont intégrées en une perception audiovisuelle unique, prenant le dessus sur chacune des deux modalités séparées. Cet effet suggère l'existence d'une représentation audiovisuelle autonome pour la perception de la parole, intégrant les deux sources d'information avant tout décodage phonétique séparé dans l'une ou l'autre des modalités. Un manque de cohérence entre ces deux sources peut donc entraîner une perception erronée de la réalité. De manière naturelle l'interaction entre les perceptions auditive et visuelle de la parole opère en coopération dans les trois situations suivantes : **(Revéret, 92)**.

• Localisation et focalisation de l'attention sur un locuteur particulier dans un environnement où d'autres parlent en même temps (effet « cocktail-party »),

• Redondance entre les informations acoustique et visuelle lorsque les deux modalités sont bien perçues, entraînant un gain d'intelligibilité systématique quel que soit la qualité de décodage dans chaque canal,

• Complémentarité entre les informations acoustique et visuelle lorsque du bruit ambiant dégrade la perception auditive pure.

Summerfield (1987) a comparé les réponses de sujets pour la reconnaissance de séquences comportant des consonnes en contexte vocalique (VCV), en condition auditive seule et en condition visuelle seule. L'arbre de confusion des réponses auditives montre une organisation globalement inverse de son équivalent visuel : ce qui est bien perçu acoustiquement ne l'est pas visuellement et vice versa. Notamment, les résultats montrent un discernement visuel entre /p/, /t/ et /k/ plus efficace qu'en acoustique.

A l'inverse une forte confusion visuelle entre /p/, /b/ et / m/, tout trois caractérisé par une même fermeture bilabiale, disparaît au niveau acoustique. Walden et al (1977) ont rapporté des résultats similaires avec des sujets spécialement entraînés à la lecture labiale.

Cette propriété est bien illustrée dans **(Summerfield, 87)**où Q. Summerfield présente sous forme d'arbre de proximités perceptives les intelligibilités comparées de consonnes à l'audition dans le bruit blanc (Figure 1.9), et à la vision (Figure 1.10), les résultats étant obtenus à partir des confusions faites par des adultes bien entendants, par la méthode de la classification hiérarchique **(Sodoyer, 04)**.

Observons d'abord l'arbre de confusion visuelle (Figure 1.9). Après la 11ième phase de regroupement, on constate que, au seuil de 75% d'identification correcte classiquement utilisé pour définir les visèmes, 9 groupes de consonnes peuvent être considérés comme des visèmes.

Ensuite, il apparaît que les contrastes peu robustes auditivement dans le bruit, c'est-à-dire situés sur des branches auditives proches (typiquement, des contrastes de lieu d'articulation, par exemple [p] vs [k]), sont souvent les plus visibles, c'est-à-dire situés sur des branches visuelles éloignées.Inversement, des contrastes visuellement peu distinguables se situent sur des branches audio éloignées (exemple : [p] vs [b]). En résumé, ce qui s'entend mal se voit bien, et réciproquement. Cette complémentarité sur les consonnes a également été démontrée sur les voyelles **(Benoît,94) et (Robert&al, 98)**.

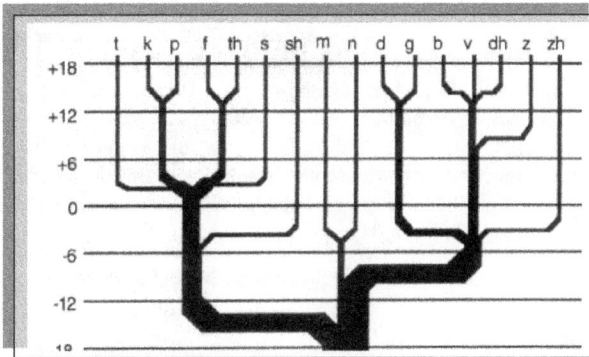

Figure 1. 9 Arbres de confusion auditive des consonnes : les chiffres de gauche indiquent le rapport signal à bruit (en dB) pour lequel chaque groupe de consonnes était confondu **(Summerfield, 87)**

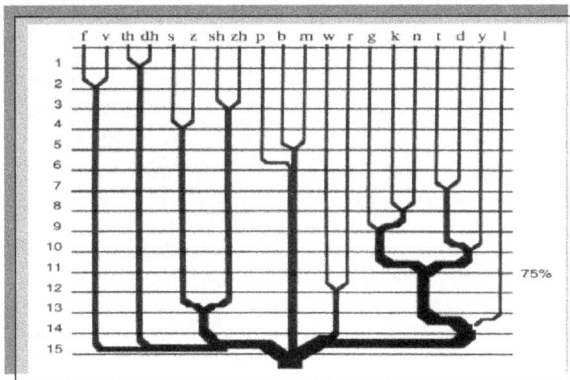

Figure 1. 10 Arbre des confusions visuelles des consonnes, l'échelle verticale indique un niveau de regroupement (Summerfield, 87)

Une des propositions de Summerfield (1989) sur cette complémentarité est d'associer les articulateurs visibles (lèvres, dents et langue) à la production des sons de fréquence élevée, sons provoqués par des mouvements rapides comme lors de certaines consonnes occlusives. Ils correspondent acoustiquement à des turbulences de faible intensité sonore dont la sensibilité au bruit acoustique est alors corrigée par l'information visuelle apportée par leur articulation. A l'inverse, la position des articulateurs non visibles (langue, vélum, larynx) produisent des sons constants, de forte intensité, à des fréquences basses caractéristiques notamment du mode d'articulation (nasal ou oral) et des voyelles **(Revéret,92).**

On peut aussi expliquer cette complémentarité à travers les résultats présentés par Fant (1973) : la résonance de la cavité arrière (non visible) correspond généralement au premier formant, alors que le second formant correspond plutôt à la cavité avant. Si le premier formant présente une bonne stabilité, le second varie davantage. La vision des lèvres, auxquelles il est lié, renforce alors la stabilité de la perception.

D'autres travaux ont montrés que la vision joue un rôle important dans la perception et la compréhension du langage oral surtout en milieu bruité. C'est particulièrement vrai dès qu'il y a du bruit dans le système, comme le montrent des travaux précurseurs tels que **(Sumby&al, 54 ;Erber, 69 ;Erber, 75).** Depuis ces travaux jusqu'aux expériences récentes de **(Benoît&al, 94)** et **(Robert&al, 98)** sur la perception du français, cinquante années de recherche sur la perception de la parole en environnement bruité ont systématiquement montré que la modalité visuelle permet d'obtenir un gain d'intelligibilité notable entre les conditions « audio seul » et « audio + visage du locuteur » **(Sodoyer, 04).**

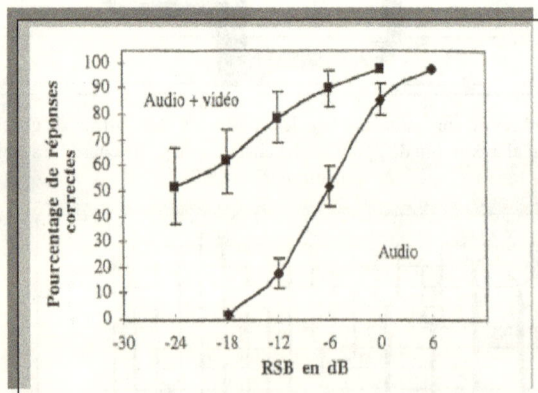

Figure 1. 11 Taux de reconnaissance correcte, auditive et audiovisuelle de la parole acoustiquement bruitée (corpus de 250 mots en anglais) d'après **(Erber ,69)**

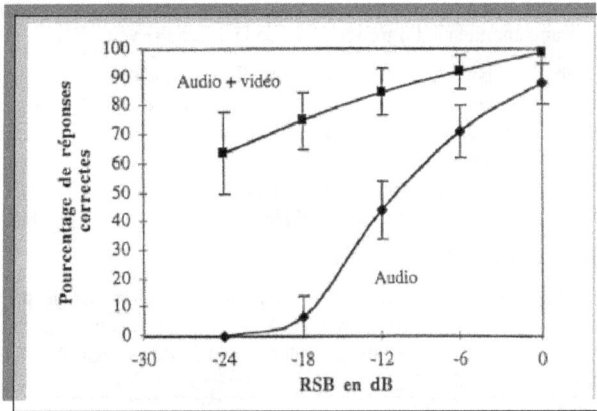

Figure 1. 12 Taux de reconnaissance correcte, auditive et audiovisuelle de la parole
acoustiquement bruitée (18 logatomes en francais) d'après (Benoit 94)

Nous présentons en figures Fig. 1.11 et Fig. 1.12 les résultats des études de **(Erber, 69)** et **(Benoît&al, 94).** Chacune de ces expériences montre clairement que la parole est au minimum bimodale. En condition audio seul, le taux de reconnaissance correcte de la parole se dégrade inexorablement lorsque le rapport signal sur bruit RSB diminue. Par contre, en condition audiovisuelle, les scores, un peu supérieurs en l'absence de bruit, s'écartent de plus en plus des scores en condition audio lorsque le RSB décroît, et atteignent, aux plus forts niveaux de bruit, une valeur plancher très au-dessus de zéro. Ce plancher est celui de la lecture labiale pure, qui permet de lire sur les lèvres environ un phonème sur deux.

Plus récemment, Grant et Seitz **(Grant&al, 00)** ont montré que la vision du visage du locuteur intervient également dans la détection de la parole dans le bruit. Ces résultats ont été confirmés par Kim & Davis et Bernstein et al. Ceci permet de mieux extraire les indices acoustiques pertinents, et donc, d'une certaine manière, de « voir pour mieux entendre » **(Schwartz, 02 ; Schwartz, 04),** ce qui fournit une contribution « très précoce » à l'intelligibilité de la parole, différente et complémentaire de l'effet de la lecture labiale.

L'objectif projeté par l'ensemble de ces chercheurs est non pas de décoder directement le message sur les lèvres, mais d'utiliser la cohérence du son et de l'image pour mieux traiter les sons.

1.13 De la parole audiovisuelle à l'analyse labiale
1.13.1 Lèvres et communication
Depuis quelques années, on observe l'émergence d'une tendance générale visant à rendre plus naturels les rapports hommes-machines. Il revient désormais à la machine de comprendre le langage humain. Dès lors, l'intérêt de l'analyse faciale paraît évident. En effet, la zone du corps la plus chargée de sens est sans conteste le visage. La bouche produit la parole, la position des yeux renseigne sur l'objet ou la zone observée, les rides d'expression sont les miroirs de nos émotions, le visage est au centre des

communications humaines. En particulier, de nombreuses études ont démontré qu'on pouvait extraire énormément d'informations de la bouche **(Eveno, 04).**

Tout d'abord, la bouche modèle le discours. Il existe donc un lien implicite très fort entre la parole entendue et la parole vue. Ce lien est d'ailleurs exploité très efficacement par les malentendants qui peuvent comprendre le discours par l'observation des mouvements des lèvres. Enfin, des recherches ont montré que la forme de la bouche ainsi que son évolution dynamique au cours du discours permettent d'effectuer de très bonnes identifications du locuteur et même de la parole produite.

1.13.2 La lecture labiale

Longtemps la lecture sur les lèvres a représenté un domaine de recherche non technique. Les premières analyses remontent à une publication par John Bulwer en 1648. A cette époque, l'étude de la lecture labiale utilisée par des êtres humains représentait la possibilité d'une plus grande intégration des personnes atteintes de surdité dans une société ou la parole est si essentielle. De nos jours, le domaine de la lecture sur les lèvres n'est plus confiné à ce besoin **(Toma & al, 05).**

La lecture labiale pour certains, lecture labio-faciale pour d'autres, est un moyen qui permet de percevoir la parole en regardant les lèvres et l'ensemble du visage : tel que les travaux Summerfield 1979 ; Summerfield 1987 et Summerfield et al 1989.

Effectivement, un grand nombre de chercheurs se tourne vers cette discipline pour une lecture labiale aussi bien faite par un être humain que par une machine. Ainsi, des branches telles que la reconnaissance de la parole prononcée ou du locuteur, de l'extraction des lèvres face à une source visuelle, ou d'une perception humaine d'un discours émis par un ordinateur à travers des lèvres « virtuelles » constituent autant de champs qui se développent à l'heure actuelle.

Le prochain paragraphe tente d'expliquer l'intelligibilité de la parole audiovisuelle en montrant l'intérêt de la lecture labiale en se referant des résultats obtenus sur les phonèmes de la langue française au niveau de l'institut de communication parlèe de Grenoble.

1.13.3 L'intelligibilité de la parole audiovisuelle par la lecture labiale

La lecture labiale chez certains déficients auditifs prouve la capacité du visage d'un locuteur à porter de l'information linguistique. Cette faculté se retrouve chez des sujets ne présentant aucune perte auditive. Bien sûr, la perception auditive reste alors prépondérante sur la perception visuelle tant que le signal acoustique est suffisamment clair. Par contre, en présence de bruit, l'information visuelle contribue de manière significative à augmenter l'intelligibilité du signal de parole par effet à la fois de redondance et de complémentarité. La bimodalité intrinsèque de la perception de la parole a été illustrée à travers de nombreuses expériences d'intelligibilité en milieu acoustiquement dégradé **(Revéret, 92).**

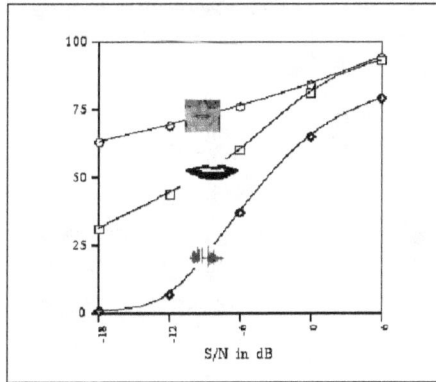

Figure 1. 13 Comparaison de l'intelligibilité de la parole bimodale en condition bruitée en ajoutant successivement les lèvres puis tout le visage du locuteur (Benoît et al. 96).

La Figure 1.13 montre des scores d'identification d'un vocabulaire de 18 mots sans signification, du type VCVCV, en fonction du rapport signal sur bruit. La courbe inférieure représente les scores avec l'audio seul, la courbe intermédiaire représente les scores avec l'audio et une image seuillée des lèvres du locuteur, la courbe supérieure représente les scores obtenus avec le signal acoustique et le visage complet du locuteur. Ces résultats illustrent le rôle prépondérant des lèvres dans la perception visuelle de la parole **(Revéret, 92).**

Il n'est pas suffisant puisque la vision des lèvres seules exclut l'information apportée par la mâchoire, la pointe de la langue et tout le mouvement du visage en général. Le gain d'intelligibilité apporté par le visuel a été observé dans d'autres situations où la difficulté de compréhension est liée non pas à la dégradation des conditions acoustiques mais à la complexité linguistique du message **(Revéret,92).**

Si l'information visuelle est si présente dans la compréhension de la parole, comme l'ont montré les données de la section précédente, des études **(Summerfield, 79),** **(Benoît&al, 96)** ont cherché à identifier les traits visuels contenant cette information supplémentaire et bénéfique. Nous présentons en figure Figure 1.14 les résultats de tests de perception audiovisuelle menés par **(Summerfield, 79).** Cette étude est intéressante puisqu'elle se place dans le paradigme de l'effet « cocktail party » où l'objectif est de quantifier le nombre de mots correctement compris dans des phrases mélangées avec d'autres signaux de parole.

Le test a été effectué en faisant varier la nature de l'image du locuteur, soit : pas d'image, image complète, image des lèvres, 4 points lumineux placés sur les lèvres aux intersections des lèvres supérieure et inférieure, au niveau de la verticale du plan de symétrie du visage, et enfin, une circonférence dont le diamètre était modulé par l'amplitude du signal sonore original. On constate que les lèvres, à elles seules, fournissent une très large part de l'information disponible (environ les 3/4, dans cette étude). La dégradation d'intelligibilité lorsque les contours labiaux sont remplacés par une information appauvrie (4 points, ou une simple circonférence), s'explique à la fois par la dégradation de l'information disponible, mais aussi par son manque de pertinence pour l'observateur.

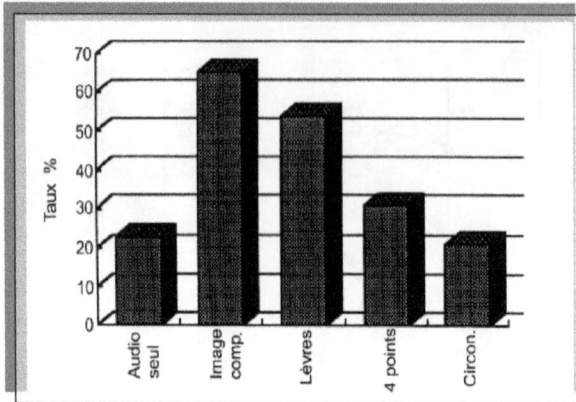

Figure 1. 14 Taux de reconnaissance correcte (perception audiovisuelle)d'après Summerfield

Une étude similaire (Fig. 1.15) a été menée par Benoît et al **(Benoît&al, 96)** où les conditions de mélange étaient une série de 18 logatomes (suite de phonèmes dépourvue de sens mais phonotactiquement acceptable pour la langue) composés de séquences de voyelles (V) et de consonnes (C) VCVCV, noyés dans un bruit blanc (pour différents niveaux de RSB). On retrouve le fait que les lèvres portent une forte part de l'information disponible sur le visage.

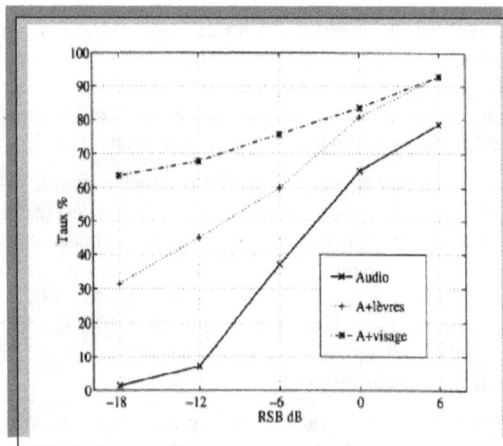

Figure 1. 15 Taux de reconnaissance correcte d'après Benoît **(Benoît&al, 96)**

En effet, le mouvement des lèvres peut être utilisé comme une source complémentaire d'information au signal de parole acoustique. La fusion des signaux de parole acoustique et visuel tombe classiquement dans l'une de ces trois catégories : la fusion au niveau des scores, la fusion au niveau des paramètres et la fusion au niveau des modèles **(Bredin, 07)**.

La fusion des données auditives et visuelles peut se faire de diverses façons. Les premiers systèmes étaient bâtis sur des architectures séquentielles. Dans ce cas, l'audio est d'abord utilisé pour déterminer un certain nombre de candidats possibles ; puis l'image est utilisée pour lever les ambiguïtés. Plus tard, les systèmes ont évolué vers des architectures parallèles, où l'audio et le visuel sont analysés en même temps, la décision finale étant une fusion des deux résultats. Parmi les techniques de fusion de données, on distingue généralement deux grandes tendances. Les premiers systèmes de reconnaissance utilisaient des modèles de Markov cachés. Puis, certaines recherches ont montré que les réseaux de neurones pouvaient être également très efficaces **(Eveno, 04).**

Le premier système, proposé par Petajan dans les années 80, est basé sur l'analyse de la zone intero-labiale (située entre les lèvres). Après avoir détecté les trous de nez (qui sont, selon lui, les parties les plus facilement détectables du visage), la zone de bouche est obtenue par des mesures morphologiques. Un simple seuillage permet ensuite de faire ressortir les lèvres et d'estimer certains paramètres caractéristiques de la zone intero-labiale (hauteur, largeur, surface et périmètre). Ces paramètres sont ensuite utilisés dans un système multimodal séquentiel permettant la reconnaissance de lettres prononcées isolément. En utilisant les mêmes indices visuels, Nishida en 1986 réussit un peu plus tard à détecter le début et la fin de mots. Il fut le premier à remarquer que l'évolution dynamique des paramètres était susceptible de rendre la reconnaissance beaucoup plus robuste. Mase et Pentland en 1991 arrivent d'ailleurs à la même conclusion en utilisant le flux optique, ou champ des vecteurs vitesse apparents .Goldshen en 1993 utilise également cette propriété pour bâtir un système basé sur les modèles de Markov dont les entrées sont dominées par les dérivées temporelles des indices visuels. Dans le même esprit, les recherches menées par Stork et al ont montré l'importance de la coarticulation pour la reconnaissance de la parole **(Eveno, 04).**

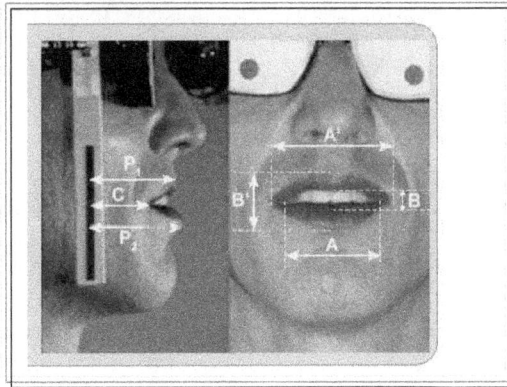

Figure 1. 16 Quelques-uns des paramètres utilisés par Lalouache. Les lèvres sont maquillées en bleu pour faciliter l'extraction (image Institut de la Communication Parlée).

Les indices visuels proposés par Petajan étaient à la mesure des puissances de calcul de l'époque et des outils disponibles en traitement d'image. Leur relative simplicité permettait un traitement proche du temps réel et rendait leur estimation aisée. Peu à peu, certain chercheur sont tenté de confirmer leur pertinence ou d'améliorer la finesse de l'analyse visuelle. Pour palier aux éventuelles faiblesses du traitement d'image, Lallouache propose très tôt d'utiliser un maquillage bleu permettant une segmentation aisée des contours des lèvres. Les paramètres utilisés sont sensiblement les mêmes que ceux de Petajan, mais le maquillage permet de les obtenir avec une fiabilité nettement améliorée. Ce système permet d'ailleurs à Benoît d'identifier la vingtaine de visèmes du français (Benoît et al, 92). Alors que Finn et Montgomery en 1988 utilisent des marqueurs autour de la bouche pour obtenir la position de certains points caractéristiques. Ils en extraient 14 distances caractéristiques dont l'analyse permet d'obtenir des taux de reconnaissance impressionnants sur des syllabes VCV **(Eveno, 04)**.

Pour contourner la difficulté de l'extraction des paramètres visuels locaux, Yuhas et al. En 1989 proposent un système très intéressant. Les valeurs de luminance des pixels de la zone de bouche sont directement entrées dans un réseau de neurones chargé d'estimer le spectre audio correspondant. Une fusion de ce spectre avec le spectre mesuré permet ensuite d'effectuer une reconnaissance robuste. Ce système démontre que les informations visuelles peuvent être obtenues de manière plus globale. Potamianos a d'ailleurs proposé d'effectuer la reconnaissance en utilisant à la fois des indices locaux et des indices globaux (la transformée en ondelettes de la zone de bouche).

Une fois l'utilité des informations visuelles clairement démontrée, de nombreuses recherches ont été menées pour tenter de les obtenir automatiquement. L'accroissement des puissances de calcul amorcé dans les années 90 ainsi que l'apparition de nouvelles techniques de traitement d'image permettent d'envisager des algorithmes plus complexes et plus efficaces. Ainsi, les contours actifs, introduits par Kass et Witkin à la fin des années 80, ont rapidement séduit la communauté scientifique par leur formulation matricielle élégante et la possibilité qu'ils offrent de régler l'élasticité et la courbure des contours segmentés. Ils sont largement utilisés pour segmenter les lèvres. Les modèles déformables ont également un certain succès car en général ils permettent d'obtenir des formes plus réalistes que les contours actifs. Enfin, des systèmes d'analyse-synthèse basés sur un modèle 3D des lèvres ont également été proposés **(Eveno, 04)**.

1.14 Reconnaissance de la parole sous l'effet Lombard

Une autre étude s'inscrivant dans le cadre de recherche des mécanismes d'adaptation en parole est étudiée, l'auteur s'est intéressé aux variations du message vocal lorsque le locuteur est placé en environnement bruité. Ces phénomènes de régulation des productions vocales dans le bruit sont connus sous le nom d'effet Lombard **(L.bailly, 05)**.

L'auteur s'est intéressé à l'étude de la protrusion labiale (projection des lèvres lors de la production de « ou » par exemple) et des variations de l'aire intero-labiale dans différents environnements bruyants dont l'objectif est de mettre en relation les gestes articulatoires avec les caractéristiques acoustiques de la parole et les variations intonatives et accentuelles de l'élocution.

L'effet Lombard est dans la réalité expérimentale combiné à d'autres sources de variabilité (stress, fatigue, etc.), de sorte qu'il est difficile de le séparer de ces autres effets.D'où l'importance pour une telle étude d'enregistrer la parole dans des conditions de bruit et de communication bien contrôlées. Pour répondre à de tels objectifs, l'auteur a choisi les deux bruits suivants, les plus étudiés dans la littérature :

- un bruit blanc. Il s'agit du bruit le plus « normalisé » dans la mesure où il couvre toute la largeur de la bande des fréquences audibles (de 20Hz à 20kHz) ;

-un bruit d'ambiance type « cocktail-party ». Ce bruit plonge le locuteur dans un environnement réaliste et intéressant car il s'agit d'un des bruits les plus communément rencontrés dans notre quotidien et il couvre la gamme des fréquences de la parole en particulier (de 80Hz à 8000Hz), spécialement conçue pour permettre l'étude des perturbations de la production de parole par le bruit environnant. Ces bruits ont été diffusés par hauts parleurs.

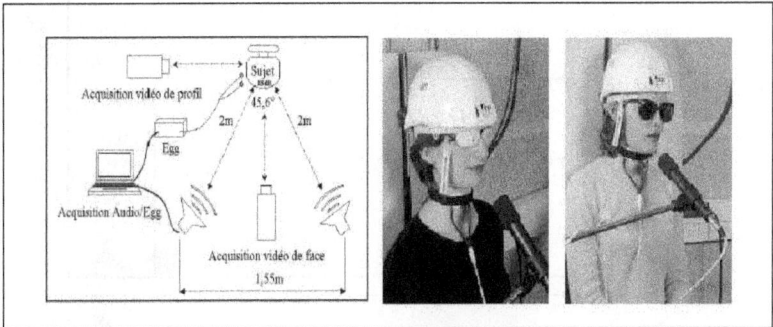

Figure 1. 17 Protocole et sujets F1 et F2 de l'expérience 'Lip Tracking'.

Il était demandé au sujet de répéter en parole voisée la phrase entendue, d'abord dans le silence puis dans le bruit cocktail et enfin dans le bruit blanc, calibrés aux oreilles du locuteur avec un sonomètre. L'auteur s'est intéressé à l'étude des variations articulatoires (de l'aire aux lèvres S et de la protrusion P1) engendrées en parole Lombard et les corrélations possibles avec les variations acoustiques de l'élocution (durée, fréquence fondamentale F0, intensité).

D'après les résultats de cette étude, l'effet Lombard entraîne des changements acoustiques significatifs tels que l'allongement de la durée, l'élévation de la fréquence fondamentale, et l'augmentation de l'intensité de la voix, conformément à la littérature. L'expérience menée dans cette étude montre que la parole Lombard se manifeste et/ou se réalise aussi par une hyper-articulation labiale significative **(L.bailly, 05).**

1.15 La cohérence audiovisuelle

Puisque le son et l'image sont produits par un seul et même système physique (le système orofacial), on s'attend à observer une certaine cohérence entre eux. Les auteurs qui ont porté le plus loin cette idée de cohérence sont incontestablement Yehia, Vatikiotis-Bateson et coll.Ainsi, une investigation menée par H. Yehia, P. Rubin, et E. Vatikiotis-Bateson a eu pour but d'étudier l'image de la face et ses relations avec le comportement du conduit vocal (CV) et celui du signal acoustique, afin de mieux comprendre la relation entre la production et la perception multimodale de la parole. Dans cette étude, la face était caractérisée par 18 marqueurs infrarouge collés sur le visage du sujet et suivis par système Optotrack. Le conduit vocal était caractérisé par 4 capteurs sur la langue, suivis par articulographie électromagnétique (système EMMA) **(Sodoyer, 04).**

A partir de l'analyse statistique des différentes relations linéaires entre les caractéristiques du conduit vocal, le signal acoustique, et l'image de la face, les auteurs ont testé les différentes prédictions linéaires possibles entre l'image de la face, celle du CV et les données spectrales du signal acoustique (décrit par des coefficients LSP (Line spectrum pair), et la puissance du signal). Les résultats sont présentés (Table 1.1) sous forme de coefficients de corrélation normalisés, entre les données mesurées et les données estimées **(Sodoyer, 04).**

Table 1. 1 Corrélation entre paramètres estimés et prédis d'après

		Éstimation			
		CV	Face	Acoustique	
				LSP	Énergie
Paramètre de prédiction	**CV**	-	0,91	0,66	0,625
	Face	0,81	-	0,73	0,79
	Face+CV	-	-	0,77	0,81
	Acoustique	0,61	0,69	-	-
	Acoustique + Face	0,84	-	-	-

Les résultats montrent que 91 % de la variance totale de la face peut être prédite linéairement par les descripteurs du conduit vocal, ce qui n'est pas très étonnant. Beaucoup plus surprenante est la prédiction inverse, qui fournit des résultats certes moins bons, mais loin d'être mauvais (estimation de 81% de la variance totale du conduit vocal par la face). Les résultats montrent également qu'une partie considérable de l'enveloppe spectrale du signal acoustique peut être linéairement prédite par une image de la face (estimation de 73 % de la variance totale), bien que les divers aspects physiques, acoustiques et cinématiques du système de production de la parole soient non-linéaires, et surtout qu'une grande partie du conduit vocal soit cachée, et donc que la fonction de transfert soit a priori peu accessible.

Il reste que l'ensemble de ces travaux montrent qu'il existe une certaine redondance entre le son et l'image, qui traduit leur cohérence intrinsèque, et se traduit en retour par un ensemble de corrélations non négligeables entre paramètres acoustiques et labiaux.

1.16 La synchronie audiovisuelle
Le signal de parole est intrinsèquement bimodal. Si son traitement se limite souvent à ces caractéristiques acoustiques et vérification du locuteur, son complémentaire visuel peut être d'une grande aide, particulièrement dans des conditions acoustiques dégradées **(Potamianos et al. 04 ; Sodoyer, 04).**

Le signal visuel de parole correspond à l'observation des déformations et mouvements de l'appareil vocal dont résulte le signal acoustique de parole. Aussi, plus que complémentaires, ces deux signaux sont profondément corrélés, le second résultant du premier. Les travaux de Yehia et Barker ont montré qu'il était possible de partiellement déduire les signaux acoustiques de l'observation du signal visuel, et inversement.

Hervé Bredin dans **(Bredin, 07)** propose un tour d'horizon de la littérature s'intéressant au problème particulier de la synchronie audiovisuelle. La question de la paramétrisation du signal de parole audiovisuelle a été abordée ainsi que celle des différentes méthodes (le plus souvent statistiques) proposées pour évaluer le degré de synchronie entre les signaux de parole acoustique et visuel. L'auteur décrit les mesures de correspondances proposées dans la littérature pour évaluer la synchronie entre les paramètres acoustiques et visuels tels que les mesures de corrélation et d'information mutuelle.

Une autre Mesure proposée par Eveno et Besacier concerne La paramétrisation de la parole audiovisuelle est réalisée ainsi :

– 5 coefficients LPC sont extraits toutes les 40 ms et constituent ainsi le flux X,

-La hauteur, la largeur et l'aire de la bouche sont extraites pour chaque trame de la vidéo (toutes les 40 ms) en utilisant un outil de détection et suivi des lèvres, constituant ainsi le flux Y,

Les deux flux X et Y possèdent donc la même fréquence d'échantillonnage. On note Y_δ le flux visuel avec un décalage de δ trames dans le temps. L'application de l'analyse de co-inertie entre X et Y_δ permet de déterminer les vecteurs $a_\delta\ et\ b_\delta$ maximisant la covariance entre $a_\delta^t X\ et\ b_\delta^t Y_\delta$.

Mesurer la synchronie entre les flux de parole acoustique et visuel peut être d'une grande aide dans de nombreuses applications audiovisuelles et multimédia.La localisation de source sonore est l'application des mesures de synchronie audiovisuelle la plus citée. Selon Cutler et Davis en 2000, une fenêtre glissante survole la vidéo afin de trouver la zone de la bouche qui correspond le plus probablement à la bande sonore (en utilisant un réseau de neurones). Selon Nock et al en 2002, l'information mutuelle permet de décider laquelle des quatre personnes apparaissant à l'image est la source de la voix entendue dans la bande sonore : un taux de correction de 82% est atteint (moyenne sur 1016 vidéos de test). On peut imaginer un système de visio-conférence intelligent dont la caméra zoomerait sur le locuteur courant **(Bredin, 07)**.

1.17   Perspectives pour la communication homme-machine

L'essor exceptionnel du multimédia et des réseaux informatiques lance aux technologies de la parole un défi d'humanisation dans la communication avec et par la machine. La production et la perception de la parole humaine étant bimodale par nature, son exploitation par la machine à travers des personnages synthétiques audiovisuels parlants ou des systèmes de reconnaissance automatique peut rendre la communication avec celle-ci plus humaine et donc plus conviviale. Pour ces deux types d'applications, l'analyse automatique des mouvements labiaux fournit une source pertinente de paramètres. **(Revéret, 92).**

La plate-forme « canonique » de télécommunication constituée de caméras, d'un canal de transmission à haut débit et de moniteurs vidéo permet de connecter des interlocuteurs sur deux modalités. Telle est l'approche classique de la visioconférence. Outre le fait que ce mode de communication ne laisse aucune chance à la machine d'intervenir ni sur la représentation du communiquant (possibilités de substitution par un clone virtuel), ni sur le contenu du message (reconnaissance et interactions homme-machine), il interdit la connexion entre participants ne s'exprimant pas dans la même modalité (communication avec une personne handicapée). Indépendamment des problèmes technologiques liés au transport des informations (notamment vidéo) à une cadence temps réel, ces limitations expliquent sans doute les échecs relatifs des systèmes de visioconférences auprès du grand public. Par contre, l'engouement pour la réalité virtuelle et ses applications connaît un développement exceptionnel. Si l'animation des mouvements corporels des personnages de synthèse atteint aujourd'hui des degrés impressionnants, l'équivalent pour les mouvements de parole présente un retard technologique important **(Revéret, 92).**

Conclusion

La perception de la parole est un processus complexe, dans lequel l'ouie et la vision sont impliqués.Nous avons présenté quelques théories sur la perception auditive et la perception faciale, une description des différentes architectures d'intégration des informations auditives et visuelles est ainsi faite dans le but de modéliser le phénomène de fusion de données chez l'homme. Dans ce contexte, nous avons tenté d'expliquer les principaux circuits cérébraux responsables de l'analyse du son de parole et de l'identification des mots de la langue ainsi que les régions cérébrales impliquées dans les fonctions du langage et la reconnaissance de visage.

Nous avons présenté la perception auditive et visuelle de la parole dans le but d'étudier la parole audiovisuelle. La modélisation de la perception audiovisuelle de la parole est une tache très délicate dont on ignore le fonctionnement précis.

Seulement, nous avons essayé de montrer l'apport de la vision dans la perception de la parole en montrant que le son et le visage du locuteur sont à la fois complémentaires en termes d'information en se basant sur des expériences et théories montrant l'intérêt de la vision dans la perception et la compréhension du langage oral.

Chapitre 2   Généralités sur la parole et langue arabe

Introduction

La recherche en reconnaissance automatique de la parole, RAP, ou du locuteur RAL tente de mieux comprendre le processus humain de génération et de compréhension de la parole, tant d'un point de vue mécanique par le biais de l'étude et de la modélisation des organes biologiques en charge de ces tâches, que d'un point de vue mathématique par le développement de méthodes de classification toujours plus fines et exactes **(Buniet, 97)**.

Nous allons présenter de manière générale, dans ce chapitre, les connaissances essentielles qui décrivent les natures physiologiques et phonétiques de la parole, nous introduisons les différentes théories pour une bonne connaissance du mécanisme de l'audition et des propriétés perceptuelles de l'oreille, qui est aussi importante qu'une maîtrise des mécanismes de la production de la parole. Nous discutons les problèmes de variabilité de la parole.

Nous étudions par la suite les particularités phonologiques de la langue arabe, le système vocalique et le système consonantique. L'arabe standard se distingue des langues indo-européennes par l'articulation de sons dans la partie arrière du conduit vocal, par le trait de gémination.

Nous terminons par une brève étude sur la durée des syllabes de l'arabe standard. Pour cela, un corpus a été réalisé dans le but d'étudier la durée des syllabes simples, avec gémination et avec allongement.

2.1 Généralités sur la parole

2.1.1 Introduction

La parole est une faculté, propre à l'homme, de communication par des sons articulés. Elle met en jeu des phénomènes de natures très différentes et peut être analysée de bien des façons. On distingue généralement plusieurs niveaux de description non exclusifs : physiologique, phonologique, phonétique, acoustique, morphologique, syntaxique, sémantique, et pragmatique **(Chentir, 09)**.

Nous survolons dans ce qui suit les quatre premiers niveaux qui sont les niveaux les plus concernés par notre étude.Il existe un nombre important de caractéristiques que l'on peut extraire du signal sonore. Dans cette section nous résumons quelques caractéristiques générales du signal sonore.

2.1.2 Production de la parole

Le signal vocal est un signal sonore, engendré par des vibrations acoustiques, qui se propagent dans l'aire (le milieu de propagation le plus commode). Néanmoins, pour avoir ces vibrations, il faut une certaine énergie ; cette énergie est fournie par l'appareil phonatoire (les poumons).

Le signal de parole est le résultat de l'excitation du conduit vocal par un train d'impulsions ou un bruit donnant lieu respectivement aux sons voisés et non voisés (figure 2.1). Dans le cas des sons voisés, l'excitation est une vibration périodique des cordes vocales suite à la pression exercée par l'air provenant de l'appareil respiratoire.

Ce mouvement vibratoire correspond à une succession de cycles d'ouverture et de fermeture de la glotte. Le nombre de ces cycles par seconde correspond à la fréquence fondamentale F0. Quant au signaux non-voisés, l'air passe librement à travers la glotte (du moins pas dans tout le conduit vocal) sans provoquer de vibration des cordes vocales. **(Amehraye, 09)**.

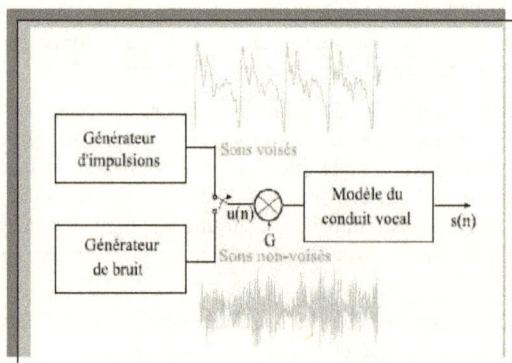

Figure 2. 1 Modèle simple de production de la parole **(Amehraye, 09)**

La prochaine section a pour but d'une part de présenter les connaissances essentielles qui décrivent les natures physiologiques et phonétiques de la parole, quelques méthodes efficaces d'analyse et de modélisation du signal de parole présentes dans l'état de l'art, et les spécificités de la langue Arabe Standard (AS).

2.1.3 Niveau physiologique

Les sons de la parole se produisent lors de la phase d'expiration au cours de laquelle un flux d'air contrôlé, en provenance des poumons passe à travers le larynx et le conduit vocal (conduit respiratoire). Ce flux d'air appelé air pulmonaire rencontre sur son passage plusieurs obstacles potentiels qui vont le modifier de manière plus ou moins importante. La figure 2.2a représente une vue globale de l'appareil phonatoire **(Chentir, 09)**.

L'appareil vocal humain (figure 2.2b) peut se présenter idéalement comme un système source - filtre avec notre poumon comme réservoir énergétique :

• L'air sort des poumons et s'écoule dans le conduit vocal. Le son est produit lorsque le souffle passant au travers des cordes vocales les fait vibrer et est ainsi modulé par leur vibration ;

• Le conduit vocal couvre le secteur de pharynx ainsi que les sinus nasal et buccal. Il représente un secteur de résonance, de sorte que le son rayonné au niveau des lèvres est le résultat d'un filtrage du signal généré au niveau de cordes vocales **(Chentir, 09)**.

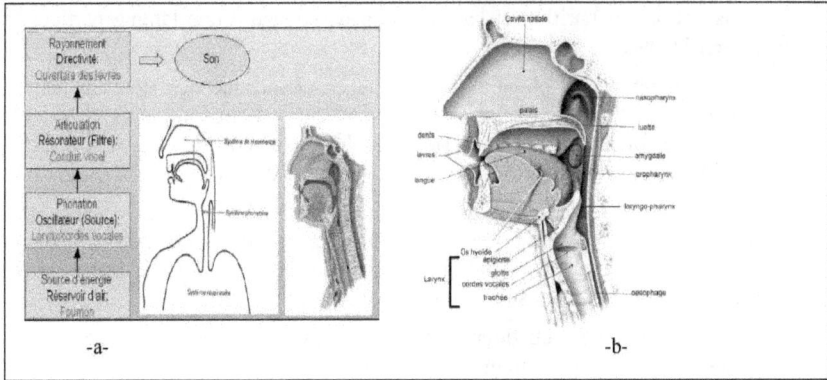

Figure 2. 2 Schématisation de l'appareil phonatoire (fig a) **(Chentir, 09).**et de de
l'appareil vocal (fig b) **(Hueber, 09)**

A l'intérieur du larynx (figure 2.3) se situent les cordes vocales, organes
vibratoires constitués de tissu musculaire et de tissu conjonctif résistant. Les
cordes vocales sont reliées à l'avant au cartilage thyroïdien. Elles peuvent
s'écarter ou s'accoler pour produire des ondes de pression.L'espace entre les
cordes vocales est appelé glotte. L'air y passe librement pendant la respiration
et la voix chuchotée, ainsi que pendant la phonation des sons non voisés (ou
sourds). Les sons voisés (ou sonores) résultent au contraire d'une vibration
périodique des cordes vocales **(Baloul, 03 ; Chentir, 09).**

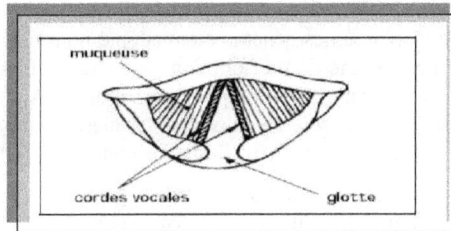

Figure 2. 3 Section du larynx **(Baloul, 03)**

Les vibrations des cordes vocales ne suffisent pas à produire un son
intelligible, tout un système articulatoire en aval, assure la propagation de l'air
vibrant ou non vibrant. Nous pouvons citer l'épiglotte, la luette, la langue, les
lèvres, etc. **(Benselama, 07).**

2.1.4 Niveaux phonétique et phonologique

La phonétique et la phonologie sont deux branches de la linguistique qui
interprètent le même matériau : la parole. La phonétique étudie les sons des
langues du monde en tant que réalité physique (production, transmission et
perception de ces sons), tandis que la phonologie recherche les principes qui

régissent leur apparition et leur fonction de codage d'une langue particulière **(Chentir, 09).**

Autrement dit, la phonétique est l'étude scientifique des sons du langage humain. Elle exclut les autres sons produits par les êtres humains, même s'ils servent parfois à communiquer (les toux, les raclements de gorge). Elle exclut aussi les sons non humains. Elle se divise en trois domaines :

• La phonétique articulatoire s'occupe de l'activité des cordes vocales, de la bouche, etc. qui rendent possible la parole. Par exemple, nous savons que pour faire un [p] en Français, il faut mettre les deux lèvres ensemble, sortir un peu d'air des poumons, et ensuite ouvrir les lèvres ;

• La phonétique acoustique examine les caractéristiques sonores des sons du langage. Par exemple, nous savons que le son produit par la consonne [s] (exemple : sou [su]) en Français a une fréquence plus élevée que le son produit par une consonne comme (exemple : chou [u]) ; **(Chentir, 09).**

• La phonétique auditive examine les phénomènes de perception des sons du langage par les êtres humains. Par exemple, qu'est-ce qui nous permet de saisir une syllabe accentuée? Est-ce la durée, la force, la fréquence fondamentale ou une combinaison des trois.

Chaque langue retient pour son fonctionnement un ensemble de sons, parmi ceux que pourrait produire l'appareil vocal. Les plus petites unités sonores distinctives utilisées dans une langue donnée sont appelées phonèmes. Le phonème est la plus petite unité sonore qui, substituée à une autre, change le contenu linguistique d'un énoncé. Par exemple changer le premier son [p] de"peau" [po] en [b] aboutit à un mot différent : "beau" [bo]. On distingue donc les phonèmes [p] et [b].

L'ensemble de phonèmes généralement adopté pour une langue donnée sont regroupés par un système de transcription phonétique utilisé par les linguistes, représenté par l'Alphabet Phonétique International (API). Les phonéticiens regroupent les sons de parole en deux grandes classes phonétiques en fonction de leur mode articulatoire : les voyelles et les consonnes **(Chentir, 09).**

Les voyelles correspondent à une vibration périodique des cordes vocales et à une configuration stable du conduit vocal. Selon que la dérivation nasale est ouverte ou non (grâce à l'abaissement du voile du palais), les voyelles sont nasales ou sont orales. Les semi-voyelles sont produites lorsque l'excitation glottique périodique s'accompagne d'une évolution rapide du conduit vocal, entre deux positions vocaliques **(Chentir, 09).**

Contrairement aux voyelles, les consonnes sont produites lorsque le passage de l'air venant des poumons est partiellement ou totalement obstrué. Autrement dit, les consonnes correspondent à des mouvements rapides de constriction des organes articulateurs, donc souvent à des sons peu stables, qui évoluent dans le temps. Pour les fricatives, une constriction forte du conduit vocal provoque un bruit de friction. Les cordes vocales peuvent entrer en vibration en même temps que le bruit de friction, la fricative est alors voisée (ou sonore), ou laisser passer l'air sans émettre de son, la fricative est alors non voisée (ou sourde). Les plosives sont des occlusions complètes du conduit vocal, suivies d'un relâchement. Jointe à la vibration des cordes vocales, la plosive est voisée, sinon elle est sourde. Si la dérivation nasale est ouverte pendant la fermeture de la bouche, une nasale est produite. Les semi-voyelles sont des consonnes voisées, mouvements rapides qui passent par la position articulatoire d'une voyelle brève. Enfin, les liquides résultent d'une excitation voisée et de rapides mouvements articulatoires, principalement de la langue **(Benselama, 07 ; Chentir, 09).**

2.1.5 Niveau acoustique

La phonétique acoustique étudie le signal de parole en le transformant dans un premier temps en signal électrique grâce au transducteur approprié : le microphone (lui-même associé à un préamplificateur). De nos jours, le signal électrique résultant est le plus souvent numérisé. Il peut alors être soumis à un ensemble de traitements statistiques qui visent à en mettre en évidence les traits acoustiques qui sont liés à sa production :

• La fréquence fondamentale (F0) qui correspond à la fréquence du cycle d'ouverture/fermeture des cordes vocales;

• L'énergie ou l'intensité (I) du son qui est liée à la pression de l'air en amont du larynx ;

• son spectre qui résulte du filtrage dynamique du signal en provenance du larynx (signal glottique) par le conduit vocal qui peut être considéré comme une succession de tubes ou de cavités acoustiques de sections diverses.

Chaque trait acoustique est lui-même intimement lié à une grandeur perceptuelle : pitch, intensité, et timbre **(Amehraye, 09).**

Les modèles les plus classiques de représentation du signal de parole s'inspirent du mode de production de type source –filtre (Figure 2.4). Le modèle est divisé en trois parties, la source (le voisement, la friction), le filtre (simulation des effets filtrants des conduits oral et nasal), et la radiation aux lèvres.

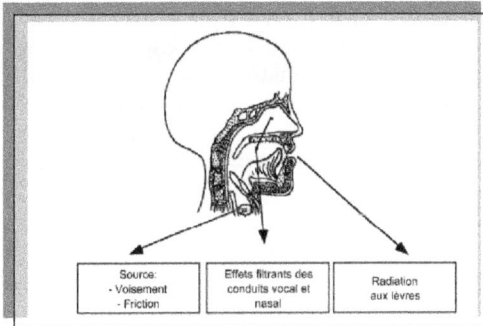

Figure 2. 4 Conceptualisation fondamentale du modèle source - filtre **(Alexandra, 02).**

Le signal de source résulte de la production d'une onde acoustique au niveau de la glotte. Cette onde passe ensuite dans le conduit vocal (oral, nasal) et subit l'effet de radiation des lèvres. Les transformations du signal de source par ces différents organes peuvent être modélisées par un simple filtrage linéaire (Figure 2.5) **(Chentir, 09).**

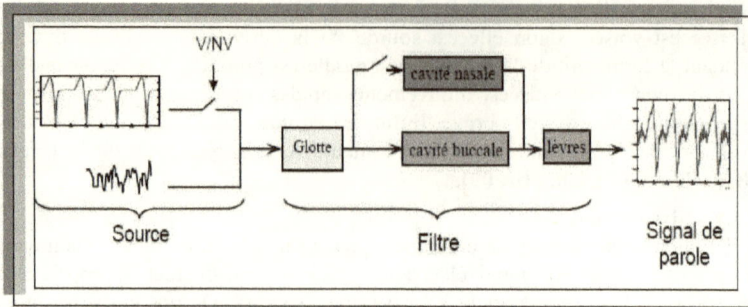

Figure 2. 5 Modèle source - filtre (Hueber, 2009) (V = Voisement et NV = Bruit (aspiration, frication, explosion)) **(Chentir, 09).**

Les caractéristiques acoustiques des cavités supra -glottiques peuvent être modélisées à l'aide d'un filtre linéaire AR (AutoRégressif) dont la fonction de transfert s'exprime comme suit :

$$H(z) = \frac{1}{1 + \sum_{i=1}^{p} a_i Z^{-i}} = \frac{1}{A(z)}$$

(2.1)
où les a_i sont les coefficients de prédiction du filtre.

Pour une parole intelligible, le nombre de coefficients a_i est fixé de telle façon que la fonction de transfert du filtre présente un nombre suffisant de résonances pour modéliser correctement les 3 à 5 premiers formants des segments voisés

L'appareil phonatoire, émetteur d'informations, ne serait d'aucune utilité si l'information générée ne pouvait être captée et analysée par un récepteur. Parmi tous les récepteurs existants, l'homme a acquis la capacité de découvrir le sens caché sous les sons produits par son interlocuteur. Nous allons maintenant présenter l'anatomie de l'oreille, organe récepteur de l'information sonore, et les capacités de perception qui caractérisent cet organe lorsqu'il est en parfait état et n'a subi aucune atteinte venue amoindrir ses capacités intrinsèques **(Buniet, 97).**

2.2 L'appareil auditif humain

Pour pouvoir faire l'analyse du signal vocal, il faudrait au préalable voir comment ce signal est perçu par l'oreille humaine, pour cela on donnera dans ce qui suit une description succincte de l'appareil auditif.

En effet, une bonne connaissance du mécanisme de l'audition et des propriétés perceptuelles de l'oreille est aussi importante qu'une maîtrise des mécanismes de la production de la parole citée au para avant (section 2.1).

2.2.1 Description de l'appareil auditif

L'oreille est divisée en trois parties distinctes,une première partie, l'oreille externe, correspond à la partie visible de l'organe, pavillon et lobe, à laquelle est rattaché le conduit auditif externe qui permet de propager le son jusqu'au tympan. Le tympan marque la frontière entre l'oreille externe et l'oreille moyenne. Les organes de l'oreille moyenne permettent de transformer les sons en vibrations grâce au contact qu'ils ont avec le tympan.

Ces vibrations, une fois générées, sont transmises à la cochlée qui constitue l'organe majeur de l'oreille interne. La cochlée permet de transformer les vibrations en un flux nerveux par le biais de cellules ciliées qui captent les vibrations produites dans le fluide de la membrane basilaire par l'étrier, le dernier os de l'oreille moyenne. Cet influx nerveux est alors transmis au cerveau en charge du traitement. Il faut noter que la présence des deux oreilles permet d'effectuer, au niveau du cerveau, des traitements plus complexes que le simple décodage d'une scène auditive **(Benselama, 07 ; Alexandra, 02).**

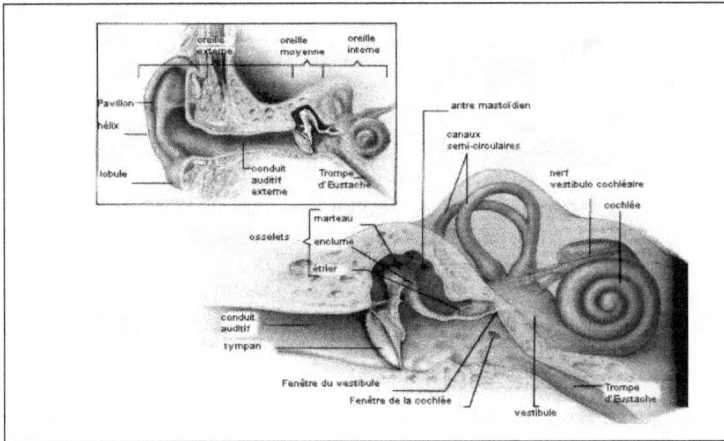

Figure 2. 6 Coupe de l'appareil auditif humain

L'oreille externe et l'oreille moyenne transmettent des ondes sonores â l'oreille interne et augmentent l'énergie du son. L'oreille interne, remplie de liquide, contient deux systèmes sensoriels différent : la cochlée dont les récepteurs convertissent les ondes sonores en signaux électrique qui rendent possible l'audition et l'appareil vestibulaire nécessaire â l'équilibre **(Calliope, 89).**

Le conduit auditif (l'oreille externe) relie le pavillon au tympan : c'est un tube acoustique de section uniforme fermé â une extrémité, son premier mode de résonance est situé vers 3000 HZ, ce qui accroît la sensibilité du système auditif dans cette gamme de fréquences **(Alexandra, 02).**

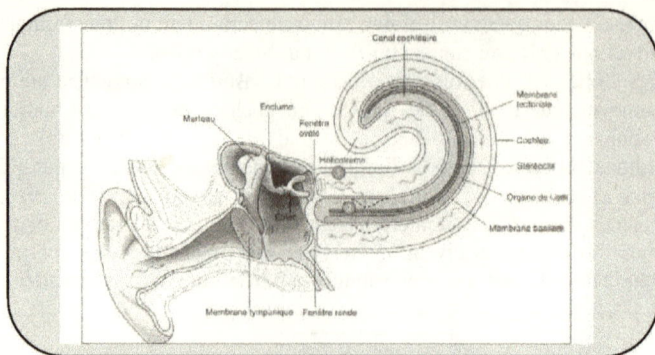

Figure 2. 7 Le système auditif.

Le mécanisme de l'oreille interne (marteau, étrier, enclume) permet une adaptation d'impédance entre l'air et le milieu liquide de l'oreille interne. Les vibrations de l'étrier sont transmises au liquide de la cochlée. Celle-ci contient la membrane basilaire qui transforme les vibrations mécaniques en impulsion nerveuses. Cette membrane joue un rôle très important ; c'est en effet le support de l'organe de corti qui est l'appareil sensoriel de l'audition, elle contient environ 25000 cellules ciliées qui sont les récepteur du son **(Calliope, 89)**.

2.2.2   Sensibilité de la membrane basilaire au son

La membrane basilaire est épaisse et étroite à la base du limaçon osseux que forme la cochlée et s'élargit progressivement en s'affinant vers le sommet ou apex. Une stimulation sonore provoque une onde qui se propage tout le long de la membrane basilaire. Pour chaque hauteur de son, il existe un point d'amplitude maximale sur la membrane : les sons de basses fréquences induisent une amplitude maximale à l'apex, tandis que les sons de fréquences élevées induisent une amplitude maximale à la base. Autrement dit, il existe une représentation tonotopique déjà au niveau cochléaire qui se maintient à travers les différents noyaux relais jusqu'au cortex (Figure 2.8) **(Alexandra, 02)**.

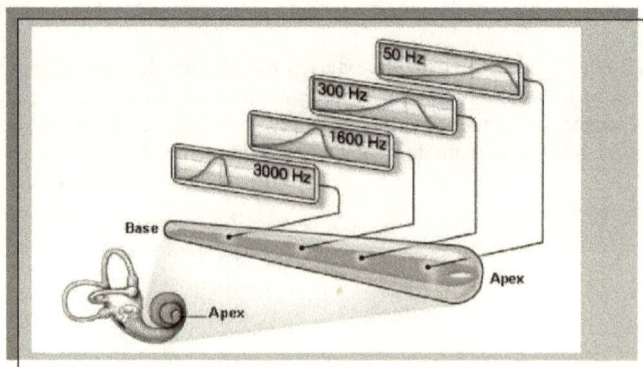

Figur

e 2. 8 Membrane basilaire et représentation tonotopique. En fonction de sa fréquence, la vibration a un effet maximal (résonance) en un point différent de la membrane basilaire **(Alexandra, 02)**

2.3   Notions de psychoacoustique

La psychoacoustique est l'étude de la perception des sons. Elle rassemble et décrit les relations qui existent entre le phénomène acoustique physique, sa perception par notre oreille et la description que l'on en fait. L'oreille humaine perçoit un son pur dans l'intervalle de 20 Hz à 20 kHz ; cet intervalle est variable selon les individus et décroît avec l'age. Il existe un seuil d'audition absolu en dessous duquel l'oreille ne perçoit pas de son (figure 2.9). Ce seuil caractérise l'énergie dont a besoin un son pur pour être perçu par l'oreille en silence absolu. Il existe également un seuil traduisant la limite supérieure de la perception de l'oreille. Il est connu sous le nom de seuil de douleur car des douleurs aigues de l'oreille apparaissent à ce niveau. Il se situe à environ 130 dB. Expérimentalement, on s'arrête à 90 dB, car là d'ores et déjà les dégradations de l'audition apparaissent **(Amehraye, 09).**

2.3.1 Quelques définitions en psychoacoustique

Afin de mieux comprendre le fonctionnement interne de notre système auditif, il est important de rappeler les définitions de certaines notions qui sont souvent sujet d'ambiguïté.

Son pur, son complexe : Un son pur, désigné dans le jargon de la psychoacoustique par le terme de tonale, génère une pression acoustique sinusoidale dans le temps. Le niveau acoustique de ce son est représenté sur une échelle logarithmique. Il a l'allure d'une seule raie en fréquence. Un son pur est rarement rencontré dans la nature. Les sons les plus fréquents sont complexes. Un son complexe est généré par une combinaison de sons purs. Son spectre est donc formé de plusieurs raies **(Amehraye, 09).**

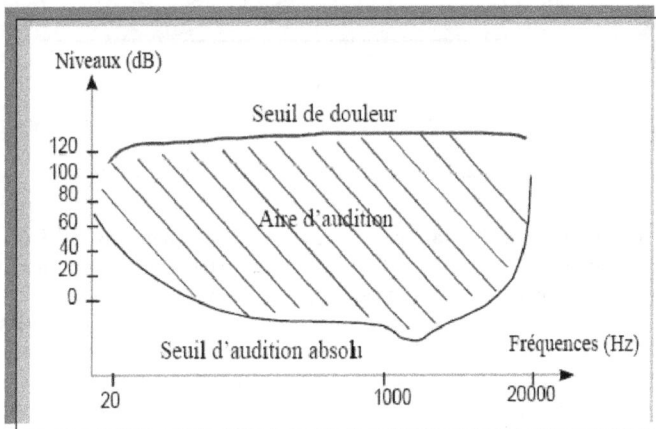

Figure 2. 9 Seuil d'audition absolu

Sonie (Loudness) : La sonie est la perception de l'intensité sonore. C'est donc une impression subjective où les sons s'ordonnent sur une échelle de faible à fort, de même que dans la tonie (mesure de hauteur équivalente à la fréquence) les sons s'ordonnent dans une échelle d'aigu, grave ou médium. La sonie est caractérisée par des lignes isosoniques (Fig. 2.10), le lieu des points de même sonie. Pour mesurer la sonie d'un son pur, on maintient constantes sa fréquence et sa durée. Par définition, à un son de niveau acoustique 40 dB, de fréquence 1 kHz et de durée 1 s, on attribue arbitrairement une sone, qui est l'unité de la sonie. On a alors 1 sone = 40 phones. La sonie varie en proportion logarithmique avec l'échelle en phones (l'échelle des décibels dB). Une augmentation de 10 dB correspond à une augmentation de 2 sones. Ainsi, pour basculer de l'échelle de sone d'indice s à l'échelle de phone d'indice p, on a :

$$s = 2^{\frac{p-40}{10}}$$ (2.2)

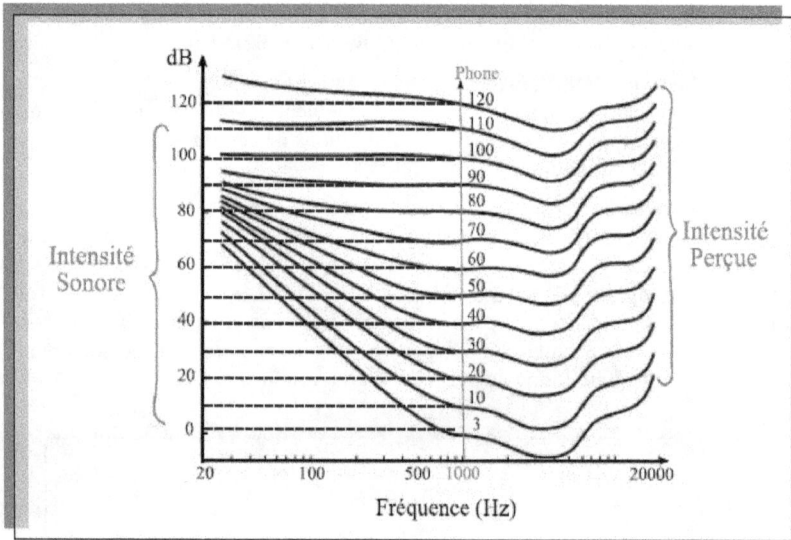

Figure 2. 10 Courbes d'isosonie de Fletcher et Munson

Niveau d'intensité sonore : L'oreille n'a pas une sensibilité à l'intensité sonore identique à toutes les fréquences. En effet, des sons d'intensité sonore égale n'ont pas la même intensité perçue (sonie) selon qu'ils sont de fréquence basse, moyenne ou haute. Ainsi, soient trois sons de même intensité sonore 40 dB et de fréquences 100Hz, 1kHz et 10kHz. Les sons de basse et haute fréquence seront plus faiblement perçus par rapport au son de fréquence moyenne (autour de 1 kHz). Par définition, le niveau d'intensité sonore, ayant pour unité le phone, indique le niveau de pression acoustique d'un son pur de 1 KHz qui provoque la même sensation d'intensité sonore que le son test **(Amehraye, 09).**

Courbes d'isosonie : Les courbes d'isosonie représentent les courbes d'égale intensité sonore perçue (isosonique, c'est-à-dire ayant la même sonie). Deux sons purs de fréquences différentes seront d'égale sonie si leurs niveaux en dB se placent sur la même courbe d'isosonie. A 1 kHz, il y a correspondance entre dB et phone (figure 2.10). Ces courbes décrivent comment les sons graves (basses fréquences) demandent à être entendus à un niveau sonore plus élevé que les sons aigus (hautes fréquences) pour être perçus avec la même intensité. On observe que, globalement, l'oreille perd une grande partie de sa sensibilité dans les basses fréquences.

2.3.2 Les courbes psycho-acoustiques

Plusieurs échelles essaient de rendre compte de la réalité perceptive de l'oreille. Elles peuvent être rapprochées des échelles de la membrane basilaire et du rang des cellules ciliées (figure 2.11). Ces échelles ne présentent pas la même morphologie. En effet, celles qui essaient de restituer le plus correctement possible les échelles de la perception humaine sont non linéaires, telles que les échelles Mel ou Bark. Les échelles qui peuvent être qualifiées de plus mathématiques sont en revanche linéaires, telle que l'échelle des fréquences. Ces différentes échelles essaient de rendre compte du mode de perception de l'homme en permettant de distinguer les plages de plus ou moins grande importance. Ainsi les basses fréquences sont elles perçues de manière plus fine par l'homme que les hautes fréquences. Cette différence dans la finesse de perception permet de comprendre plus facilement certaines courbes, en particulier les courbes situant l'utilisation du spectre sonore par l'homme (**Benselama, 07**).

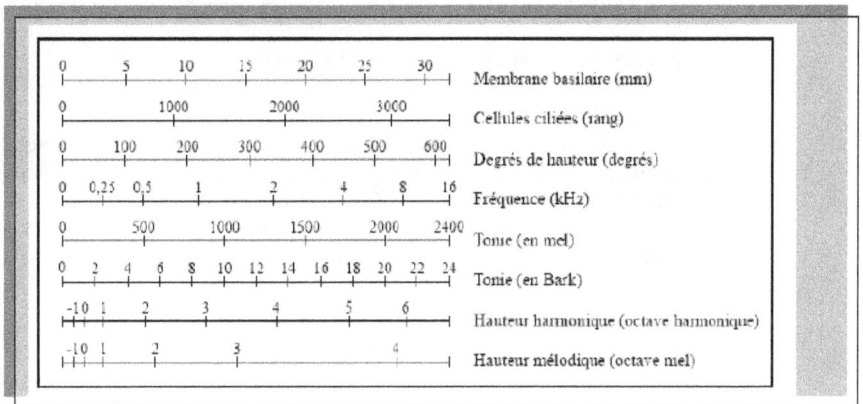

Figure 2. 11 les échelles naturelles de la membrane basilaire

L'homme est en effet très limité dans ses capacités de perception auditive vis-à-vis d'autres membres du règne animal. Il lui est ainsi impossible de distinguer des sons de plus de 20 kHz, les ultrasons, alors que certains animaux qui lui sont familiers peuvent percevoir des sons allant jusqu'à 50 kHz. De même lui est-il impossible de distinguer des sons d'une fréquence inférieure à

20-25 Hz, les infrasons. À l'intérieur de cet espace fréquentiel existe un sous espace délimité par les niveaux d'énergie des sons. Il existe une limite d'énergie en de çà de laquelle l'homme ne percevra pas un son d'une fréquence appartenant pourtant au spectre de l'audition.

L'espace de fréquences et d'énergies ainsi défini constitue la zone d'audition à l'intérieur de laquelle l'homme peut recevoir des informations de son environnement. C'est bien sûr à l'intérieur de cet espace que se trouve le champ de la musique qui circonscrit lui-même le champ de la parole (figure 2.12) **(Benselama, 07).**

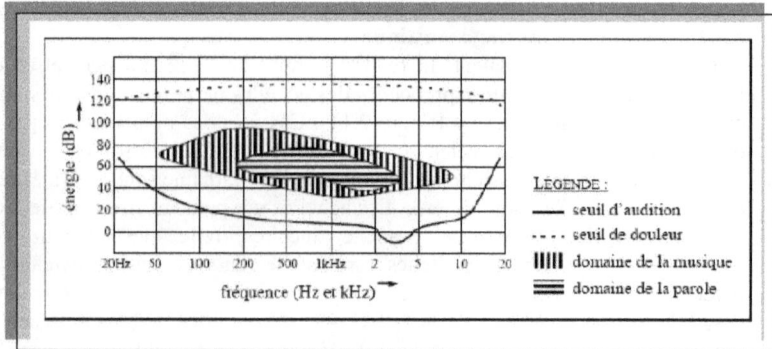

Figure 2. 12 l'aire d'audition

Après avoir énoncé les caractéristiques des organes de génération et de réception de la parole, nous allons maintenant présenter les particularités phonétiques et phonologiques de la langue Arabe.

2.4   L'écriture arabe

L'Arabe est une langue parlée par plus de 337 millions de personnes. Elle est la langue officielle d'au moins 22 pays. C'est aussi la langue de référence pour plus de 1,3 milliard de musulmans **(Chentir, 09)**.Nous parlerons de la langue arabe en référence à ce qui est communément appelé « l'arabe moderne » ou « l'arabe standard », c'est à-dire, la langue de communication commune à l'ensemble du monde arabe. Il s'agit de la langue enseignée dans les écoles, donc écrite, mais aussi parlée dans le cadre officiel **(baloul, 03).**

2.5   Traitement automatique de l'Arabe standard

La langue Arabe est la langue parlée à l'origine par le peuple arabe. La normalisation de cette variante de la langue fut généralisée par des grammairiens durant les premiers siècles de l'islam. Ces dernières années, elle connaît un regain d'intérêt, entre autres dans le domaine du traitement automatique **(Chentir, 09)**. Les phonèmes arabe se distinguent par la présence de deux classes qui sont appelées pharyngales et emphatiques. La graphie des lettres est différente selon leur position dans le mot. Par ailleurs, la distinction minuscules/majuscules n'existe pas. La table des symboles utilisés et leurs équivalents en Alphabet Phonétique International (API) sont présentés dans le Tableau 2.1.

Table 2. 1 la liste de l'alphabet Arabe et leur API

Nom en arabe	Position			API
	Initiale	Médiane	Finale	
ألف	ا	ـا ، ؤ ، ـئـ	ىٴ، ء، ـا	[ʔ]
باء	بـ	ـبـ	ـب	[b]
تاء	تـ	ـتـ	ة ، ـت	[t]
ثاء	ثـ	ـثـ	ـث	[θ]
جيم	جـ	ـجـ	ـج	[dʒ]
حاء	حـ	ـحـ	ـح	[ħ]
خاء	خـ	ـخـ	ـخ	[x]
دال	د	ـد	ـد	[d]
ذال	ذ	ـذ	ـذ	[ð]
راء	ر	ـر	ـر	[r]
زاي	ز	ـز	ـز	[z]
سين	سـ	ـسـ	ـس	[s]
شين	شـ	ـشـ	ـش	[ʃ]
صاد	صـ	ـصـ	ـص	[sˤ]
ضاد	ضـ	ـضـ	ـض	[ðˤ]
طاء	طـ	ـطـ	ـط	[ðˤ]
ظاء	ظـ	ـظـ	ـظ	[tˤ]
عين	عـ	ـعـ	ـع	[zˤ]
غين	غـ	ـغـ	ـغ	[ʕ]
فاء	فـ	ـفـ	ـف	[ɣ]
قاف	قـ	ـقـ	ـق	[f]
كاف	كـ	ـكـ	ـك	[q]
لام	لـ	ـلـ	ـل	[k]
ميم	مـ	ـمـ	ـم	[l]
نون	نـ	ـنـ	ـن	[m]
هاء	هـ	ـهـ	ـه	[n]
واو	و	ـو	ـو	[h]
ياء	يـ	ـيـ	ـي	[w]
				[j]

Pour les besoins de la transcription les 28 consonnes arabes ont été divisées en deux groupes:

• 14 consonnes solaires qui assimilent le « ل» de l'article;

• 14 consonnes lunaires qui n'assimilent pas le « ل» de l'article.

Les solaires se prononcent en double, comme par exemple avec le mot « soleil » شمس (chams), au lieu de prononcer الشمس , el-chams, on prononce ech-chams, car la lettre ش (chin), est une lettre solaire **(Chentir, 09)** .

Les lettres lunaires, se prononcent normalement et simplement pour elles-mêmes, c'est-à-dire sans les doubler. Par exemple avec le mot « lune », قمر

(qamar - lune), on prononce القمر, el-qamar tout à fait normalement, parce que la lettre ق (qaf) est une lettre lunaire (Tableau 2.2).

Table 2. 2 Classification des consonnes selon les contraintes de la transcription **(Chentir, 09)**

Solaires	Lunaires
ت ث د ذ ر ز س ش ص ض ط ظ ل ن	ق ف غ ع خ ح ج ب أ ي و م ه ك

2.6 Les consonnes et les voyelles de l'Arabe Standard (classification des sons de la langue Arabe)

2.6.1 Le système vocalique

Les voyelles : on distingue trois voyelles courtes opposées à trois voyelles longues, la durée d'une voyelle longue est environ double de celle d'une voyelle courte. Ces voyelles sont caractérisées par la vibration des cordes vocales et sont réparties comme suit :

• **Les voyelles courtes** : [a], [u], [i], ces voyelles sont représentées dans un texte voyellé au dessus ou au dessous de la consonne, (◌ , ◌ , ◌) , exemple : تُرِكَ (turika) **(Chentir, 09)**.

Les voyelles brèves sont figurées par des symboles appelés signes diacritiques. Ces symboles sont absents à l'écrit dans la majorité des textes arabes ce qui peut engendrer des ambiguïtés de prononciation dans un système de TTS. Au nombre de trois, ces symboles sont transcrits de la manière suivante :

• **La fetha [a]** est symbolisée par un petit trait sur la consonne (بَ [ba]) ;

• **La damma [u]** est symbolisée par un crochet au-dessus de la consonne (بُ (bu]);

• **La kasra [i]** est symbolisée par un petit trait au-dessous de la consonne (بِ [bi]) ;

• **Un petit rond** ° symbolisant la soukoun (سكون) est apposé sur une consonne lorsque celle- cin'est liée à aucune voyelle (بَعْدَ [baʕda]) **(Baloul, 03 ;Chentir, 09)**.

•A côté des trois voyelles brèves fatha(فتحة) /a/ , dama(ضمة)/u/ et kasra(كسرة) /i/, il existe trois voyelles longues le alif (ا) /a :/,le waw(و) /u :/ et le ya(ي) /i :/ qui s'opposent aux précédentes par une durée plus importante sur le plan temporel **(Baloul, 03)**. Les voyelles longues : [aa], [uu], [ii] sont écrites sous forme de caractères consonantiques (ي ◌ , و ◌ , ا◌) et sont obligatoirement représentées dans un texte écrit (sauf dans certains cas particuliers), exemple : مُسَافِرُونَ (musaafiruuna) **(Chentir, 09)**.

L'ensemble des voyelles brèves et longues est dit oral car elles sont élises sans l'intervention de la cavité nasale. Elles sont généralement classées selon le degré d'ouverture du conduit vocal (ouvert /a/, fermé /u/, /i/) et sa position de constriction [/i/ antérieure, /u/ postérieure) **(Baloul, 03)**.

Ces voyelles peuvent avoir des timbres différents selon leur contexte d'apparition :

> Dans un contexte emphatique (au contact des consonnes ص /S/, ض /D/, ط /T/, ظ /Z/), le point d'articulation des voyelles est reporté à l'arrière.

> Après les consonnes labiales م /m/ et ب /b/, les voyelles sont plus arrondies et se rapprochent du phonème /u/.

> Au contact des consonnes ع /ɛ/ et ه /h/, les voyelles se rapprochent du phonème /a/ **(Baloul, 03)**.

2.6.2 Le système consonantique

L'arabe standard contient 28 consonnes qui correspondent chacune à un phonème. La hamza / ?/ a un statut particulier en ce sens que certains grammairiens la considère comme le 29éme phonème : « lorsque nous commençons un mot par une hamza suivie d'une voyelle (/ ?akala/), nous nous demandons si la première syllabe commence par une voyelle conformément à la transcription phonétique /akala/, ou par une hamza suivie de sa voyelle / ?akala/ ? » **(Baloul, 03)**.

La langue Arabe comporte 28 consonnes ou [huruuf] (figure 2.13).A l'instar des autres langues, les consonnes de l'arabe sont classées selon leur mode d'articulation (occlusif, fricatif, nasal, glissant ou liquide), leur lieu d'articulation (labial, dental ou vélo-palatal) et leur voisement (sonore ou sourd) .Nous proposons de les grouper en fonction de leurs équivalences dans les autres langues : **(Baloul, 03)**

> Les phonèmes spécifiques à l'arabe qui n'ont pas d'équivalent dans les langues européennes.ظ /Z/, ط/T/, ض /D/, ص/S/, ح/H/, ء /?/, ق/q/, ع/ɛ/

> Les phonèmes qui ont des équivalents dans la langue française:ت/t/, ز/z/, د/d/, س/s/, ش/o/, غ/g/, ك/k/, ج/j/, ف/f/, ب/b/, ل/l/, م/m/, ن/n/, و/w/, ي/y/.

> Les phonèmes qui ont des équivalents dans plusieurs langues telles que l'espagnol, l'allemand ou l'anglais: ر/r/, ڤ/v/, ه/h/, خ /x/, ث/c/ **(Baloul, 03)**.

Les consonnes de l'arabe peuvent être classées suivant plusieurs critères comme suit :

• Vibration des cordes vocales: les consonnes articulées avec une vibration des cordes vocales sont dites sonores (ou voisées), sinon elles sont dites sourdes (non voisées);

• Le franchissement de l'air à travers le conduit vocal: **(Chentir, 09)**

Les fricatives qui sont caractérisées par un frottement sur les parois du conduit vocal.

On distingue les fricatives non voisées comme س[s] et les fricatives voisées comme ز [z] ;

les occlusives qui sont caractérisées par un passage de l'air momentanément arrêté en un point quelconque de l'articulation, l'échappement de l'air s'effectue avec une petite explosion. On rencontre des dentales, des labiales et des glottales qui peuvent être aussi voisées et non voisées comme ب [b] et د [d] ;

> ➤ une liquide caractérisée par un passage de l'air sur les côtés de la langue : ل [l] ;
> ➤ Deux nasales caractérisées par un échappement de l'air en même temps par la bouche et par le nez: م [m], ن [n] ;
> ➤ Une vibrante caractérisée par la vibration de la langue au passage de l'air: ر [r] ;
> ➤ Deux semi-consonnes (ou semi-voyelles) caractérisées par un passage rapide de l'air à travers la bouche accompagné de frottement consonantiques: ي [j], و [w] **(Chentir, 09)**.

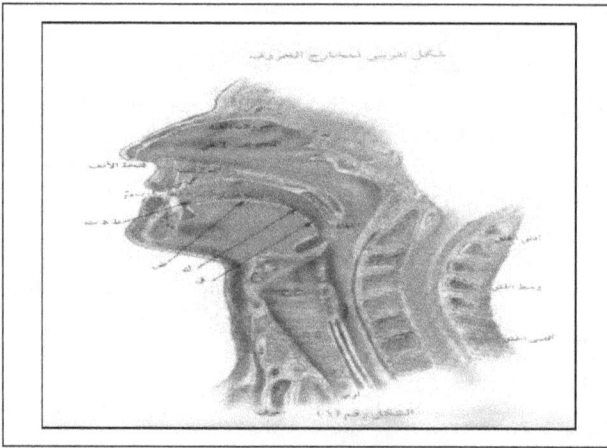

Figure 2. 13   Les 28 huruuf de l'arabe standard **(Tebbi&al, 07)**

• Le mode d'articulation: suivant le mode d'articulation, on distingue les consonnes géminées et les consonnes emphatiques. Toute consonne géminée est formée par l'assemblage de deux consonnes identiques fortement articulées. La gémination est indiquée par un signe graphique spécifique appelé **chadda** (ّ). L'arabe est la langue dans laquelle est écrit le saint Coran. Ce dernier utilise des mots dits de **[djalala]** /الله/ où on doit utiliser des phonèmes emphatisés ; Exemple : [allah], on prononce ce mot [allah] et ne pas [alleh].Dans cet exemple le [al] représente le [harf] qui est emphatisé. Les phonèmes emphatiques sont caractérisés par une tonalité plus pleine et grave car ils exigent la dépense d'un volume d'air important et une tension organique supérieure par rapport aux autres consones **(Tebbi&al, 07)**

Table 2. 3 Classification des phonèmes selon leur point d'articulation

Alphabet	Mode et lieu d'articulation
ء	Laryngale occlusive
ب	Labiale occlusive sonore
ة ت،	Dentale occlusive sourde
ث	Interdentale émise en insérant le bout de la langue entre les dents ; fricative sourde
ج	Affriquée palatale sonore
ح	Fricative laryngale sourde
خ	Vélaire fricative sourde
د	Dentale occlusive sonore
ذ	Interdentale fricative sonore émise en insérant le bout de la langue entre les dents
ر	Vibrante linguale sonore
ز	Dentale fricative sonore
س	Dentale fricative sourde
ش	Palatale fricative sourde
ص	Emphatique ; dentale fricative sonore vélarisée
ض	Emphatique ; interdentale occlusive sonore vélarisée
ط	Emphatique ; dentale occlusive sourde vélarisée
ظ	Emphatique ; interdentale fricative sonore vélarisée
ع	Laryngale fricative sonore
غ	Vélaire fricative sonore
ف	Labiodentale fricative sourde
ق	Occlusive arrière-vélaire sourde accompagnée d'une explosion glottale
ك	Palatale occlusive sourde
ل	Linguale ; sonore souvent appelée « liquide »
م	Labiale nasale sonore
ن	Dentale nasale sonore
ه	Fricative glottale sonore
و	Semi-voyelle vélaire labiale sonore
ي	Semi-voyelle palato-alvéolaire sonore

On donne ci-après (tableau 2.4) le code phonétique international de l'arabe ,Le tableau montre le système consonantique de l'arabe standard.

Table 2. 4 Le système consonantique de l'arabe standard

ALPHABET ARABE / Transcription Phonétique (en A P I)	ء ʔ	ب b	ت t	ث θ	ج z	ح ħ	خ x	د d	ذ ð	ر r	ز Z	س s	ش š	ص ś	ض ď'	ط t'	ظ δ	ع ç	غ γ	ف f	ق q	ك k	ل l	م m	ن n	ه h	و w	ي j
occlusives	*	*	*					*							*	*					*	*						
Les nasales																								*	*			
Les fricatives				*	*	*	*		*		*	*	*	*			*	*	*	*						*		
Les affriquées					*																							
Les vibrantes										*																		
Les spirantes																											*	*
Les latéral																							*					
Les emphatiques														*	*	*	*											
Les pharyngales						*												*										
Les sourdes	*		*	*		*	*					*	*	*		*				*	*	*						
Les sonores		*			*			*	*	*	*						*	*	*				*	*	*	*	*	*
Les glottales	*																											

2.7   Particularités phonologiques de l'Arabe standard
Les caractéristiques phonologiques de l'AS sont l'emphase, la gémination et le madd.

L'emphase : le mot emphase est habituellement utilisé pour rendre compte de manifestations prosodiques liées à l'accentuation volontaire d'une syllabe. Chez les linguistes arabes, il désigne certaines qualités que possèdent les consonnes :

• **l'itbaq** : les consonnes qui ont cette qualité sont ص [ş], ض [ð], ط [t], ظ [z]. Celles-ci sont pressées et produites par la langue élevée vers le palais ;

• **Le tafkhiim:** son contraire est le tarqiiq. Il traduit une expression acoustique grasse et épaisse de certaines consonnes ;

• **l'istilaa:** cette qualité décrit le mouvement articulatoire que fait la langue quand elle meut vers la partie postérieure de la cavité buccale, avec ou sans tafkhiim.

Seules les consonnes ص [ş], ض [ð], ط [t], ظ [z] possèdent ces trois qualités et sont appelées consonnes emphatiques (ou consonnes pharyngalisées). Si nous comparons le français à l'arabe, nous constatons que la différence entre patte et pâte par exemple est rarement faite en français « standard ». En revanche, cette postériorisation a suscité beaucoup d'intérêt en ce qui concerne l'Arabe. Du fait de sa pertinence au niveau perceptif, la modélisation de l'emphase est primordiale en synthèse de la parole à partir du texte de l'AS. Sa prise en compte passe par l'introduction de nouvelles variantes de voyelles dans les contextes emphatiques. Néanmoins, sa mise en oeuvre est directement liée à la technique de synthèse utilisée. Rajouani a défini, dans son système à base de règles, un jeu de 6 voyelles brèves et longues emphatisées qui se distinguent des non-emphatisées par la valeur de leurs fréquences formantiques **(Chentir, 09).**

La gémination
La gémination est définie comme étant la succession de deux consonnes identiques prononcées consécutivement. En arabe, la gémination est exprimée à l'aide du symbole « » (الشدّة). Ce symbole joue un rôle important dans la définition et le sens de certains mots.

La gémination se manifeste par le renforcement de l'articulation et une prolongation de la fermeture de la plosive ou du continuant des autres consonnes. Là aussi, l'école traditionaliste s'impose par le fait qu'elle considère la gémination comme un simple dédoublement de la consonne .Il est évident qu'il existe une différence de durée notable entre la consonne géminée et son homologue simple.

Plusieurs études similaires à ce travail ont été présentées pour d'autres langues, ou la gémination est considérée comme un trait remarquable, notamment celle pour l'italien, le grec et l'indien **(Khoudja, 05).**

➢ La chadda : le signe de la chadda peut être placé au-dessus de toutes les consonnes en position non initiale. La consonne qui la reçoit est alors analysée en une séquence de deux consonnes identiques **(Chentir, 09).**

➢ Le madd : ce phénomène concerne l'allongement des voyelles. Il est provoqué par la présence d'une voyelle longue (ا [aa], و [uu], ي [ii]).

➢ L'allongement [almadd] / المد /les voyelles longues sont caractérisées par une partie stable plus allongée que la partie stable des voyelles courtes ou brèves et cela sur le plan acoustique (figure 2.14).Ce phénomène est souvent réalisé dans le cas de l'emphatique [attafkhim] / التفخيم /ou la présence des consonnes emphatiques reportent en arrière le point d'articulation des voyelles **(Tebbi&al, 07).**

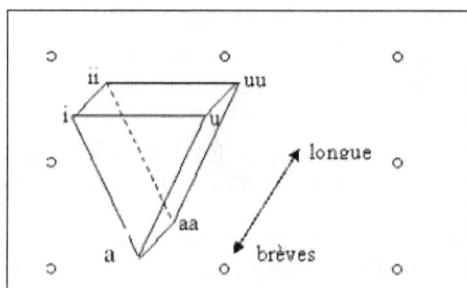

Figure 2. 14 Système vocalique de l'arabe standard de point de vue phonologique **(Tebbi&al, 07).**

➢ Le tanwin : le signe du tanwin est ajouté à la fin des mots indéterminés. Il est en relation d'exclusion avec l'article de détermination ال placé en début de mot. Les symboles du tanwin sont au nombre de trois et sont constitués par le dédoublement des signes diacritiques ci-dessus, ce qui se traduit par l'ajout du phonème [n] au niveau phonétique : **(Baloul, 03 ;Chentir, 09)**

[an] : ً [un] : ٌ [in] : ٍ

2.8   Différents types de syllabes en AS

L'Arabe Standard comporte cinq types de syllabes classées selon les traits : Ouvert/Fermé et Court/Long (Tableau 2.5). Une syllabe est dite ouverte (respectivement fermée) si elle se termine par une voyelle (respectivement une consonne). Toutes les syllabes comportent une seule voyelle et commencent toujours par une consonne suivie d'une voyelle. La syllabe [CV] peut se trouver au début, au milieu ou à la fin du mot. Les types de syllabes considérées sont : [CV], [CVC], [CVV], [CVVC] et [CVCC], où [V], [VV] et [C] sont respectivement une voyelle courte, une voyelle longue et une consonne :

• Chaque syllabe contient une et une seule voyelle, d'où le nombre de syllabes d'un mot est égal au nombre de ses voyelles;

• Chaque syllabe commence obligatoirement par une consonne;

• La syllabe de type [CV] est dite syllabe courte, c'est la plus fréquente dans la langue Arabe, les autres types sont toutes longues ;

• Toutes les syllabes peuvent figurer au début, au milieu ou en fin de mot ;

• Les syllabes de type [CV] et [CVV] sont dites ouvertes, les syllabes de type [CVC], [CVVC] et [CVCC] sont dites fermées.

Al-Ani considère que les voyelles forment les noyaux syllabiques alors que les consonnes sont les phonèmes marginaux de la syllabe.

Table 2. 5 Classification des syllabes en Arabe **(Chentir, 09)**

Syllabe	Ouverte	Fermée
Courte	[CV]	
Longue	[CVV]	[CVC], [CVVC], [CVCC]

2.9.1 Durée

Plusieurs chercheurs se sont intéressés au calcul des trois paramètres prosodiques, le paramètre de la durée est difficile à calculer car il ne dépend d'aucun corrélat biologique, contrairement à F0 et à l'intensité (qui dépendent respectivement de la tension des cordes vocales et de la pression sous-glottique). Pour calculer la durée d'un phénomène, il faudrait se fixer deux événements qui délimitent ses repères initial et final. Sur un signal de parole, cette tache incombe au processus de segmentation qui, pour beaucoup de systèmes actuels, est basé sur le phonème **(Baloul, 03)**.

Avant de mesurer des durées, il faut cerner correctement les entités à mesurer. On distingue les durées des unités phonétiques, des syllabes, des phonèmes ou même la distance entre voyelles et les durées des pauses. Comme les autres paramètres, la durée de l'entité choisie est largement dépendante du locuteur et du débit de parole. Ainsi, aucune mesure ne peut donner de modèle absolu de la durée. La considération des résultats des observations devra plutôt s'oriente vers un modèle relatif qui pourra s'exprimer en termes d'allongements ou de réductions **(Baloul, 03 ; Chentir, 09)**.

Pour Klatt **(klatt, 76)**, la durée est corrélée à une multitude de facteurs complexes de nature linguistique (accent, position des mots dans la phrase, catégorie grammaticale, etc.) et extra-linguistique (débit de parole, expressivité, etc). Certains d'entre eux peuvent être privilégié par rapport à d'autres selon le type de corpus d'analyse et le style de lectures employées :

L'analyse de phrases rend compte de phénomènes d'interaction entre les mots (syntaxique, sémantique, etc.).L'analyse de corpus de lecture spontanée rend compte de phénomènes liés à l'hésitation, etc.

Enfin, plusieurs lectures de locuteurs différents rendent compte des variabilités individuelles (physiologique, régionale, etc.) par rapport aux autres variabilités **(Baloul, 03)**.

2.9.2 Durées phonétiques en langue arabe

L'originalité de la phonétique arabe se fonde, en grande partie sur la pertinence de la durée dans le système vocalique et sur la présence de consonnes emphatiques et du trait de gémination **(Selouani, 00 ; Khoudja, 05)**.

Pour la langue arabe le paramètre de durée est très important tant au niveau sémantique qu'au niveau grammatical. Il caractérise non seulement les voyelles, mais également les consonnes géminées **(Khoudja, 05)**.

Une bonne détermination des durées est cruciale pour assurer le naturel de l'élocution. Des durées erronées produisent une parole heurtée, chaotique et parfois difficilement intelligible. Deux approches existent, pour la modélisation de la durée :

la première basée sur des règles et une bonne analyse statistique, détermine la durée en prenant en compte différents facteurs, en particulier la durée intrinsèque des sons constituant le segment et le contexte. Parmi les facteurs influençant la durée phonétique, nous pouvons citer : le contexte phonétique (certains phonèmes ont tendance à allonger les phonèmes adjacents, d'autres auront tendance à les raccourcir), la position de la syllabe porteuse dans le groupe prosodique (en français par exemple, la syllabe finale des mots est généralement allongée, d'un facteur d'autant plus important que le groupe précède une frontière syntaxique majeure), la nature du groupe prosodique (sa fonction dans la phrase), la longueur du groupe prosodique, etc **(Baloul, 03 ;Chentir, 09)**.

La deuxième approche est basée sur des techniques d'apprentissage automatique. Celles-ci peuvent reposer sur l'utilisation de réseaux connexionnistes pour prédire la durée des syllabes et ainsi calculer les durées des phonèmes à partir de leur moyenne et de leur écart type. Price et al. Proposent un modèle HMM à 7 états pour détecter automatiquement les coupures prosodiques à partir de l'analyse des durées des phonèmes **(Chentir, 09)**.

Chaque phonème a une durée intrinsèque et co-intrinsèque. Ces durées sont des caractéristiques des phonèmes. On se rend compte aisément que le phonème [a], pris seul, est plus long que le phonème [b], par exemple.

Les pauses en parole spontanée ne sont pas toutes des silences. On distingue les pauses silencieuses des pauses non silencieuses (qui peuvent être remplies, faux départs, répétitions, ou syllabes allongées). En situation de lecture seule, les pauses qui se traduisent acoustiquement par une absence de signal (les pauses silencieuses) sont considérées.

La durée des différentes unités constitue le phénomène central pour la prosodie. En effet, chaque variation de fréquence fondamentale ou d'intensité s'établit sur un certain laps de temps. Etudier l'organisation temporelle de la parole est incontournable. Etudier la durée, c'est observer et modéliser les durées d'unités bien déterminées.

Pour cela, la durée et la nature de ces unités ont fait l'objet de nombreuses études, principalement motivées par la nécessité de la modéliser dans des systèmes de synthèse de la parole **(Chentir, 09)**.

Plusieurs chercheurs **(Selouani, 00 ; khoudja, 05 ; Boukadida, 05 ; Guerti ; Baloul, 03)** se sont intéressés au calcul de la durée des phonèmes de la langue Arabe.

L'originalité de la phonétique arabe se fonde, en grande partie sur la pertinence de la durée dans le système vocalique et sur la présence de consonnes emphatiques et du trait de gémination. Ces aspects particuliers jouent un rôle fondamental dans le développement morphologique nominal et verbal **(Selouani, 00 ; Khoudja, 05)**.

Plusieurs études similaires à ce travail ont été présentées pour d'autres langues, ou la gémination est considérée comme un trait remarquable, notamment celle pour l'italien, le grec et l'indien.

Dans ce cadre d'étude, nous sommes intéressés à la durée syllabique de quelques fricatifs(ت ث ج ح) et emphatiques (ط ظ ض) de la langue arabe pris comme exemple d'illustration en faisant ressortir l'aspect de gémination et d'allongement.Pour cela, un corpus audio a été réalisé à l'aide du logiciel wavesurfer et d'un microphone professionnel mis à la même distance de la bouche de chacun des six locuteurs (3 hommes et 3 femmes).

Les enregistrements ont été réalisés avec une fréquence d'échantillonnage de16Khz. Les locuteurs ont répétés l'ensemble des mots choisis (fricatives et emphatiques) avec une vitesse moyenne tout en assurant une bonne articulation et en évitant les perturbations dus aux hésitations, les reprises, les respirations, etc.

Les mots isolés choisis dans le cadre de notre étude sont des mots issus du corpus servant à l'étude de la gémination et de l'allongement de la langue arabe, à savoir le mot

Séquence simple ou CV

عجل , رحل , كتب , مثل pour les fricatifs et نظر, مطر pour les emphatiques.

Séquence géminée CCV

عجّل , رحّل , كتّب , مثّل pour les fricatifs et نظّر , مطّر pour les emphatiques.

Séquence d'allongement ou C VV

عجا ل, رحا ل , كتا ب , مثا ل pour les fricatifs et منظا ر , أمطا ر pour les emphatiques.

L'écriture ou les symboles adoptés pour l'ensemble des séquences sont :

(« **kataba , kattaba ,kitaabon »**, « **ajala, ajjala, ijaalon »**, « **mathala, maththala, mithaalon »**, « **rahala, rahhala, rihaalon »**) pour les fricatifs.

(« matara, mattara, amtaaron », « nadhara, nadhdhara, mindhaaron ») pour les emphatiques.

Les dix huit mots ont été répétés dix fois avec un débit moyen, l'objectif de l'étude consiste à calculer les durées des différents phonèmes ou syllabes des mots dans le cas simple, avec gémination et allongement. Les données étudiées ont été extraites manuellement à l'aide du logiciel wavesurfer, le découpage a été fait manuellement sur la base d'indices visuels (spectre, amplitude, formant) et sur la base d'écoute.

Les résultats obtenus (fig 2.15 et 2.16) montrent clairement la variation de la durée entre les syllabes simples, géminées et allongées, elles dépendent aussi du locuteur. Ainsi, aucune mesure ne peut donner de modèle absolu de la durée.

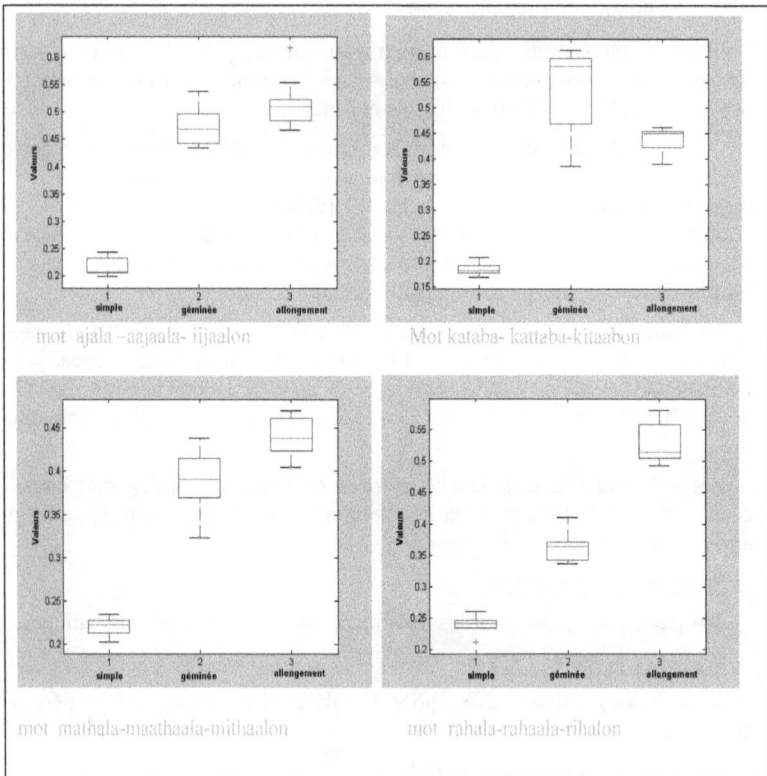

Figure 2. 15 Variation de la durée des syllabes /ja/ , /ta/, :tha/ et /h/ pour un locuteur masculin (amine)

Il est clair que pour le phoème « dja » en séquence CV simple, la durée est de l'ordre de (210à 240) ms pour le locuteur amine, tandis que pour la locutrice amira elle est de l'ordre de (330 à 340) ms. Les résultats montrent aussi que la durée des séquences géminées CCV est le double de celle des séquences simples.Ces résultats montrent la variabilité interlocuteur qui se manifeste essentiellement dans les durées phonétiques, la fréquence fondamentale et le débit.

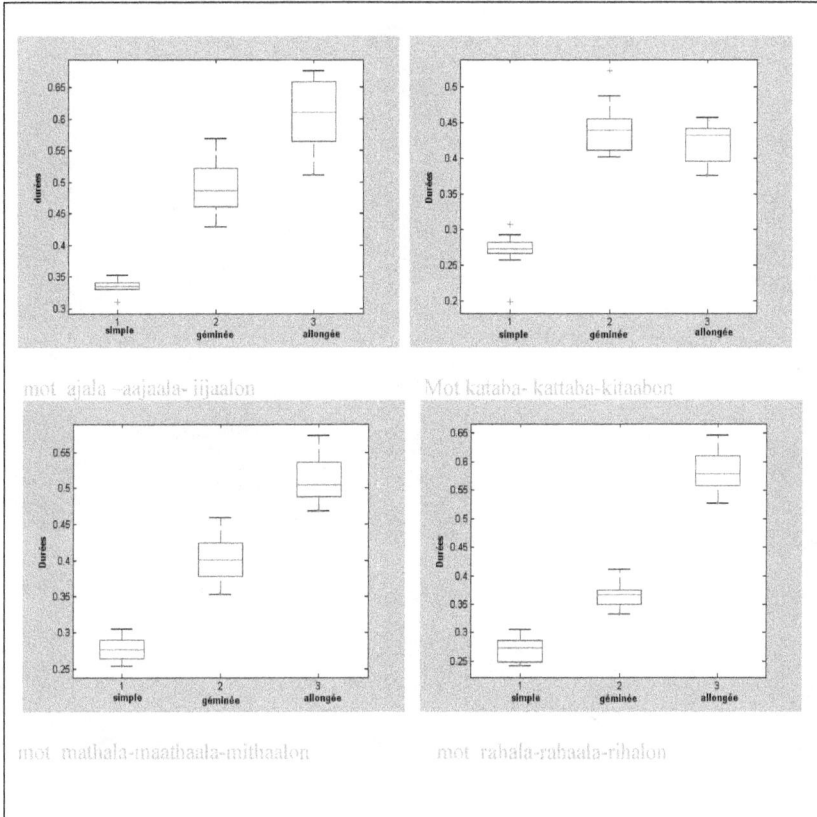

Figure 2. 16 Variation de la durée des syllabes /ja/ , /ta/, /tha/ et /h/ pour un locuteur féminin « amira »

Conclusion

Nous avons étudié dans ce chapitre le mécanisme de production et de perception de la parole avec un intérêt particulier pour la langue arabe. Nous avons d'abord présenté les notions élémentaires et les termes relatifs à la description de la parole et de son traitement, les appareils auditif et phonatoire de l'être humain.

Nous avons présenté par la suite les particularités phonologiques de la langue arabe, le système vocalique et le système consonantique. L'arabe standard se distingue par le trait de gémination, nous avons montré que cette particularité peut présenter des difficultés lors du développement du système de reconnaissance acoustique en particulier. L'étude de la variation de la durée syllabique a montré qu'elle dépend de beaucoup de paramètres tel que le sexe, l'age, les conditions d'enregistrements tels que les hésitations, vitesse d'élocution et débit, etc.

Chapitre3   Corpus audiovisuel et traitement de données

Introduction

Nous présentons dans ce chapitre la description du banc expérimental réalisé au niveau du laboratoire communication parlée et qui nous a permis l'acquisition des signaux audiovisuels selon deux protocoles : le premier permet l'enregistrement de signaux acoustiques et visuels dans un but d'étudier les deux modalités séparément, alors que le deuxième protocole permet l'acquisition des signaux audiovisuels synchronisés afin d'étudier l'effet de coarticulation et la synchronie audiovisuelle.

Nous décrivons par la suite les traitements nécessaires pour les deux modalités acoustique et visuelle. Nous nous focalisons pour la modalité visuelle sur la zone labiale porteuse d'une grande information sur la parole produite, nous définissons ainsi l'ambiguïté visuelle décrite par les sosies labiaux pour la langue arabe par des méthodes statistiques et géométriques.

3.1   Description du banc expérimental

Dans ce paragraphe nous allons donner la description du banc expérimental réalisé. Notre système se compose d'un ensemble comprenant :

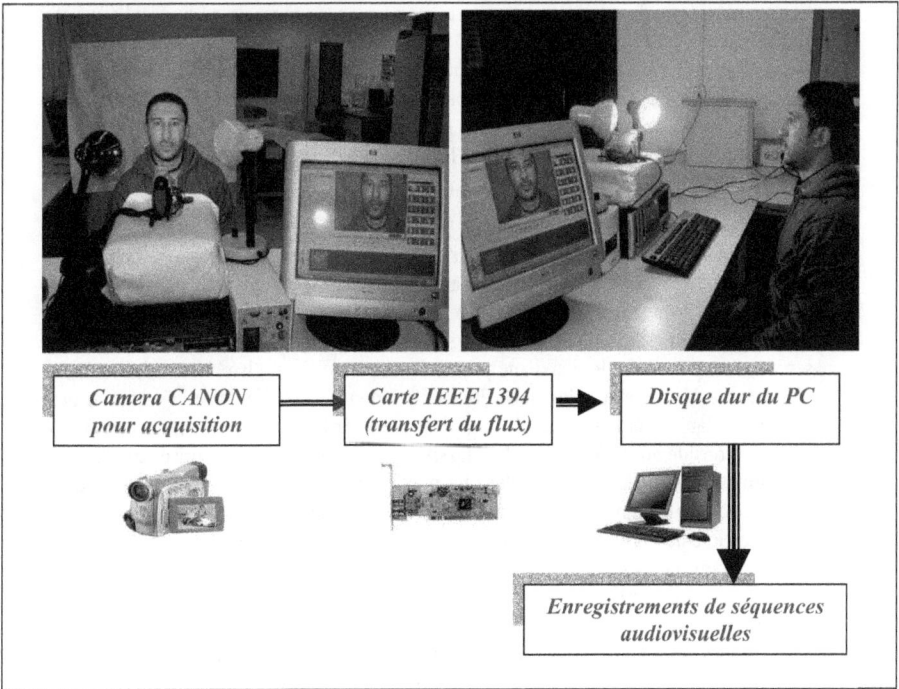

Figure 3. 1 Banc expérimental pour l'acquisition des signaux audiovisuels

➢   Une Caméra numérique, canon MV530i, muni d'un convertisseur analogique numérique interne pour numériser le signal vidéo. Elle possède un zoom numérique jusqu'à 360x, un port IEEE 1394, une carte mémoire interne, une cassette MINIDV et un microphone interne. la synchronisation audio-visuelle est assurée automatiquement.

La vidéo numérique est une suite de trames représentées à l'aide d'une matrice rectangulaire de pixels. Le stockage et la diffusion des séquences vidéo numériques nécessitent une compression d'images que l'on obtient à l'aide d'un « Codec » (Compression DECompression).

➢   Une carte d'acquisition fire-wire IEEE 1394 haut débit (400 Mbps) : c'est le standard de Bus série de haute performance, publié par the Institute of Electrical and Electronics Engineers (IEEE) qui a défini l'implémentation de l'IEEE-1394.Cette carte permet le transfert du flux audiovisuel vers le disque dur via le câble DV (digital video), ce dernier est un câble USB de longueur 4m : 50.

➢   Un ordinateur type Pentium 3 de fréquence horloge 2.1Ghz pour acquisition et traitement du flux audiovisuel enregistré.

➢   Le Logiciel ULEAD VIDEO STUDIO 7 d'Ulead softwares permet l'acquisition et la séparation des 02 flux audio et vidéo.

Une compagne de mesure nous a permis un enregistrement de corpus audiovisuel, réalisé par 10 locuteurs (5 hommes et 5 femmes), étudiants en graduation et en post graduation âgés entre 24ans et 27ans, tous dans la même salle isolée. Le locuteur est placé à quelques dizaines de cm de la caméra, une vue de face est prise (figure 3.1). Pour une bonne acquisition de données, un éclairage uniforme a été réalisé à travers deux lampes de type néon fluorescents (100 watt) placées à gauche et à droite du sujet de telle sorte que la détection des contours labiaux soit correctement faite par la suite.

3.2   Protocole d'enregistrement

Les locuteurs doivent répéter des séquences monosyllabiques(phonèmes de la langue arabe) et bisyllabiques selon deux protocoles d'enregistrements, le premier concerne une acquisition séparée des flux audio et vidéo ou les images fixes concernant la forme visuelle des phonèmes enregistrés et les signaux acoustiques sont pris séparément, par contre le deuxième protocole concerne l'enregistrement de séquences bisyllabiques (ama, aba, adja, acha, ibi, imi…) dont le but d'étudier la variation des paramètres labiaux et la synchronie audiovisuelle.Pour le second protocole, nous avons pris en considération le cadre de classification dynamique : la prise en compte d'information spatiale et temporelle tels que l'étude des phase de production de la parole audiovisuelle, nous nous sommes intéressés au calcul de la distance verticale de la bouche lors de l'articulation d'une séquence bisyllabique pour un ensemble de quatre locuteurs pour des séquences audiovisuelles synchronisées (voir protocole 2). Dans ce cadre, une étude similaire a été faite sur les images fixes à partir de séquences non synchronisées (voir protocole 1) concernant les formes visuelles dont le but d'étudier les systèmes de reconnaissance relatifs aux deux modalités acoustiques et visuelles. Cependant, nous décrivons dans ce qui suit les protocoles d'enregistrement réalisés pour chaque objectif cité.

3.2.1 Protocole1 : Acquisition Audio/ video ou séquences non synchronisées
3.2.1.1 Acquisition du signal audio

La chaîne de mesure du signal acoustique est constituée d'un microphone dynamique placé à quelques cm du locuteur. Le signal est numérisé directement sur une carte son à une fréquence d'échantillonnage 22Khz 16bits.le sujet doit prononcer 20 fois chacun des 28 phonémes de la langue Arabe à l'aide du logiciel wavesurfer dont les paramètres d'acquisition tel que la durée d'enregistrement, la fréquence d'échantillonnage ainsi que le nombre de bits sont fixés à l'avance. Un traitement préliminaire des signaux obtenus tel que l'annulation de la composante continue due à l'enregistrement et la segmentation manuelle peut etre aussi réalisée par le même logiciel.

Table 3. 1 Transcription phonétique arabe

ARABIC ALPHABET	Phonetic Transcription (A P I)	symbole
ء	?	A
ب	b	AA
ت	t	ba
ث	θ	Ta
ج	z	Dja
ح	h	H
خ	x	Kha
د	d	Da
ذ	δ	Dha
ر	r	Ra
ز	Z	Za
س	s	Saa
ش	š	Cha
ص	ś	Ssa
ض	ð	Daa
ط	ťʼ	Taa
ظ	δ	Dhaa
ع	ς	AA
غ	γ	Gha
ف	F	Fa
ق	q	Qua
ك	k	Ka
ل	l	La
م	m	Ma
ن	n	Na
ه	h	Ha
و	w	Wa
ي	j	ya

Nous avons effectué nos enregistrements à l'aide du logiciel wavesurfer et d'un microphonne professionnel, placé à quelques centimétres de la bouche de chacun des 10 locuteurs (5 hommes et 5 femmes).

On a demandé aux locuteurs de prononcer avec une vitesse moyenne sans hésitation et en absence de bruit externe et de perturbations les phonèmes de la langue arabe ou les séquences monosyllabiques CV dont la voyelle choisie arbitrairement est la voyelle courte /a/. Nous n'avons pas pris en considération la gémination ni l'allongement dans le but de faciliter l'étude acoustique et visuelle des données. La durée des enregistrements des fichiers acoustiques est de 1 seconde.

3.2.1.2 Acquisition du signal vidéo ou images fixes

On doit enregistrer pour chaque sujet 20 répétitions la séquence monosyllabique CV (phonèmes de la langue arabe + voyelle courte), un éclairage uniforme est respecté. Les images sont acquises en format bmp de taille 576*720 pixels.

Figure 3. 2 Présentation de la base de données audio-video des dix locuteurs fazia-halim,naima,Zohir,Amine, hanane,khadidja,Mohamed,nabil et dalila (de gauche à droite)

Lors des enregistrements des images fixes, une distance fixe a été respectée. Le sujet placé en face à la camera doit prononcer sans hésitation et sans influence du monde extérieur les séquences monosyllabiques décrites par le tableau 3.1. Les 20 images enregistrées pour chaque phonème et pour chaque locuteur sont de type bmp, la taille totale du fichier image est de 5600 images.

L'acquisition des images fixes étant faite séparément permet une analyse fine dont l'objectif principal est de classer les visemes de la langue arabe et de permettre un système d'identification faciale de locuteurs dépendant de phonèmes.

3.2.2 Protocole 2 : séquences audiovisuelles bisylabiques CVCV ou séquences synchronisées

Des enregistrements audio-visuels de quatre locuteurs produisant des séquences bisyllabiques de type voyelle -consonne-voyelle ont été effectués à l'aide d'une caméra canon. Les images ont été numérisées à un taux de 25 images/seconde. Les voyelles /i/ et /a/ et les consonnes /ba/, /ma/, /dja/ et /cha/ ont servi à construire les séquences à l'étude et ont été enregistrées dans l'ordre suivant : [aba], [ama], [adja], [acha], [ibi], [imi], [idji] et [ichi]. Cinq répétitions de ces huit séquences ont été produites par quatre locuteurs dont le débit, le volume, l'intonation et l'intensité de la production restent pratiquement constants **(chelali&al, 11c)**.

Une vue de face du visage du locuteur est réalisée, Après la deuxième voyelle de chaque séquence, le locuteur revenait à une position neutre, caractérisée par les lèvres fermées ou bien ouvertes.Les données audiovisuelles ont été importées, puis les séquences bisyllabiques ont été séparées de telle sorte à récupérer le fichier vidéo sans compression et le fichier audio au format wav. Chaque séquence audiovisuelle est de durée de 2 secondes ce qui nous permet d'extraire 50 images fixes correspondant à l'évolution de la séquence audiovisuelle du début d'articulation jusqu'à la phase finale.

L'étude bimodale du signal acoustique et du signal visuel sera intéressante de définir les trois séquences de production de la parole, d'effectuer la superposition des signaux acoustiques et visuels, le temps d'ouverture de la mâchoire, des lèvres, le temps de production de la consonne choisie, et le temps de relâchement ou de fermeture des lèvres. Ces temps sont notés à partir du signal visuel et du signal acoustique afin d'assurer une synchronisation optimale entre les signaux des deux modalités.

3.3   Etude de la modalité acoustique

3.3.1 Détection de la parole

La première étape que nous voudrions présenter est l'étape de segmentation. Cette étape nécessite de mettre en place un système possédant de connaissances en phonétique puisque l'exploitation des seules informations d'énergie présentes dans le signal ne permet pas d'élaborer une méthode vraiment fiable en milieu bruité **(Buniet, 97)**.

La première étape de prétraitement du signal acoustique a pour but de conserver les zones ou le locuteur est effectivement entrain de parler et de supprimer les zones de silence. Plusieurs travaux se sont basés sur la modélisation de l'énergie ou le taux de passage par zéro pour détecter l'activité vocale. Bredin dans **(Bredin, 07)** propose une méthode permettant de modéliser la distribution de l'énergie du signal acoustique par un mélange bigaussien. La gaussienne de moyenne la plus élevée étant associée à l'activité vocale, et celle de moyenne la plus faible au silence **(Bredin, 07)**. Buinet présente une méthode dépendante du bruit mettant en œuvre une amélioration du signal par calcul d'une moyenne du spectre ou du cepstre du bruit, c'est-à-dire une méthode de speech enhancement, et une méthode traitant un signal en ne se préoccupant pas du bruit éventuellement présent dans le signal **(Buniet, 97)**.

Nous nous sommes intéressés dans notre travail à une segmentation manuelle par le logiciel wavesurfer dont le résultat est d'abord analysé par écoute puis enregistré comme fichier segmenté représentatif du phonème en éliminant au maximum la zone silence.

Les séquences acoustiques étudiées ont été extraites manuellement à l'aide du logiciel wavesurfer sur la base d'indices visuels (spectre, amplitude, formant) le contrôle étant perceptif. La figure suivante montre un exemple de la syllabe pour deux sujets de sexe différent par le logiciel Praat (Logiciel développé à l'institut des sciences phonétiques de l'université d'Amsterdam par P.Boersma et D. Weenink).

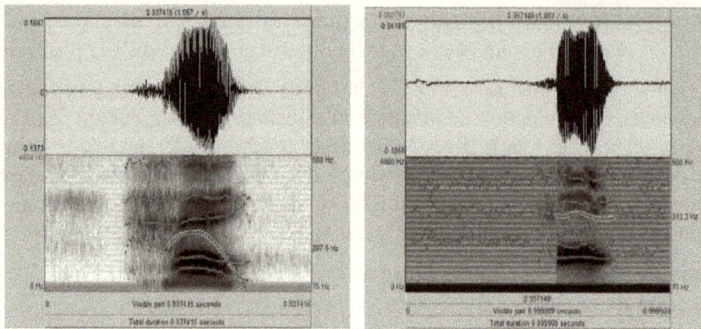

Figure3. 3 Représentation temporelle-fréquentielle de la Syllabe ح /ha/, Amine et Fazia

3.3.2   Les représentations du signal de parole

Il existe différentes méthodes de représentation du signal, certaines ont été spécifiquement développées pour l'étude ou la compression de signaux de parole. Elles essaient soit de résoudre les problèmes posés par les méthodes fondées sur la seule transformée de Fourier, cette méthode d'analyse présentant quelques inconvénients, soit de simuler du mieux possible les caractéristiques de l'oreille humaine **(Buniet, 97)**.

Une telle analyse correspond à une analyse de type reconnaissance des formes. La phase de paramétrisation a pour but l'extraction d'informations pertinentes, dites discriminantes pour la tâche de classification envisagée **(Pinquier, 04)**.

Beaucoup de caractéristiques sont utilisées dans les systèmes actuels, nombre d'entre elles visent à mettre en évidence l'aspect harmonique du signal. Seules les plus fréquemment utilisées sont reprises ici. Elles ont été classées en quatre groupes selon leur mode de calcul :

– les paramètres temporels,

– les paramètres fréquentiels,

– les paramètres mixtes,

– les paramètres issus de modélisation **(Pinquier, 04)**.

Nous allons présenter les différentes techniques d'analyse qui définissent le signal parole.

3.3.2.1 Les paramètres temporels

Les deux principaux paramètres temporels sont l'énergie et le ZCR (Zero Crossing Rate). Ils sont en général directement calculés à partir du signal temporel. Utilisés il y a très longtemps en reconnaissance de la parole, ils ont prouvé plus récemment leur pouvoir discriminant dans le cadre de ce problème **(Pinquier, 04)**.

Dans la production de la parole, il existe des phénomènes évoluant rapidement dans le temps, tell que la fermeture brusque du conduit vocal lors de la production d'une plosive comme (ب /b/).L'intérêt de l'analyse temporelle réside dans l'étude de ce genre de phénomènes mieux caractérisés par leur évolution dans le temps. Avec cette méthode on peut calculer : l'énergie et la durée du phonème.

3.3.2.1.1   L'énergie

L'énergie est un paramètre couramment utilisé en traitement du signal. L'énergie d'un signal échantillonné $(x_n(i))_{n=1,......N}$ à support fini est définie par : **(Pinquier, 04)**

$$E(i) = \sum_{n=1}^{N} x_n^2(i) \tag{3.1}$$

Étant donnée sa dynamique et pour respecter l'échelle perceptive, elle est généralement

exprimée en décibels :

$$E_{db}(i) = 10 * \log_{10}(\sum_{n=1}^{N} x_n^2(i)) \tag{3.2}$$

Pour un signal échantillonné de longueur infinie, on calcule l'énergie à court terme en prenant des portions de signal relatives à une fenêtre glissante. Cette fenêtre est étroite, de l'ordre de 10 ms, et correspond en général à une trame acoustique.

Pour éliminer la variabilité de ce paramètre, due en partie à des conditions d'enregistrements différentes (une simple variation de la distance entre la source et le microphone suffit pour être élément de perturbation de l'énergie), l'énergie peut être normalisée par rapport au maximum observé sur le signal global **(Pinquier, 04)**.

3.3.2.1.2   Taux de passage par zéro

Le taux de passage par zéro (zero crossing rate en anglais) représente le nombre de fois que le signal, dans sa représentation amplitude/temps, passe par la valeur centrale de l'amplitude (généralement zéro). Il est fréquemment employé pour des algorithmes de détection de section voisée/non voisée dans un signal. En effet, du fait de sa nature aléatoire, le bruit possède généralement un taux de passage par zéro supérieur à celui des parties voisées.

Pour un signal échantillonné x (n), on dit qu'il y a passage par zéro si deux échantillons successifs sont de signes opposés. Les brusques variations du ZCR sont significatives de l'alternance voisée/non-voisée donc de présence de parole.

La trame acoustique est une suite d'échantillons représentant 20 à 40 ms de signal en général, durant laquelle le signal de parole est supposé quasi stationnaire : des paramètres statistiques peuvent y être calculés.

Le ZCR d'une trame est déduit du nombre de fois où le signal sonore change de signe :

$$TPPZ = ZCR(i) = \frac{1}{2N}\left(\sum_{n=1}^{N}|sign(x_n(i)) - sign(x_{n-1}(i))|\right) \tag{3.3}$$

Avec xn(i) le nième échantillon de la trame i et N le nombre d'échantillons dans la trame i.Un son voisé a un taux de passage par zéro peu élevé par rapport aux sons non voisés.

3.3.2.1.3   Calcul de la durée syllabique

L'analyse des signaux enregistrés ainsi que le choix du corpus et des locuteurs est une étape importante dans le développement des systèmes d'identification ou de vérification du locuteur, de la reconnaissance audiovisuelle, etc. les résultats attendus dépendent fortement de plusieurs paramètres tels que : état émotionnel et physique du locuteur, bruits existants, les conditions d'enregistrement, la vitesse d'élocution, etc.

En étudiant le paramètre de la duré syllabique, une comparaison entre les durées des phonèmes ou des séquences monosyllabiques des locuteurs a été faite, après segmentation des signaux et élimination des signaux bruits, le calcul de la durée syllabique est schématisé par la figure suivante :

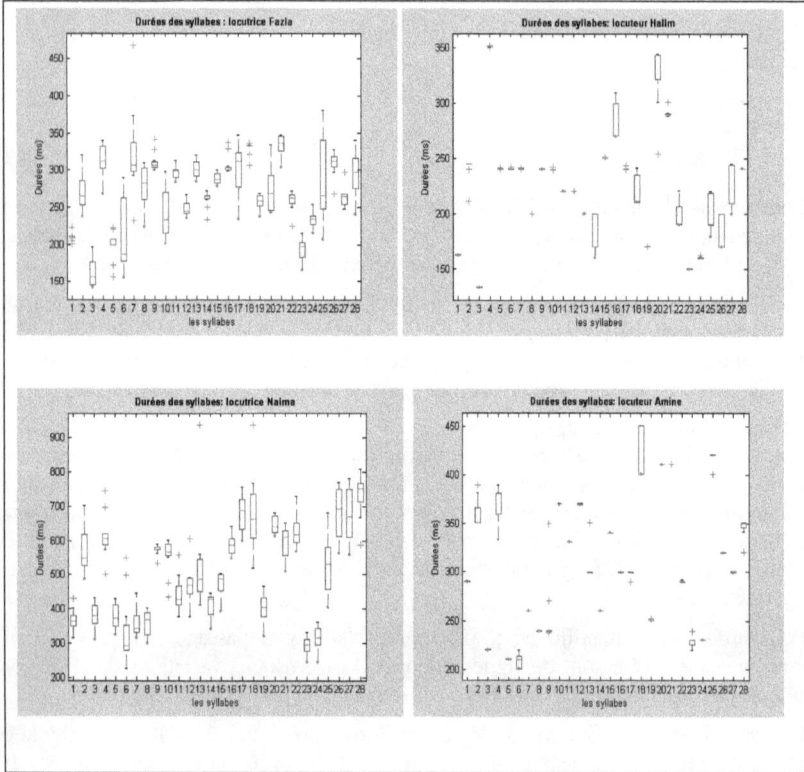

Figure 3. 4 Variation de la durée syllabique pour les 28 phonèmes de la langue arabe et pour 04 locuteurs dont 2 masculins et 2 féminins

Nous remarquons la variation de la durée syllabique pour l'ensemble de 28 phonèmes, de 200ms à 400ms pour les locuteurs masculins (amine et halim sur Fig), tandis que pour les locuteurs féminins, elle peut atteindre la valeur 650 ou 700 ms (cas de la locutrice naima), ce phénomène indésirable et inévitable vu les conditions d'enregistrement est une des causes principales des dégradations qui peuvent affecter les taux de reconnaissance de la modalité acoustique.

Comme les autres paramètres, la durée de l'entité choisie est largement dépendante du locuteur et du débit de parole. Ainsi, aucune mesure ne peut donner de modèle absolu de la durée. Comme nous l'avons déjà cité au chapitre précédent, la durée est corrélée à une multitude de facteurs complexes de nature linguistique (accent, position des mots dans la phrase, catégorie grammaticale, etc.) et extra-linguistique (débit de parole, expressivité, etc.).

3.3.2.2 Les paramètres fréquentiels
Ces paramètres sont issus de la DSP (Densité Spectrale de Puissance). La DSP d'un signal est la transformée de Fourier de la fonction d'autocorrélation. Les trois principaux paramètres, au sens de la discrimination parole/musique, sont le centroïde spectral, le flux spectral et le « spectral rolloff point » **(Pinquier, 04)**.

3.3.2.3 Les paramètres mixtes
La modulation de l'énergie à 4 Hertz est un exemple de paramètre mixte, c'est-à-dire issu à la fois d'analyses fréquentielle et temporelle. Il est intéressant d'observer le comportement de l'énergie et sa modulation autour de 4 Hertz.

Pour la parole, les changements de syllabe se situent aux alentours de cette fréquence, sous l'hypothèse qu'une syllabe soit la combinaison d'une zone de faible énergie (consonne) et d'une zone de forte énergie (voyelle).

Il existe d'autres paramètres, notamment la fréquence fondamentale, notée F0, correspond à la fréquence de vibration des cordes vocales ou la hauteur de la note jouée.

Les algorithmes d'extraction de F0 utilisent généralement une représentation temporelle ou spectrale du signal. Les méthodes temporelles utilisent la similarité du signal d'une période à l'autre pour identifier la période fondamentale**(Pinquier, 04)**.

Détecter la fréquence fondamentale est l'un des problèmes les plus importants du traitement de la parole. Il est notamment utilisé dans des systèmes de reconnaissance.

Il y a plusieurs méthodes proposées dans la détection de la fréquence fondamentale, chaque méthode possède ses avantages et ses propres inconvénients. On peut dire qu'il n'existe pas de méthode qui puisse être parfaitement appliquée pour une grande quantité de locuteurs **(Hung, 03)**.

3.3.2.3.1   Fonction d'autocorrélation
Dans le domaine de traitement du signal digital, la fonction d'autocorrélation du signal x(n) est définie par l'équation suivante:

$$R(k) = \sum_{m=-\infty}^{\infty} x(m).x(m+k) \qquad (3.4)$$

On sait que la fonction d'autocorrélation d'un signal périodique avec la période P est périodique avec la même période : **(Hung, 03)**

$$R(k) = R(k+P)$$

$$R(0) = \sum_{m=-\infty}^{\infty} x^2(m) \qquad (3.5)$$

La fonction d'autocorrélation à court temps peut être appliquée pour un segment de signal. D'abord, c'est la multiplication avec une fenêtre convenable w(n), ainsi :

$$R_n(k) = \sum_{m=-\infty}^{\infty} x(m).w(n-m).x(m+k).w(n-k-m) \qquad (3.6)$$

Clairement Rn(-k) = Rn(k)

La valeur de N joue un rôle important dans la détermination de la fonction d'autocorrélation. D'une part, en raison de l'instabilité du signal de la parole, une valeur petite de N est meilleure, d'autre part pour pouvoir trouver la périodicité du signal, la longueur N de la fenêtre doit être au moins de deux fois celle de la période du signal **(Hung, 03)**.

En pratique, nous aurons besoin de l'estimation de la fonction d'autocorrélation $\hat{R}[k]$ connaissant seulement N échantillons. La fonction empirique est donnée par :

$$\hat{R}[k] = \frac{1}{N} \sum_{n=0}^{N-1-|m|} (w[n]x[n]w[n+|m|]x[n+|m|]) \tag{3.7}$$

Ou $w[n]$ est la fonction fenêtre de longueur N.

Nous estimons ainsi la fréquence fondamentale en calculant la valeur maximale de la fonction d'autocorrélation **(Naotoshi, 08)**.

Comme la période du pitch peut être comprise entre 40Hz (valeur minimale du pitch pour des sons masculins) et 600Hz (valeur maximale du pitch pour des sons féminins), la recherche du maximum est conduite dans cette région **(Naotoshi, 08)**.

3.3.2.3.2   Transformée de Fourier Discrète à court terme

Le signal étant non stationnaire, il est nécessaire de faire une analyse temps-fréquence. La solution la plus utilisée en reconnaissance automatique de la parole est de calculer les spectres à court terme. Un spectre à court terme est le résultat d'une analyse de Fourier sur une portion du signal d'environ 10 ms, durée pendant laquelle le spectre est quasi stationnaire. La portion du signal est délimitée par une fenêtre temporelle w centrée sur le point m. x[n] est le signal qui subit la transformation. X(m, ω) est la transformée de Fourier à court terme discrète avec ω = 2π **(Teddy, 07)**.

$$STFT\{X[n]\} = X(m,w) = \sum_{n=-\infty}^{+\infty} X[n]\, x[n-m] e^{-jwn} \tag{3.8}$$

Il est cependant impossible d'avoir une bonne résolution temporelle et fréquentielle à cause de l'incertitude d'Heisenberg-Gabor. Par exemple, s'il l'on réalise un spectrogramme à large bande, on a une bonne précision temporelle et une mauvaise résolution fréquentielle. Par contre, un spectrogramme à bande étroite possède une bonne résolution fréquentielle mais une mauvaise résolution temporelle **(Teddy, 07)**.

3.3.2.3.3   Spectrogrammes

Le spectrogramme est un outil de visualisation utilisant la technique de la transformée de Fourier et donc du calcul de spectres. Il a commencé à être largement utilisé en 1947, à l'apparition du sonagraphe, et est devenu l'outil incontournable des études en phonétique pendant de nombreuses années **(Buniet, 97)**.

Le spectrogramme permet de mettre en évidence les différentes composantes fréquentielles du signal à un instant donné, une transformée de Fourier rapide étant régulièrement calculée à des intervalles de temps rapprochés. Avant le calcul des transformées successives, le signal doit d'abord être préaccentué par un filtre du premier ordre pour égaliser les hautes fréquences dont l'énergie est toujours plus faible que celle des basses fréquences. Cette phase de préaccentuation du signal est suivie par une phase de fenêtrage. Dans cette méthode d'analyse, le signal est considéré comme indéfiniment stable et constitué d'une somme invariable de fonctions sinusoïdales de fréquences différentes. Pour contourner cette contrainte théorique d'invariabilité du signal, il faut convoluer le signal avec une fenêtre temporelle qualifiée de glissante puisque chaque calcul de spectre nécessite de convoluer le signal avec la fenêtre temporelle à un instant particulier. Le choix de la taille de la fenêtre, en nombre de points de convolution, est également important vis-à-vis de la qualité de l'analyse fréquentielle obtenue. Ainsi, une fenêtre de petite taille (avec un nombre de 128 points, par exemple) permettra d'obtenir une bonne analyse dans le domaine temporel, mais ne permettra pas d'obtenir une bonne information fréquentielle. À l'inverse, une fenêtre de grande taille (plus de 512 points) permettra d'obtenir une bonne information fréquentielle mais ne permettra pas d'obtenir une bonne information temporelle car tout événement, même de courte durée, est jugé présent sur l'ensemble du pas de temps analysé puisque la théorie de la transformée de Fourier considère les signaux indéfiniment stables **(Buniet, 97)**.

Une fois la convolution effectuée, la transformée de Fourier est calculée sur la totalité de la fenêtre, le reste du "signal" étant alors égal à 0. Ce processus permet d'obtenir un spectre qui correspond à une trame, un ensemble de trames calculées à intervalles réguliers permettant d'obtenir le spectrogramme désiré **(Pinquier, 04)**.

Nous allons maintenant illustrer la variabilité de la parole. La figure 3.5 présente deux signaux temporels, et les spectrogrammes qui y sont associés, d'une même phrase prononcée par deux locuteurs différents (étudiants algériens), l'un de sexe masculin et l'autre de sexe féminin. Les signaux analysés sont des mots issus du corpus qui a servi à l'étude de la gémination et de l'allongement de la langue arabe décrit auparavant, à savoir le mot « kataba », « kattaba » et le mot « kittabon » du locuteur amine et amira. L'axe des abscisses du signal temporel représente le temps alors que l'axe des ordonnées représente l'amplitude du signal. L'axe des abcisses du spectrogramme représente également le temps, l'axe des ordonnées représentant la fréquence qui est, ici, comprise entre 0 et 8000 hertz.

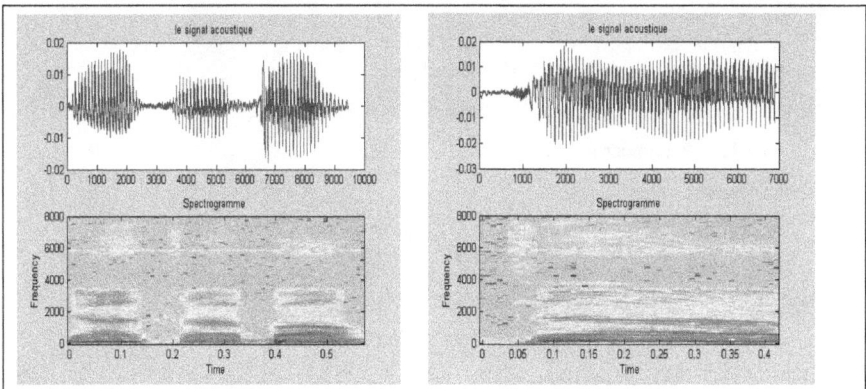

Figure 3. 5 Spectrogramme du mot kataba (a) et du mot kitabon (b) du locuteur 'amine'

De la même manière, nous analysons les spectrogrammes du signal acoustique « kataba » par deux locuteurs (amine et amira) ou le nombre d'échantillons de la fenêtre est de 256 et le recouvrement est de 100 échantillons.

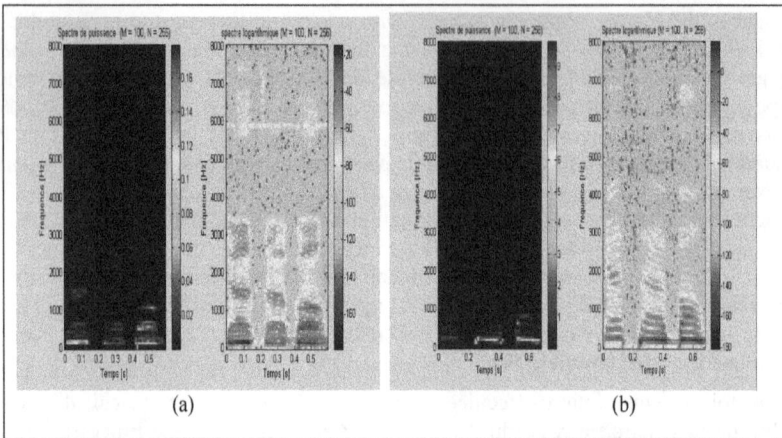

(a)   (b)

Figure 3. 6 Spectre logarithmique (fig a : amine kataba) et (fig b :locuteur féminin ; amira)
M=100 et N=256

Une étude, même rapide, de ces deux graphiques permet de comprendre toutes les différences de bas niveau qui peuvent exister dans un message pourtant porteur de la même information.

Les indices acoustiques sont répartis en deux zones spectrales dont la frontière est aux environs de 800Hz : la partie basse du spectre, la partie moyenne et haute du spectre. Chacune apporte des informations sonores différentes.

La partie basse du spectre (qui peut être encore accessible pour les sourds profonds) nous informe sur :

-le voisement (opposition consonne sonore/ consonne sourde) et la nasalité (opposition consonne nasales / consonne orales).

- les variations de la fréquence fondamentale (F0) en rapport avec l'intonation ;

- la valeur du premier formant ;

-l'intensité du signal.

La partie moyenne et haute du spectre nous informe sur :

-le deuxième formant dont les variations initiales et finales rapides, les transitions, spécifient le lieu d'articulation des consonnes voisines ;

-le timbre d'une vois et nous permettant de l'identifier **(Dumont & al, 02).**

3.4   Etude de la modalité visuelle
3.4.1   Propriétés du visage humain
Le visage humain est une source riche d'informations sur le comportement humain. La capacité pour l'identification de visage est très importante pendant notre vie sociale, particulièrement pour se rappeler et estimer des émotions des personnes que nous rencontrons **(Hazem&al, 07).**

Chaque individu possède des caractéristiques qui lui sont propres : sa voix, ses empreintes digitales, les traits de son visage, la forme de sa main, sa signature et jusqu'à son ADN. Ces données sont dites biométriques peuvent ainsi être utilisées pour l'identifier **(Hazem&al, 07)**.

Les humains peuvent détecter et interpréter des visages et des expressions faciales dans une scène avec peu ou pas d'effort. Cette compétence est tout à fait robuste, en dépit de grandes variations des caractéristiques faciales (modèle de cheveux, lunettes, etc...) et des états de scène autour d'un visage. De l'autre côté, la reconnaissance d'un visage peu familié par une personne peut être mal affectée par des variations à cause des changements du point de vue ou de l'illumination. Ce fait suggère une hypothèse que la détection et l'identification des visages est conduite de la manière différente. En particulier, la robustesse de la détection à l'occlusion, à la pose, à l'expression et à l'illumination partielles est probablement réalisée en employant les caractéristiques faciales locales au lieu de l'aspect global de visage **(Nguyen, 04)**.

Le but d'un système de reconnaissance de visages est de simuler le système de reconnaissance humain par la machine pour automatiser certaines applications telles que : la télésurveillance, le contrôle d'accès à des sites, le développement des interfaces hommes-machines, etc. Nous présentons dans le prochain paragraphe les différentes méthodes de reconnaissance 2D de. Nous donnerons par la suite un aperçu sur les méthodes de détection faciale visage ainsi que les difficultés rencontrées lors de cette analyse.

3.4.2   Les méthodes de reconnaissance et de détection faciale

La reconnaissance des visages humains a pris l'ampleur vers la fin des années soixante dix pour devenir un domaine de recherches très actif .Les visages humains constituent une catégorie de stimulus unique par la richesse des informations qu'ils véhiculent **(Young, 97)**. Ils sont à la fois, les vecteurs visuels principaux de l'identité individuelle, et les vecteurs essentiels de communication (verbales et non verbales), d'intentions et d'émotions entre individu **(Hazem&al, 07)**.

Beaucoup de chercheurs essayent d'automatiser les processus de reconnaissance des visages. Pour cela, différentes théories mathématiques et statistiques trouvent leurs applications dans le domaine de la reconnaissance de visages **(Hazem&al, 07 ; Laskri&al, 02)**.

Il faut adapter ces méthodes à ce problème en essayant de lui trouver un modèle représentatif, ces méthodes ont été implémentées et ont données des résultats intéressants et satisfaisant mais aucune n'a atteint l'exactitude en raison de plusieurs paramètres qu'il faut prendre en considération : variation de posture, éclairage, style de coiffure, la barbe, les moustaches, la vieillesse **(Hazem&al, 07 ; Laskri&al, 02)**. La variation de l'un de ces paramètres connue sous le nom de variation intra personnelle ou « intraclasse » influt sur les résultats obtenus et malgré les efforts fournis par les chercheurs, ils ne sont pas encore parvenus à un système totalement fiable à 100% **(Hazem&al, 07)**.

L'étage de détection et localisation permet de détecter la présence d'un visage dans l'image, c'est une tache très complexe vu la complexité du décor, les variations de pose, les conditions de lumière. Ensuite, il faut localiser le visage en vue d'extraire les traits pour le caractériser et le différentier des autres **(Hazem&al, 07 ; Laskri&al, 02)**.

Au point de vue académique, le problème de la détection de visage est intéressant. Cependant, la détection automatique de visage basée sur l'ordinateur fait face à beaucoup de difficultés. Une solution complète et efficace pour ce problème est encore recherchée. En fait, il y a pas mal de défis pour résoudre ce problème. Les défis qui se sont associés à la détection de visage peuvent être attribués aux facteurs suivants **(Nguyen, 04) :**

Pose : Les images d'un visage changent en raison de la pose relative d'appareilphoto-visage (frontal, 45 degrés, profil, à l'envers), et certaines caractéristiques faciales telles qu'un oeil ou le nez peut devenir partiellement ou a complètement occlus.

Présence ou absence des composants structurels : Les caractéristiques faciales tels que la barbe, la moustache, et des lunettes peuvent ou peuvent ne pas être présents et il y a beaucoup de variabilités parmi ces composants comprenant la forme, la couleur, et la taille. De plus, si celles-ci apparaissent, elles peuvent opacifier hors des autres caractéristiques faciales de base. Par exemple, la lueur en ses lunettes peuvent ne pas souligner l'obscurité de ses yeux. D'autre part, elles peuvent être apparues différemment. Par exemple, les tailles de barbe, de moustache sont variées, les lunettes ont des allures différentes.

Expression faciale : L'aspect d'un visage est directement affecté par l'expression faciale de cette personne.

Occultation : Des visages peuvent être partiellement occultés par d'autres objets. Dans une image avec un groupe de personnes, quelques visages peuvent partiellement masquer d'autres visages.

Orientation d'image : Les images de visage changent directement pour différentes rotations autour de l'axe optique de l'appareil-photo.

Condition de formation de l'image : Quand l'image est formée, les facteurs tels que l'éclairage (spectres, distribution de source et intensité) et les caractéristiques d'appareil-photo affectent l'aspect d'un visage **(Nguyen, 04).**

Nous avons présenté auparavant un tour d'horizon de la littérature en reconnaissance basée audio-visuelle incluant les traits dynamiques visuels du visage tel que le mouvement des lèvres, dans le but d'étudier la reconnaissance du locuteur et de la parole visuelle. Les lèvres sont considérées donc comme la partie visible la plus signifiante pour la parole visuelle. Le prochain paragraphe montre l'intérêt des lèvres dans la compréhension d'un discours, son utilisation courante en lecture labiale et les limites présentées. Nous donnerons par la suite la base visuelle nécessaire pour notre étude, représentant la zone labiale pour l'ensemble des dix locuteurs et pour les 28 phonèmes.

3.4.3 Lecture labiale, Visemes et ambiguïté visuelle
3.4.3.1 Introduction
Pour mieux comprendre la structure de la « face visible » de la parole, il est bon de répartir des gestes de base produits par le locuteur lorsqu'il parle, de façon à mieux comprendre ce qui peut et ne peut pas être vu de l'extérieur du conduit vocal, c'est-à-dire par l'interlocuteur en situation de communication face à face.

Chacun peut utiliser la lecture sur les lèvres pour augmenter les informations acquises suite à une parole prononcée. Ce fait s'observe plus facilement avec les personnes souffrant d'une déficience auditive. En effet, cette lecture peut même parfois purement et simplement remplacer la voix.

Le mouvement des lèvres ainsi que les tensions du visage, sont des informations absolument nécessaires pour toute personne qui cherche à entrer en communication par l'oral avec l'autre, qu'il soit entendant ou sourdes. La lecture labiale est couramment utilisée en biométrie bimodale audio-vidéo. En effet, l'information extraite à partir des lèvres est proche de celle issue de la parole.

De nombreuses études ont montré que l'information visuelle peut améliorer sensiblement la compréhension de la parole en environnement bruité **(Odisio, 05)**. Le mouvement et la forme des contours intérieurs et extérieurs des lèvres donnent des informations utiles aux applications de la lecture labiale (lip reading en anglais).

Cet aspect bimodal de la perception de la parole se trouve également dans la production.La parole est produite par la vibration des cordes vocales et par certain organes articulatoires tels que, la trachée, la cavité nasale, les dents, le palais et lèvres.Comme certain de ces organes sont visibles, il doit exister une relation implicite entre la parole produite et la parole vue.

Certaines études montrent également que même des gens non déficients utilisent jusqu'à une certaine mesure la lecture sur les lèvres. Ce processus n'est pour autant pas nécessairement produit de manière consciente, bien que cela influence par ailleurs notre perception de la parole. Ainsi, il apparaît qu'à partir uniquement des mesures liés à la forme des lèvres, jusqu'à 65% des stimulus consonnes - voyelles peuvent être identifiés par des malentendants **(Toma & al, 05)**.

3.4.3.2 « visèmes » et ambiguité visuelle en langue Arabe

La lecture labiale ne permet pas toujours la compréhension complète de la parole ; la raison de cette limitation est simple. Il existe de nombreux sons qui sont visuellement ambiguës. Ils sont donc associés aux mêmes visème. Par exemple, les phonèmes /ba/ et /ma/ sont tous produits par une bouche fermée et sont visuellement impossibles à distinguer. Ils constituent donc un seul et même visème. Ainsi, certains mots entiers seront très proches visuellement, comme «aba» et «ama». Ces confusions visuelles des phonèmes ont conduit à définir la notion de « visèmes » ou « sosies labiaux » .Un visème est l'unité de base de la parole dans le domaine visuel qui correspond au phonème (qui est l'unité de base de la parole dans le domaine acoustique).

Le terme visème (en anglais « viseme ») a été défini par Fisher (1968) comme une contraction de « visual phonemes »: « The phrase visual phoneme has been shortened to viseme, and will be used to refer to any individual and contrastive visually perceived unit » **(Aboutabit, 07)**.

La première étape nécessaire à notre étude est la phase de détection de la zone labiale. Une détection manuelle est faite par le logiciel MATLAB permettant d'avoir la région labiale qui sera la caractéristique pertinente à notre analyse. Cette technique s'avère très efficace pour mener à bien notre démarche de caractérisation labiale d'une part et pour l'identification de visemes d'autre part. La figure suivante représente les formes visuelles représentatives des 28 phonèmes d'une locutrice :

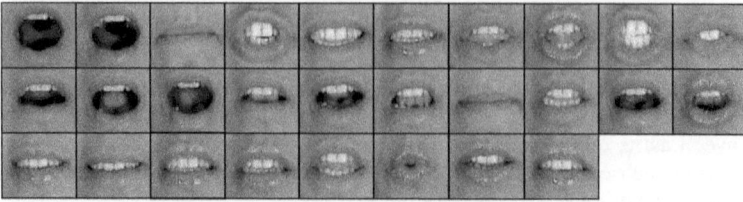

Figure 3. 7 Formes labiales représentatives des 28 phonèmes d'une locutrice

La figure 3.8 représente la forme visuelle du phonéme ˡ A / ? / pour les dix locuteurs, la variabilité intralocuteur (intraclasse) et interlocuteur (interclasse) sera abordée durant notre analyse dans le but de mettre en évidence les difficultés rencontrées lors de la reconnaissance du visage parlant et les ambiguïtés qui en découlent.

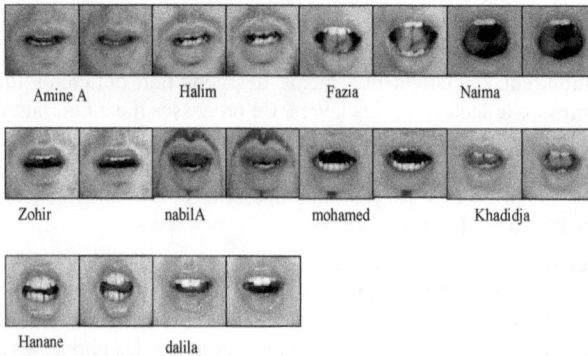

Figure 3. 8 Représentation de la région d'intérêt (ROI) du phonéme ˡ A / ? / pour les dix locuteurs

Le prochain paragraphe présente quelques travaux réalisés sur les visemes dans différentes langues ainsi que l'intérêt de cette étude.

3.4.3.3 État de l'art sur les visemes

La parole est composée d'un ensemble de fréquences audio, de consonnes et de voyelles. Les consonnes et les voyelles forment les unités linguistiques de bases appelées phonèmes, qui peuvent être exprimés par des formes labiales visibles appelés visemes **(chelali&al, 11b)**.

Les visemes et les phonèmes peuvent être utilisés comme unités de base des formes labiales articulatoires visibles **(waters etal, 93)**. Dans un langage donné, un ensemble de visemes est souvent défini par les différents phonèmes visibles dans ce langage **(Breen etal, 96)**.

Motte, olives et al définissent un viseme comme étant les réalisations de phonèmes qui sont visuellement discriminatoire. En lecture labiale, les études des catégories de visemes sont définies comme des réponses groupements de distributions pour observer les articulations de phonèmes. Ces clusters sont utilisés pour trouver les articulations de phonèmes qui sont perçues de façon similaire.

Jusqu'à présent, il n'existe pas de définition précise à ce terme, **(Mottonen et al, 00 ; ezzat et al, 94)** dans leurs travaux définissent le viseme comme étant l'image de la forme labiale statique qui est visuellement discriminante d'un autre.

Une autre définition à partir de phonèmes aux visemes est un à plusieurs : le même phonème peut avoir différentes formes visuelles. Ce phénomène est appelé co-articulation, il apparaît à cause du contexte phonémique du voisinage dans lequel le son est prononcé influence la forme labiale **(ezzat et al, 00)**.

Les recherches actuelles sur les visemes indiquent que la relation entre phonèmes et visemes est : plusieurs à un : nous avons plusieurs phonèmes qui sont visuellement identiques et sont classés dans la même classe visemique. Deux sons peuvent avoir la même forme et la place d'articulation mais différent dans les caractéristiques acoustiques **(ezzat, 00)**.

Plusieurs standards existent pour les visemes, mais développés pour la langue anglaise et francaise. Azzam et al proposent une nouvelle méthode en adoptant les approches basées image pour grouper les visemes de la langue perse en considérant l'effet de coarticulation **(azzam et al, 09)**.

Peu de chercheurs se sont intéressés aux visemes arabes, Abou zliekha et al présentent un système audiovisuel texte to speech basé sur deux entités : un système audio text to speech avec le type d'émotion désirée et un modèle visuel émotionnel qui génère une tête parlante en formant le viseme correspondant. Pour leur système de synthèse audiovisuelle, 13 visemes ont été proposés pour la langue arabe **(Abou zliekha, 06)**. Damien et al utilisent les paramètres géométriques et proposent dix visemes pour l'arabe standard **(Damien&al, 09 ; Damien, 11)**.

Identifier les visemes est un problème de base quand au développement des animations faciales par ordinateur. Dans le but de synchroniser la forme labiale aux différents sons dans un langage, les visemes doivent être décrits. Les animations faciales par ordinateur ont trouvés de large application dans le domaine de synthèse de parole visuelle, éducation d'enfants sourds et dans d'autres techniques d'apprentissage de langage.

Une des applications les plus récentes de la synthèse de la parole visuelle est de l'utiliser pour comprendre le mécanisme de la production de la parole. Il a été prouvé qu'il existe trois mécanismes concernant la perception de la parole : auditif, visuel et audio-visuel. La perception de la parole peut être correctement étudiée avec l'aide des expériences de la parole visuelle **(Rafay et al, 03)**.Cependant, la progression dans la synthèse de la parole visuelle peut être améliorée en étudiant en détail comment l'être humain produit réellement la parole **(Rafay et al, 03; Cohen et al, 93)**.

En utilisant les deux modalités auditives et visuelles, les scientifiques sont capables de comprendre la parole que de se limiter seulement à l'audition, spécialement quand la parole est exposée au bruit, limitations du canal, limitations d'écoute et d'autres perturbations **(Rafay et al, 03)**.

Une autre application de cette technologie est dans l'éducation des enfants sourds. Les enfants sourds ou malentendants utilise la perception auditive de la parole visuelle dans le but d'effectuer une lecture labiale des mots. Les recherches sur la lecture labiale montrent que les enfants sourds peuvent recevoir 70% de l'information dans la parole si une approche combinant la vue avec le son est utilisée **(Rafay et al, 03; Cohen et al, 93; Möttönen et al, 00).**

Des travaux de recherches d'animation en 3dimensios clonant une personne réelle dans une activité de parole, sont à l'origine d'inventaires précis des mouvements faciaux articulatoires visibles et significatifs. Le but final de ces études est non seulement d'améliorer le réalisme du visage parlant mais aussi d'apporter des indices visuels augmentant l'intelligibilité perceptive du message. Les « plis du visage » en mouvement renseignent sur l'activité de la parole, annoncent certains transitions complètent ou différentient la perception des phonèmes **(odisio, 05).**

3.4.3.4 Identification de visemes de la langue Arabe

Dans notre travail, nous nous sommes intéressés à introduire l'étude des visemes basées sur la parole visuelle à travers des études statistiques, géométriques et même neuronales. A cet effet, le premier protocole enregistré nous permet de dégager une étude préliminaire sur les visemes qui caractérisent une confusion visuelle et une ambiguïté pour le développement des systèmes de reconnaissance audiovisuelle.

Ces confusions visuelles des phonèmes ont conduit à définir la notion de « visèmes » ou « sosies labiaux » .Un visème contraction de « visual phonemes » est l'unité de base de la parole dans le domaine visuel qui correspond au phonème (qui est l'unité de base de la parole dans le domaine acoustique). En effet, la prononciation du phonème /ba/, / ma/ {م, ب} ou bien (dja, cha/) {ج, ش}, tel que présenté sur la figure démontre bien les ambiguïtés visuelles engendrées, ceci donne lieu à l'analyse du viséme de la langue arabe. Les visèmes constituant les caractéristiques visuelles pertinentes à la reconnaissance des phonèmes. Deux méthodes de calcul ont été adoptées, les paramètres statistiques et géométriques et la classification hierarchique.

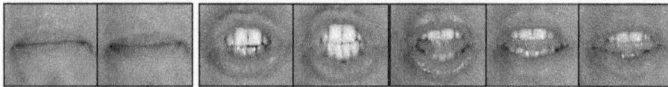

/ba, ma/ {م, ب}   /dja, cha/ {ج, ش}   Visème 3 : { ظ, ذ, ث)

Nous présentons les techniques statistiques et géométriques permettant de distinguer les visemes de la langue arabe avant d'aborder les systèmes de reconnaissance audiovisuels. Il s'agit dans un premier temps de retrouver les visemes de la langue arabe qui constituent une ambiguïté pour le développement des systèmes de reconnaissance audiovisuels **(chelali&al, 11b ; chelali&al, 11c).**

3.4.3.4.1   Extraction des paramètres statistiques

La région d'intérêt ou la région lèvres est manuellement détectée avec un rectangle proportionnel à 120*160 pixels et centré sur la bouche, puis convertie en niveau de gris. L'écart type pour les valeurs de pixels des lèvres est calculée pour les 20 images fixes, pour chaque phonème et pour l'ensemble des dix locuteurs, dans le but de classifier les visemes.

$$\sigma_I = \sqrt{\frac{1}{n*m}\sum_{i,j}(I(i,j)-\overline{I})^2} \tag{3.9}$$

ou la valeur moyenne est décrite par l'équation suivante : $\overline{I} = \dfrac{1}{n*m}\sum_{i,j}I(i,j)$ (3.10)

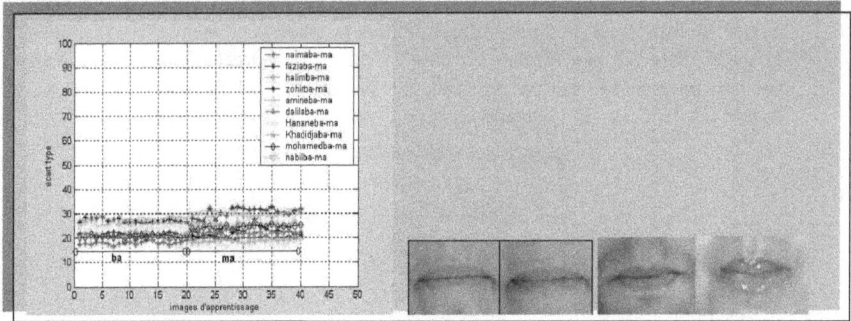

Figure 3. 9 Variation de L'écart type pour la première classe de visemes /ba/ and /ma/

Nous remarquons que la l'écart type est quasi stationnaire pour le viseme ba-ma pour les 10 locuteurs. Cette étude reste insuffisante vue que la variation intraclasse est signifiante. Une autre technique largement étudiée par les chercheurs dans le domaine concerne les paramètres géométriques de l'ouverture horizontale et verticale des lèvres.

3.4.3.4.2   Extraction des paramètres géométriques

Nous utilisons des paramètres géométriques basés sur le contour interne et externe de la forme labiale. Plusieurs études ont montés la corrélation existante entre les paramètres géométriques qui nous permettent de réduire leurs nombres seulement à deux correspondant à la hauteur et à la largeur du contour labial interne **(benoit &al, 1992; Revéret, 99; Magno&al, 97)**. Nous avons choisis les paramètres internes et externes du contour tel que mentionnés dans les travaux de wang **(Wang&al, 00)**.

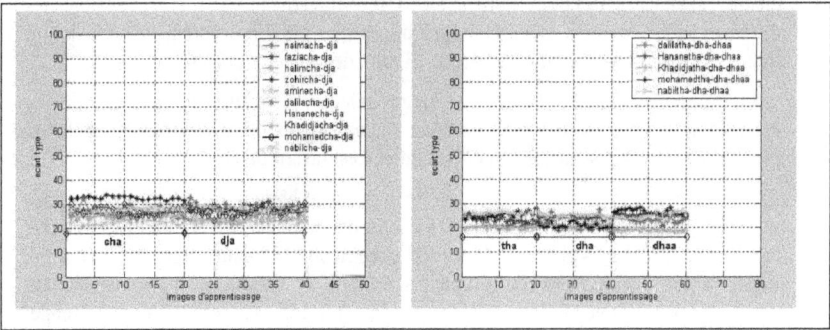

Figure 3. 10 Variation de l'cart type pour la deuxième et la troisième classe de visemes

Wang et al montre l'importance du choix des traits appropriés pour représenter la parole visuelle. Les recherches phonétiques traditionnelles indiquent que les lèvres et la bouche sont les articulateurs les plus importants qui visibles de l'extérieur. Les formes des autres parties du conduit vocal doit être estimée à partir de mesures de mouvements faciaux.En conséquence, les auteurs démontrent que les traits visuels à mesurer sont tous corrélés à l'aire labiale, la hauteur et la largeur du contour interne, la hauteur et la largeur du contour externe,   Les dents supérieurs et inférieurs visibles, le degré de protrusion des lèvres supérieures et inférieures, etc **(Wang et al, 00).**

Pour notre travail, Nous utilisons des paramètres géométriques basés sur le contour interne et externe de la forme labiale. Plusieurs études ont montés la corrélation existante entre les paramètres géométriques qui nous permettent de réduire leurs nombres seulement à deux correspondant à la hauteur et à la largeur du contour labial interne **(chelali&al, 11b ; chelali&al, 11c).**

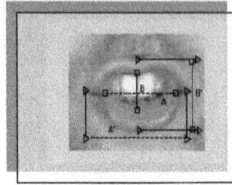

Figure 3. 11 Les paramètres géométriques (A, A', B, B')

A: la largeur du contour interne (la première distance horizontale HD).
A': la largeur du contour externe (la deuxième distance horizontale HD).
B: la hauteur du contour interne (la première distance verticale VD).
B': la hauteur du contour externe (la deuxième distance verticale VD).

Dans notre travail, la région d'intérêt (ROI) contenant la forme labiale pour les différentes syllabes est considérée comme l'information efficace utilisée pour la lecture labiale, la reconnaissance audiovisuelle,etc.

Cette méthode de classification de visemes est basée sur le calcul des paramètres géométriques (les deux variations horizontales (HD: A and A')), les deux distances verticales (VD: B and B')). Chaque image est décrite par une matrice contenant les quatre valeurs des distances horizontales (HD) et verticales (VD). L'ensemble des distances calculées pour les 10 images de chaque individu est enregistré dans un fichier. Ces paramètres sont utilisés pour la classification de visemes.

La figure 3.12 montre les deux paramètres calculés pour 10 images et pour chaque syllabe (ba and ma), nous nous intéressons seulement aux deux distances A' et B' du premier viseme, la distance B du contour interne est insignifiante.

La figure 3.12 démontre la variation de la distance horizontale (HD) et la distance verticale (VD) pour les 10 locuteurs, il est clair que la plage de variation est comprise entre 100 et 125 pixels pour la distance HD et entre 30 et 50 pour la distance VD. Cette variation est due à plusieurs paramètres tel que la variation intrapersonnelle, la variation extrapersonnelle, les conditions d'acquisition, les variations d'éclairage, l'énergie produite qui est fortement corrélée avec l'ouverture labiale lors de l'articulation d'une syllabe,etc.

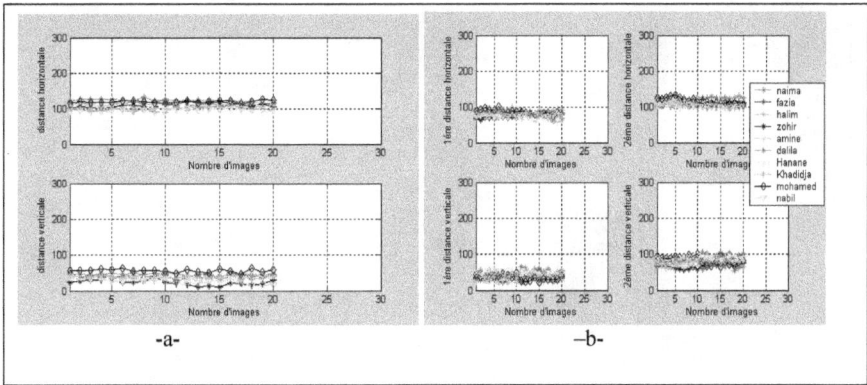

Figure 3. 12 La variation de la distance horizontale et verticale du viseme ba-ma (fig 3.12-a)

et du viseme dja cha (fig 3.12 –b)

Nous remarquons le même phénomène avec la deuxième classe visemes (dja, cha/) {ش, ج}, la première distance verticale concernant la largeur du contour interne varie pratiquement de 35 à 50 alors que la deuxième distance est proche de 100, par contre les deux distances horizontales sont à plus au moins à 100. Nous présentons dans la figure suivante quelques observations sur la confusion intraclasse et interclasse trouvé à partir de cette étude.

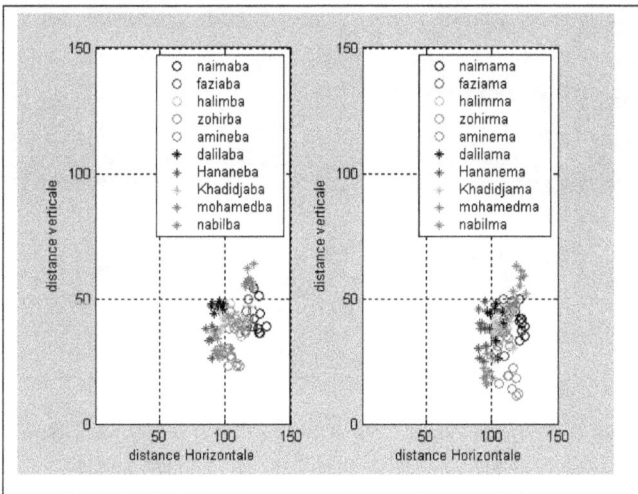

Figure 3. 13 **Variation de la distance horizontale et verticale pour les dix locuteurs (chelali&al, 11c).**

Nous remarquons qu'il existe une forte corrélation entre les paramètres, les deux distances verticales et horizontales varient entre 50 ~100 pour l'ensembles des dix locuteurs.

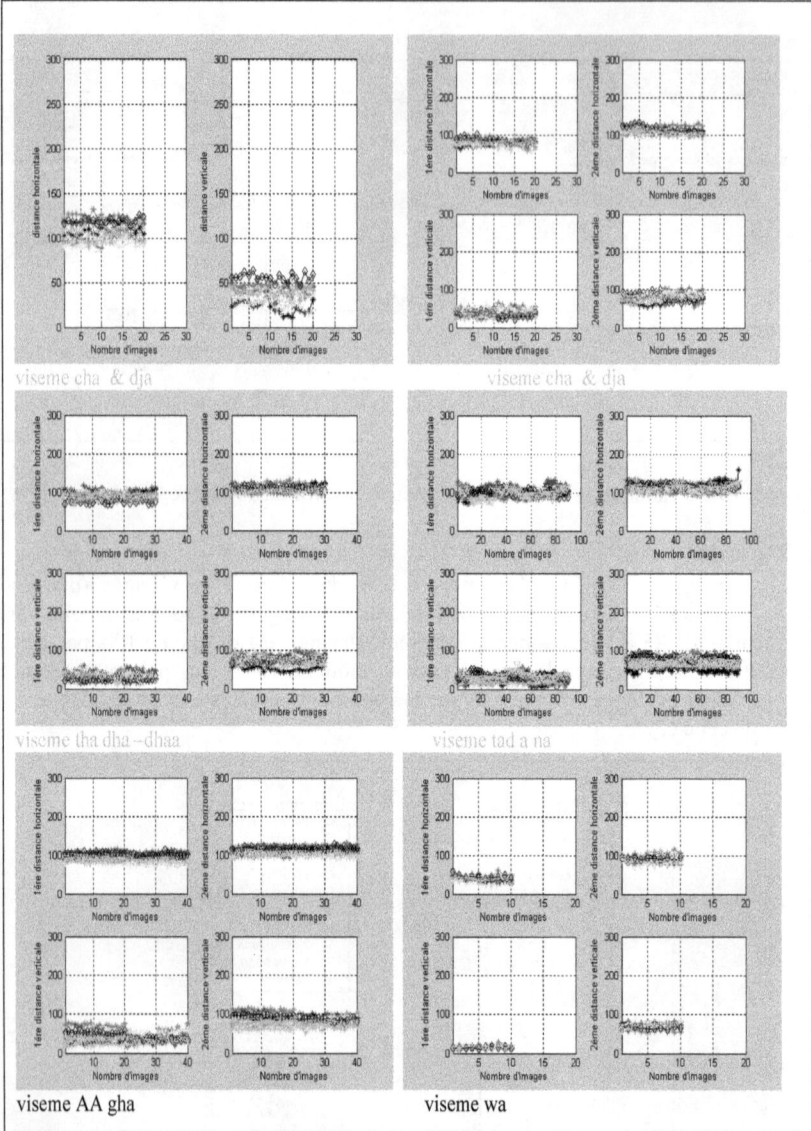

Figure 3. 14 Tracé des distances verticales et horizontales de quelques visemes **(chelali&al, 11c).**

En langue arabe, nous distinguons 11 visemes. La table 3.2 montre la représentation visuelle des visemes de la langue arabe obtenus à partir de l'analyse statistique décrite ou le calcul des paramètres géométriques pour les images de chaque phonème et l'ensemble des dix locuteurs. Cependant, nous concluons 11 visemes représentant les 28 consonnes de la langue arabe.

Table 3. 2 Les 11 visemes de la langue arabe

Viseme	phoneme	API	Mouth
1. Ba	{ب, م}	/b/, /m/	
2. Cha	{ش, ج}	/ š / , / z/	
3. dha	{ ث, ذ, ظ)	/ θ/,/ δ/, / δ/	
4. Ha	{ ا , ع , غ , ح , ه ,ك ,خ , ق }	/?, ς, γ, ħ, h, k, x, q/	
5. Ta	{د , ن , ت , س , ز , ط , ض , ي , ص }	/d,n,t,s,Z, t', ś,j, d'/	
6. Fa	{ف}	/F/	
7. La	{ل}	/l/	
8. Ra	{ر}	/r/	
9; wa	{و}	/ w/	
10	ظمه ممالة	/u/	
11	كسرة ممالة	/i/	

Les caractéristiques visuelles de ces classes sont: lèvres fermées (1ér viseme /b/, /m/) , friction entre lèvres et dents (6éme viseme/F/), friction entre langue et dents (3éme viseme / θ/,/ δ/,/ δ/), protrusion (2éme viseme/ š / , / z/), bouche ouverte et lèvres neutres (4éme viseme Ha), lèvres partiellement arrondies (9éme viseme / w/),…...etc **(chelali&al, 11c).**

3.4.3.4.3   Analyse d'une classe visémique par la classification hiérarchique

Nous nous intéressons danc ce paragraphe à l'étude des classes visemiques par la technique de classification automatique appelée « clustering ».

La définition du clustering relève directement du mot anglais « cluster ». Plusieurs définitions ont été proposées, la plupart d'entre elles sont basées sur des mots définis par : similaire, identique, etc **(Sergios et al, 03).**

Les vecteurs sont vus comme des points dans un espace de dimensions l et les clusters sont décrits comme des régions continues de cet espace contenant une densité de points relativement élevée, séparées d'une autre région de haute densité par des régions relativement de faible densité **(Sergios et al, 03)**.

Soit X notre ensemble de données tel que :

$$X = \{x_1, x_2, \ldots\ldots, x_N\}$$ (3.11)

Nous définissons comme m partitions de X, R, la partition de X dans m ensemble ou clusters, $c_1, \ldots\ldots, c_m$, telles que les conditions suivantes sont satisfaites:

$$c_i \neq \phi, j = 1\ldots\ldots m$$ (3.12)

$$\cup_{i=1}^{m} c_i = X$$
$$c_i \cap c_j = \phi \quad, i \neq j, i, j = 1\ldots\ldots m$$ (3.13)

En plus, les vecteurs contenus dans un cluster ci sont « plus similaires » entre eux et « moins similaire » aux vecteurs des autres clusters **(Sergios et al, 03)**.

Cependant, les algorithmes du regroupement ne sont pas tous basés sur des mesures de proximité. Par exemple, les algorithmes de classification hiérarchique calculent les distances entre les paires de vecteurs de l'ensemble X. En résultat, nous élargissons la définition dans le but de mesurer les proximités entre les sous ensemble de X. Nous avons donc, $D_i \subset X, i = 1, \ldots\ldots, k, and\, U = \{D_1, \ldots\ldots, D_k\}$. Une mesure de proximité $\wp\ sur\ U$ est une function:

$$\wp : U * U \longrightarrow R$$

Souvent, les mesures de proximité entre deux ensembles Di et Dj sont définis en terme de mesure entre les élements de Di et Dj.

Dans le but de mieux expliquer la structure des données de la parole visuelle, spécialement dans la détermination de visemes pour une lecture labiale automatique , nous utilisons la classification hiérarchique par le k plus voisin. Nous avons utilisé la distance euclidienne pour construire notre regroupement hiérarchique. Le calcul de distance par paire renvoie un vecteur retournant les distances euclidiennes de chaque paire d'observations de la matrice X de données de taille M*N correspondant aux observations (pixels) relatives aux variables (les images correspondantes aux individus).

$$L = \left\| X_i - X_j \right\| = \sqrt{\sum_{k=1}^{N} X_{ik} - X_{jk})^2}$$ (3.14)

Nous définissons une fonction générant un dendrogramme de la classification binaire hiérarchique. Nous donnons dans la figure suivante le dendrogramme généré par un arbre de classification en utilisant trois images pour chaque phonème ba et ma et pour chacun des cinq locuteurs pris comme illustration. Les images prises au nombre de trente sont les images originales de taille 120*160 pixels **(chelali&al, 11c)**.

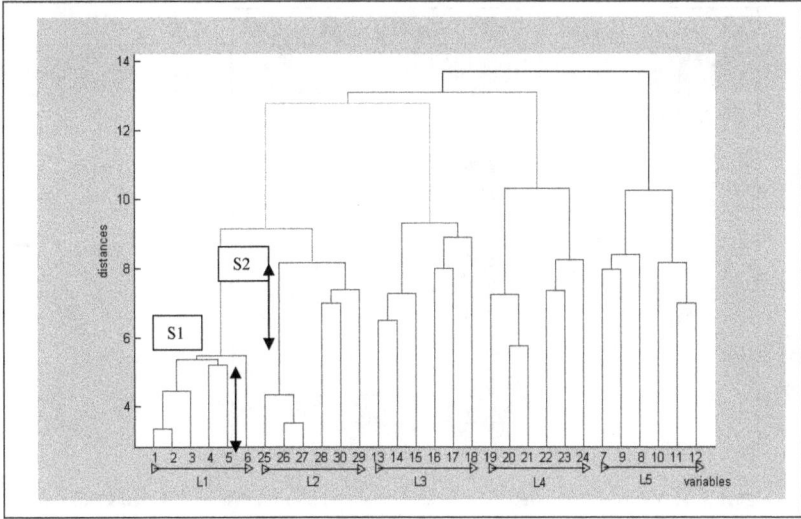

Figure 3. 15 Le dendrogramme de la classification hiérarchique (chelali&al, 11).

L1: 03 images pour la séquence ba et 03 images pour la séquence ma pour le premier locuteur

Nous concluons quelques observations sur la confusion intraclasse (S1 et interclasse (S2) trouvée à partir de cette analyse pour la première classe visémique. Les distances minimales ainsi trouvées varient de 8 à 10. Cette différence rend l'analyse difficile. Les traits dynamiques doivent être pris en compte pour prendre le phénomène de co-articulation en compte.

3.4.3.4.4 Analyse acoustique d'une classe visémique

Nous nous sommes intéressés au calcul de la fréquence fondamentale de chaque classe visémique, nous nous basons sur le calcul de la fonction d'autocorrélation décrite auparavant.En pratique, nous aurons besoin de l'estimation de la fonction d'autocorrélation $\hat{R}[k]$ connaissant seulement N échantillons. La fonction empirique est donnée par :

$$\hat{R}[k] = \frac{1}{N} \sum_{n=0}^{N-1-|m|} (w[n]x[n]w[n+|m|]x[n+|m|])$$

(3.15)

Ou $w[n]$ est la fonction fenêtre de longueur N.

Nous pourrons ainsi estimer le pitch en calculant la plus grande valeur de la fonction d'autocorrélation pour m=lT0.Pour la même classe visemique (ba et ma) et (dja et cha), nous traçons la variation du pitch pour l'ensemble des dix locuteurs avec 10 répétitions pour chaque phonème. Les figures 3.16 et 3.17 montrent cette variation. La figure suivante illustre les valeurs du pitch pour le 1er viseme ba & ma.

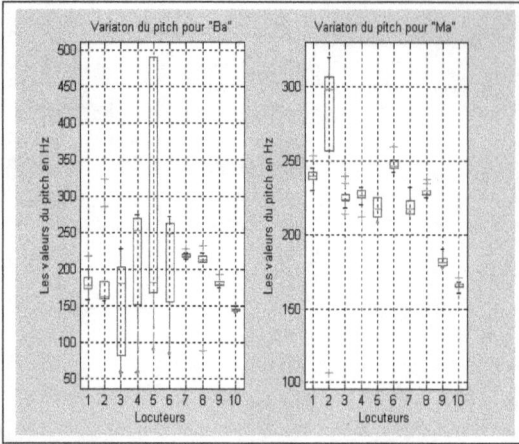

Figure 3. 16 Variation de la fréquence fondamentale pour le 1er viseme **(Chelali&al, 11c).**

Nous remarquons que le pitch varie de 100 hz à 480 HZ pour le phonème ba, alors qu'il est entre 160 et 300 pour le phonème ma. De la même manière, le tracé de la fréquence fondamentale pour la deuxième classe visémique (dja et cha) montre que le pitch atteind la valeur 350 HZ pour la ficative cha et 280 Hz pour l'affriquée dja **(chelali&al, 11c).**

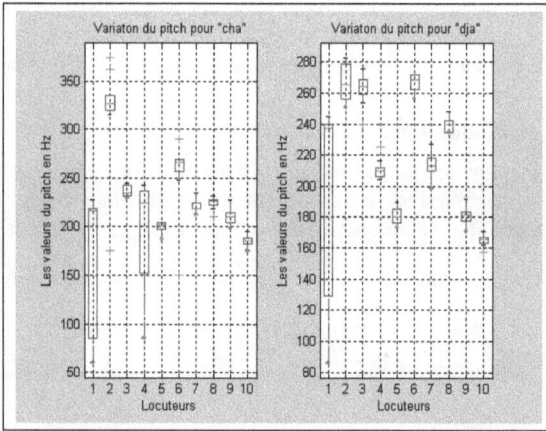

Figure 3. 17 Variation de la fréquence fondamentale pour le 2éme viseme

Les locuteurs concernés par l'étude sont dans l'ordre amine, fazia, halim, naima, zohir, dalila, khadidja, hanane, mohamed et nabil. Le tracé de la fréquence fondamentale démontre la variation intrapersonnelle et extrapersonnelle du même viseme, cette étude nous permet de montrer l'importance de l'analyse acoustique dans le but de promouvoir la reconnaissance de la parole audiovisuelle ou les systèmes développés pour la lecture labiale **(Chelali&al, 11c).**

Cette étude démontre le traitement parallèle et interactif : la perception de la parole est basée sur plusieurs sources d'information, le mouvement des lèvres, l'information auditive. Ceci peut être utilisé pour la reconnaissance bimodale du phonème ou du locuteur ou l'information acoustique et visuelle sont considérées pour l'analyse et la reconnaissance de la parole visuelle **(Chelali&al, 11c)**.

3.4.4 Les effets coarticulatoires
3.4.4.1 Introduction

Les regroupements en visèmes dépendent de plusieurs facteurs, aussi bien pour les voyelles que pour les consonnes. Les facteurs décrits concernent notamment la variabilité inter-locuteurs (différences entre les locuteurs en production de la parole et donc différences entre leurs mouvements articulatoires), la variabilité inter-sujets (et dans le cas des tests perceptifs, par exemple savoir si les participants ont eu une expérience ou non en lecture labiale), la procédure employée (et surtout les critères utilisés pour classifier les phonèmes en visèmes) et le type de stimuli utilisés **(Aboutabit, 07)**.

La coarticulation est un phénomène qui fait que selon les phonèmes adjacents dans une phrase, un phonème n'est pas prononcé de la même façon. Ceci est du au fait que la transition entre les phonèmes ne se fait pas par une modification instantanée de la configuration du conduit vocal mais d'une façon progressive **(Aboutabit, 07)**.

«The term of coarticulation refers to the altering of the set of articulatory movements made in the production of one phoneme by those made in the production of an adjacent or nearby phoneme».

En effet, produire de la parole ne revient pas à enchaîner une suite de phonèmes indépendants les uns à la suite des autres, mais chaque son a une influence sur son voisin tant au niveau acoustique qu'au niveau articulatoire. La coarticulation implique tous les articulateurs en jeu dans la production de la parole, mais c'est à la sortie du conduit vocal, au niveau des lèvres que les configurations sont visuellement différentes selon le contexte avoisinant, modifiant ainsi notre perception des différents phonèmes. C'est ce que Gentil (1981) a observé pour le français. Les consonnes associés à la voyelle [a] dans les logatomes de type consonne-voyelle (CV) étaient plus facilement reconnues que lorsqu'elles étaient associées à la voyenne [u].la production de la voyelle [a] à la suite de la consonne implique une grande aperture aux lèvres qui facilite la distinction visuelle de la consonne et de la voyelle **(Erber et al, 79)**. En revanche, le geste de protrusion (c'est à dire l'avancée des lèvres) et d'arrondissement pour produire le [u], a une forte tendance à masquer la consonne précédente ; les lèvres anticipent ce mouvement de protrusion durant la production de la consonne et de ce fait « masquent » les traits articulatoires caractéristiques de la consonne et la rendent très difficile à reconnaître **(Virginie, 05)**.

Evidement, ce phénomène entraîne des conséquences sur les caractéristiques acoustiques d'un phonème particulier quand celui-ci est prononcé dans des contextes phonétiques différents. Il implique aussi tout le système articulatoire en jeu dans la production de la parole, y compris les lèvres. Ainsi, d'un contexte à l'autre, un phonème pourrait ne pas avoir les mêmes formes aux lèvres. La perception visuelle des phonèmes est alors modifiée selon le contexte **(Aboutabit, 07)**.

Ce que nous pouvons retenir de toutes ces études est que les configurations visuelles des phonèmes sont, comme dans le cas de l'audio, différentes selon le contexte phonétique avoisinant. Certains phonèmes, qui peuvent être décelables grâce à des traits visuels pertinents et bien robustes comme l'arrondissement par exemple, sont moins influencés par l'environnement phonétique adjacent. Dans certains cas, certains phonèmes peuvent marquer les phonèmes adjacents. C'est le cas par exemple du contexte consonantique protru de [S] et [Z] qui domine son entourage vocalique même si celui-ci présente moins les mêmes traits visuels (protrusion) **(Aboutabit, 07)**.

Nous présentons dans le prochain paragraphe l'expérience faite sur des séquences bisyllabiques telles que « aba » et « ama » et qui nous a permis de dégager certaines conclusions sur l'effet de coarticulation, la synchronie audiovisuelle, etc. Nous nous sommes basés en grande partie sur la variation de la distance labiale verticale.

3.4.4.2 Etude spatiale et temporelle des séquences audiovisuelles synchronisées

Le corpus audiovisuel (protocole2) est évalué pour quatre locuteurs prononçant différentes séquences monosyllabiques (aba ama, adja acha); la capture est réalisée avec la même camera canon durant deux secondes, nous nous sommes intéressés à l'analyse du mouvement labial, en particulier la distance verticale. La technique des paramètres géométriques a été ensuite appliquée sur des séquences vidéo de durée de 2 secondes. Une fois les images fixes extraites à partir du flux vidéo, nous avons effectué le calcul de la distance verticale dont la variation est importante par rapport à distance horizontale. La technique des paramètres géométriques a été ensuite appliquée sur des séquences vidéo de durée de 2 secondes. Une fois les images fixes extraites à partir du flux vidéo, nous nous sommes intéressés au calcul de la distance verticale dont la variation est importante par rapport à distance horizontale.

La figure 3.18 illustre les trois phases correspondantes au signal acoustique quand le son monosyllabique /aba/ est prononcée. La phase d'articulation est la phase la plus importante pour la reconnaissance puisque elle correspond à la différence majeure entre les visemes et elle est relativement indépendante du contexte. La phase initiale et la phase finale sont des phases transitoires.

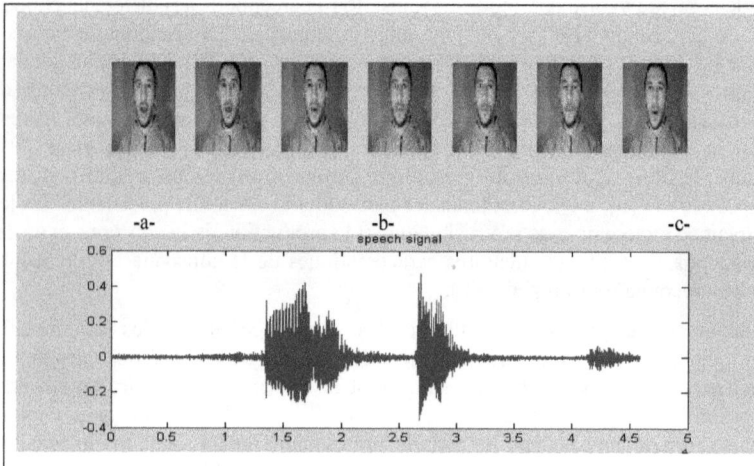

Figure 3. 18 Les trois phases de production de la séquence aba (haut) ainsi que la forme acoustique du signal produit (bas)) a- phase initiale b- phase articulation c- phase finale

La figure suivante montre l'évolution de l'ouverture verticale des lèvres pour la locutrice hanane prononçant la séquence « aba » pour une durée d'une seconde. Nous voyons clairement les zones des trois phases de production de la séquence. La phase B correspond à la phase de fermeture des lèvres en prononçant le phonème « ba ».

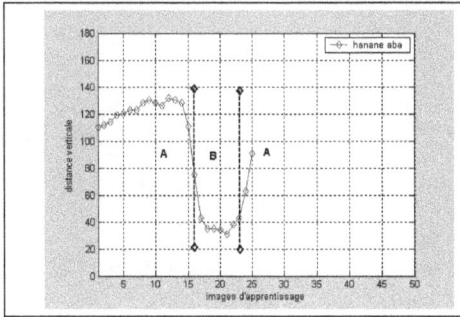

Figure 3. 19 Evolution de la distance verticale de la séquence aba

Nous présentons dans la figure suivante la distance verticale (VD) pour les deux syllabes /aba/ et /ama/, ceci décrit la variation des paramètres pour la séquence acoustique. Nous pouvons remarquer que la phase d'articulation correspondant à l'image 20 jusqu'au 30, la distance verticale diminue de 60 à 20, la distance verticale n'est pas la même pour l'ensemble des locuteurs vu la variation interclasse **(Chelali&al, 11c)**.De plus, la distance verticale est corrélée à l'énergie produite lors de l'articulation du mot.

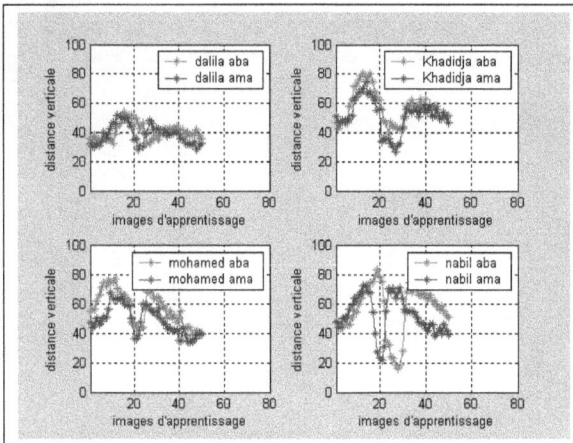

Figure 3. 20 Variation de la distance verticale lors de la prononciation du mot aba et ama

Nous nous intéressons à l'étude de la séquence audiovisuelle « aba », après calcul de la distance verticale nous marquons le début de la séquence acoustique à partir de 0.7 seconde (700ms), alors que l'ouverture de la bouche à partir de la 10 éme image :

(400ms) ceci montre bien que la séquence visuelle est en avance par rapport à la séquence acoustique.

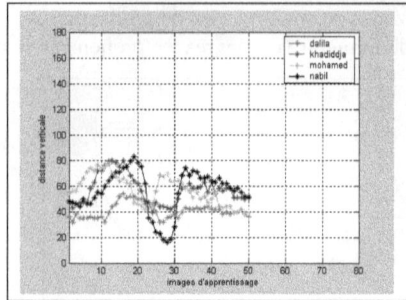

Figure 3. 21 Variation de la distance verticale de la séquence « aba »

Nous concluons donc que la vision précède l'audition d'environ 300ms. L'audition et la vision différent par leur vitesse de traitement de l'information.

Bien que les données audio et visuelles soient corrélées, elles ne sont pas synchrones et l'activité visuelle précède souvent le signal audio. En effet, lorsqu'un locuteur prononce une suite de sons, les organes phonatoires qui produisent ne réagissent pas de manière synchrone. Ce phénomène est appelé rétention et anticipation labiale.

Nous avons mené la même étude sur d'autres séquences audiovisuelles telle que la séquence CCVCVCVCV « aa aha ahaa » (أعا أحا أها), avec comme but d'étudier les visemes dans un contexte de coarticulation contrairement à la section précédente. La variation de la distance verticale montre pour les quatre locuteurs le résultat suivant :

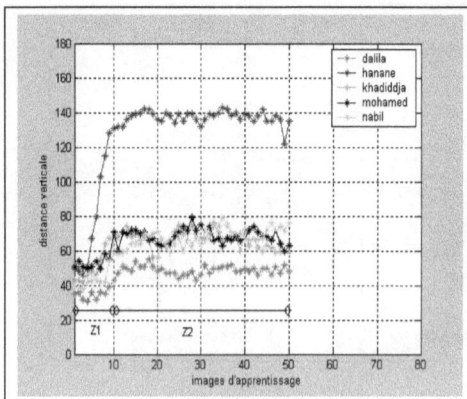

Figure 3. 22 Variation de la distance verticale de la séquence « aaa aha ahaa » (أعا أحا أها)

Nous constatons donc selon l'évolution de la distance verticale deux zones Z_1 et Z_2, la deuxième zone correspond à la zone de production de la séquence, la stabilité de la distance verticale nous renseigne sur le 4éme viseme, par contre cette distance varie pour l'ensemble des 5 locuteurs selon l'énergie produite lors de l'articulation, la physiologie ou physionomie des lèvres, l'émotion,etc. l'état final de la séquence correspond à une bouche ouverte.

Comme nous l'avons cité auparavant, l'activité humaine peut être déduite à partir d'un ou plusieurs signes comme par exemple le signal acoustique et le mouvement des lèvres dans le cas de parole. Notre projet porte sur l'analyse et la reconnaissance du visage parlant et l'interprétation du mouvement humain à partir des données visuelles et acoustiques avec comme objectif principal l'amélioration du processus de communication entre l'homme et la machine. Le système réalisé pourra donc reconnaître l'utilisateur en utilisant les deux modalités au lieu d'une seule.

Conclusion

Nous avons présenté dans ce chapitre le banc expérimental qui nous a permis d'acquérir les signaux acoustiques et visuels propres à notre analyse. Une description des deux protocoles d'enregistrement a été détaillée, par la suite nous avons présenté l'ensemble des traitements nécessaires à notre base de données acoustique et visuelle. Nous avons décrit les paramètres temporels et fréquentiels tels que l'énergie, le taux de passage par zéro, la fréquence fondamentale ainsi que la durée syllabique pour la modalité auditive. Nous nous sommes intéressés par la suite à extraire la forme labiale de chaque locuteur et pour chaque phonème étudié, suivie d'une étude faite sur les visemes de la langue arabe par des paramètres statistiques et géométriques. Une autre étude sur l'effet de coarticulation a été menée du fait qu'un même phonème n'est pas prononcé de la même façon. Nous présenterons dans le prochain chapitre les méthodes de caractérisation relative à chaque modalité.

Chapitre 4   Caractérisation acoustique et visuelle de visages parlants

Introduction

Ce chapitre présente la caractérisation des locuteurs en analysant les données relatives à la modalité acoustique et la modalité visuelle. Les vecteurs extraits à partir de chaque modalité doivent être pertinents et de faible dimension que l'information initiale. La paramétrisation ou la réduction de données est une étape essentielle dans le développement des systèmes multimodaux.

Le signal de parole est un vecteur acoustique porteur d'informations d'une grande complexité, variabilité et redondance. Les caractéristiques de ce signal sont appelées traits acoustiques. Chaque trait acoustique a une signification sur le plan perceptuel. L'extraction de caractéristiques consiste à réduire l'information initialement présente dans le signal de parole et à le transformer en une séquence de vecteurs acoustiques robuste aux variations acoustiques. Nous avons choisi les vecteurs cepstraux MFCC et les vecteurs perceptuels PLP.

La caractérisation visuelle de locuteurs concerne l'extraction des vecteurs visuels pertinents à notre analyse à savoir la transformée en cosinus discrète TCD (ou discrete cosine transform en anglais DCT) et la transformée en ondelettes discrètes TOD (ou discrete wavelet transform en anglais DWT). Nous discutons ainsi les problèmes liés aux deux modalités.

4.1   Caractérisation acoustique
4.1.1 Introduction

Le prétraitement du signal de parole, est d'une importance capitale si l'on désire obtenir de bons résultats dans les systèmes de reconnaissance. Nombre d'études ont été effectuées pour déterminer non seulement les coefficients les plus représentatifs de la parole, mais aussi les plus représentatifs du locuteur, les plus robustes au bruit, les moins coûteux en temps de calcul ou minimisant le débit de transmission. Nous avons choisi l'analyse cepstrale comme pré-traitement du signal car cette méthode est connue pour sa robustesse vis à vis du bruit, mais aussi vis à vis des différents locuteurs.

Les techniques de filtrages sont des transformations qui permettent d'obtenir une nouvelle représentation du signal dans un nouvel espace dans lequel le traitement est réalisé. Cela revient à multiplier le signal d'origine dans ce nouvel espace par une fonction de transfert. La transformation inverse permet d'observer le résultat de l'opération. Les filtres permettent de sélectionner des fréquences particulières **(Teddy, 07)**.

Un banc de filtres est un ensemble de filtres conçus pour partitionner le spectre d'un signal en bandes de fréquences, appelées « bandes critiques ». Ces bandes se chevauchent et dont les fréquences centrales ont la plus forte amplitude. Chaque bande critique correspond à l'écartement en fréquence nécessaire pour que deux harmoniques soient discriminées. Cette analyse se base sur le système de perception humain. Leur étagement en fréquence imite la répartition et la forme des filtres de la cochlée.

Signal audio $x_n, n = 0..R-1$

Banc de filtres

$$H_1(f) \quad H_2(f) \quad H_3(f) \quad H_4(f)$$

Analyse x_{1n} x_{2n} x_{3n} x_{4n}

Synthèse $x_{rec} = \sum_{m=1}^{4} x_m$

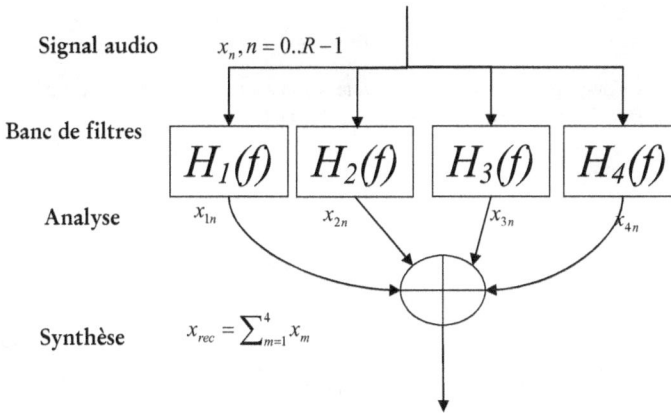

Figure 4. 1 Schéma d'un banc de filtre **(Teddy, 07).**

La répartition des fréquences des filtres est différente selon les échelles choisies soit linéaire ou logarithmiques. Il existe plusieurs implémentations de bancs de filtres comme l'échelle MEL ou l'échelle Bark.

L'analyse cepstrale est définie comme la transformée de Fourier du spectre logarithmique calculé à partir d'un spectre non uniforme et espacé selon l'échelle « mel » ou « bark » correspondants aux bandes critiques du système auditif. La motivation de cette représentation est de tenir compte de certaines propriétés de l'oreille humaine qui traite et perçoit les sons selon une échelle de fréquence non uniforme.

4.1.2 Analyse et paramétrisation de la parole par prédiction linéaire LPC

Dans l'analyse par prédiction linéaire LPC, le conduit vocal est modélisé par une fonction de transfert qui suit un modèle autorégressif. Cette analyse est fort utilisée dans le codage de parole dans le but de réduire la redondance du signal vocal, ou pour extraire des paramètres pertinents pour la reconnaissance de parole. L'estimation des coefficients de la fonction de transfert du conduit vocal est faite en supposant connaître le signal d'excitation. Pour les sons non voisés, le signal d'excitation est un bruit blanc de moyenne nulle et de variance unité. Pour les sons voisés, cette excitation est une suite d'impulsions d'amplitude unité **(Amehraye, 09).**

Le modèle de prédiction exploite le fait que les échantillons successifs du signal de parole sont corrélés ; d'où l'intérêt de ce modèle dans le codage de la parole dans le sens où il permet de représenter la parole juste par ses paramètres pertinents, sans redondance. Signalons également que les coefficients sont choisis de façon à minimiser l'erreur quadratique de prédiction sur chaque segment de la fenêtre d'analyse **(Amehraye, 09).**

Cette méthode se base sur l'hypothèse que le canal buccal est constitué d'un tube cylindrique de section variable. La LPC (Linear Predicting Coding) pour un ordre p se définit de la manière suivante : **(Teddy, 07).**

$$\hat{s}(n) \approx a_1 s(n-1) + a_2 s(n-2) + \ldots\ldots\ldots + a_p s(n-p) = \sum_{i=1}^{p} a_i s(n-i) \tag{4.1}$$

On considère que le signal de la parole à l'instant n peut être représenté par une combinaison linéaire des p échantillons précédents. Les ai sont les coefficients de prédiction et sont supposés constants sur une fenêtre d'analyse. On introduit le terme d'excitation unitaire u(n) et un gain G.

$$s(n) = \sum_{i=1}^{p} a_i s(n-i) + Gu(n) \tag{4.2}$$

On réalise la transformée en z de l'expression, on obtient :

$$s(z) = \sum_{i=1}^{p} a_i z^{-i} s(z) + Gu(z) \tag{4.3}$$

La fonction de transfert est donc la suivante :

$$H(z) = \frac{1}{G} * \frac{s(z)}{u(z)} = \frac{1}{1 - \sum_{i=1}^{p} a_i * z^{-i}} = \frac{1}{A(z)} \tag{4.4}$$

On peut modéliser le système par la figure suivante et peut être rapproché au modèle acoustique linéaire de production de parole. La fonction u(n) est soit un train d'impulsions quasi périodiques pour les sons voisés (produit par les cordes vocales) ou une source de bruit aléatoire pour les sons non voisés.

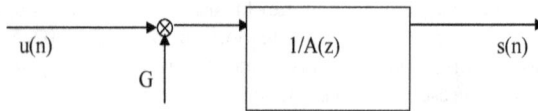

Figure 4. 2 Représentation du canal buccal.

Pour définir le signal s(n), on définit l'erreur de prédiction :

$$e(n) = s(n) - \hat{s}(n) = Gu(n) \tag{4.5}$$

Pour déterminer les coefficients ai, on utilise la méthode des moindres carrés sur une fenêtre de temps de longueur m :

$$E_m = \sum_{m} e^2(m) = \sum_{m} \left[s(m) - \sum_{i=1}^{p} a_i s(m-i) \right]^2 \tag{4.6}$$

On cherche à minimiser Em, deux méthodes peuvent être réalisées pour résoudre le système d'équation :

- la méthode de covariance

- la méthode d'autocorrélation

Une résolution rapide des modèles autorégressifs est donnée par l'algorithme de Levinson et Schur **(Teddy, 07)**.

4.1.3 Analyse Cepstrale

Les coefficients en sortie des bancs de filtres ou les coefficients ai (LPC) peuvent être utilisés pour mesurer des différences entre deux trames comme dans l'algorithme Dynamic Time Warping. Ils présentent cependant des inconvénients comme de dépendre de l'énergie du signal ou de l'excitation. La transformation cepstrale permet d'obtenir une information normalisée **(Teddy, 07)**.

L'analyse cepstrale est une méthode basée sur le modèle de production de la parole. Le signal de la parole peut être représenté par la convolution de la source (cordes vocales) et du filtre (canal buccal) dans le domaine temporel **(Teddy, 07)**.

$$s(t) = e(t) \otimes h(t)$$
(4.7)

On passe dans le domaine fréquentiel pour obtenir l'enveloppe spectrale qui permet de faire apparaître les différences de fréquences. La convolution devient donc une multiplication.

$$s(f) = E(f).H(f)$$
(4.8)

On souhaite séparer la source du filtre pour récupérer l'enveloppe spectrale du signal. Pour cela, on utilise la fonction log :

$$\log(|S(f)|) = \log(|E(f)|) + \log(|H(f)|)$$
(4.9)

On applique ensuite la transformée inverse pour obtenir les coefficients temporels appelés coefficients cepstraux. Les premiers coefficients donnent les paramètres de l'enveloppe spectrale, les coefficients les plus élevés fournissent les variations de l'excitation. Si l'enveloppe spectrale est obtenue à partir d'une analyse en banc de filtres sur une échelle MEL, les coefficients sont appelés MFCC (Mel Frequency Cepstrum Coefficients). Autrement si l'analyse du signal est obtenue par LPC, les coefficients sont dénommés LPCC (Linear Predicting Coding Cepstrum). De plus, les coefficients cepstraux cm LPCC peuvent être obtenus à partir des coefficients ap de la LPC : **(Teddy, 07)**.

$$c_0 = \ln G$$
(4.10)

$$c_m = \sum_{i=1}^{m-1} (\frac{j}{m}) c_j \, a_{m-j}, \, m \succ p$$
(4.11)

L'appareil auditif humain a la propriété de se comporter comme un banc de filtres qui se chevauchent. Ces filtres peuvent être modélisés de façon triangulaire, avec une fréquence centrale et une largeur de bande appelée bande critique. Une bande critique définit une bande de fréquences pour laquelle le seuil d'audition d'un son change soudainement lorsque la modification en fréquence du son dépasse les limites de la bande. **(Buniet, 97)**.

Il existe plusieurs possibilités de paramétrisation des signaux acoustiques pour la tache de reconnaissance de locuteurs, tel que le codage à prédiction linéaire (Linear Prediction Coding (LPC)), les coefficients cepstraux mel (Mel-Frequency Cepstrum

Coefficients (MFCC)),les coefficients de prédiction linéaire perceptuels (Perceptual linear Predictive coefficients(PLP)).

4.1.4 Analyse Perceptive MFCC

Les MFCC sont utilisés en reconnaissance de parole et en identification du locuteur ou de la langue car ces paramètres sont bien adaptés au signal de parole **(Pinquier, 04).**

L'analyse cepstrale est basée sur un calcul de coefficients dits coefficients cepstraux de Mel, soit en abrégé MFCC (Mel Frequency Cepstral Coefficients). Le calcul est en effet basé sur une échelle de Mel. Cette échelle se rapproche de la perception fréquentielle de l'oreille. L'idée est de moyenner le spectre dans des bandes de fréquence correspondant grossièrement au filtrage effectué par la membrane basilaire **(Amehraye, 09).**

Les travaux de Stevens en 1940 ont permis la mise en évidence de la loi de puissance ou loi de Stevens selon laquelle l'intensité de la perception d'un stimulus n'augmente pas linéairement en fonction de sa puissance mais de façon exponentielle en tenant aussi compte des modalités de l'expérimentation. Les coefficients MFCCs pour Mel-scaled Frequency Cepstral Coefficients, aussi nommés Mel Frequency Cepstral Coefficients dans la littérature, sont donc basés sur une échelle de perception appelée Mel, non linéaire. Celle-ci peut être définie par la relation suivante entre la fréquence en Hertz et sa correspondance en mels : **(Vaufreydaz, 02 ; Essid, 05 ; Davis&al, 80)**

$$M_{mels} = x.\log(1 + \frac{f_{Hz}}{y})$$

$$(4.12)$$

Plusieurs valeurs sont utilisées pour x et y.De nos jours, les valeurs les plus couramment utilisées sont x = 2595 et y = 700.

$$F_{MEL} = 2595.\log_{10}(1 + \frac{f_{HZ}}{700})$$

$$(4.13)$$

Pourtant l'utilisation de cette unité n'est pas suffisante. Pour avoir une largeur de bande relative qui reste constante, le banc de filtres Mel est construit à partir de filtres triangulaires positionnés uniformément sur l'échelle Mel donc non uniformément sur l'échelle fréquentielle. Cette répartition est illustrée ci-dessous :

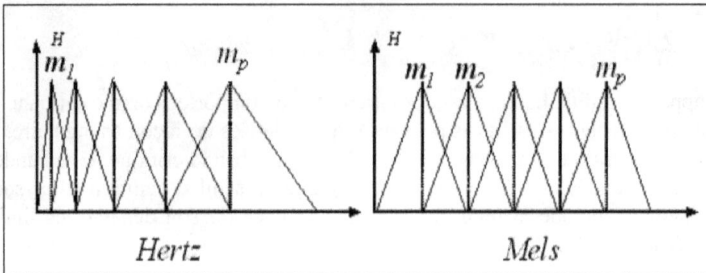

Figure 4. 3 Répartition des filtres triangulaires sur les échelles fréquentielle et Mel (Hung, 03 ; Vaufreydaz, 02)

Sur cette illustration, mp correspond au nombre de filtres que l'on souhaite. Lorsque ce banc de filtres est en place, il est alors possible de calculer les coefficients MFCCs. L'algorithme peut être décrit comme suit :

Signal

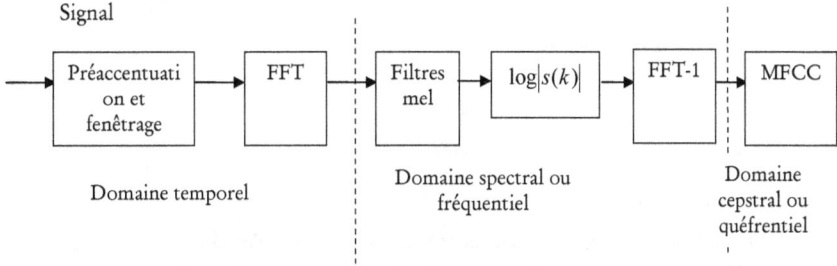

Figure 4. 4 Chaîne de calcul des coefficients MFCC

La procédure de calcul pas à pas des MFCC est la suivante :

a) Fenêtrage

Les fenêtres d'analyses sont nombreuses (triangulaire, rectangulaire, Hanning, Hamming….etc.) d'où le type choisi est celui pour lequel le spectre d'amplitude est très étroit et dont les lobes secondaires sont négligeables. En parole on choisit la fenêtre de Hamming car son spectre ne présente pas des lobes secondaires très importants. Les fenêtres d'analyse successives se superposent de façon à en améliorer les propriétés de « régularité » (smoothness), résultant généralement en un vecteur acoustique toutes les 10 ou 20ms **(Teddy, 07).**

$$w(n) = \begin{cases} \alpha + (1-\alpha).\cos(2\pi n / N) , & n \prec \dfrac{N}{2} \\ 0 & ailleurs \end{cases}$$

(4.14)

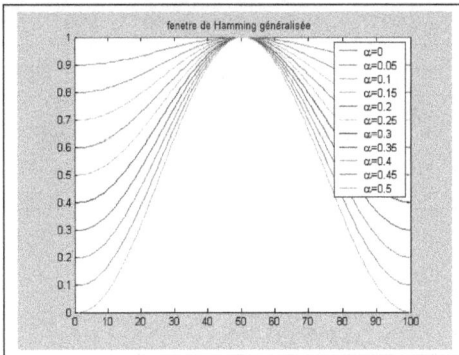

Figure 4. 5 Fenêtre de hamming généralisée

Avec : α : coefficient compris entre]0 ; 1]. Si α= 1, on a une fenêtre rectangulaire. Si α= 0.5, on a une fenêtre de Hanning. Si α= 0.54, on a une fenêtre de Hamming.

L'utilisation d'une fenêtre de Hamming (sur une trame acoustique de 256 ou 512 points en général) avec recouvrement sur la moitié (128 ou 256 points) permet d'éviter la formation d'artefacts liés aux effets de bord durant la transformation du domaine temporel au domaine fréquentiel : **(Hung, 03)**.

$$W_{hamming} = \begin{cases} 0.54 - 0.46 * \cos(\dfrac{2\pi n}{N}) & pour\ 0 \leq n \leq N-1 \\ 0 & ailleurs \end{cases}$$

(4.15)

avec N la taille de la fenêtre.

Cette fenêtre possède donc une bonne résolution dans le domaine fréquentiel, d'où son utilisation en reconnaissance de la parole et du locuteur **(Hermansky, 90)**.

b)FFT

Cette étape transforme le signal de parole en domaine fréquentiel avec la formule :

$$X_n = \sum_{k=0}^{N-1} x_k . e^{-2\frac{j\pi k n}{N}} \quad , n = 0,1,....,N-1$$

(4.16)

c) Transformation en échelle Mels et Filtres triangulaires

Le spectre du signal s(fn) est la sortie du module FFT. En réalité, c'est une chaîne des nombres dont la longueur dépend du nombre de FFT. Dans cette étape, l'énergie spectrale sera calculée : Wn = |s(fn)|2. La chaîne des coefficient mk (k = 1,2, … , K) de K filtres obtenue par la somme accumulée après avoir transformé Wn en échelle Mels et après avoir passé à travers de chaque filtre de bande **(Hung, 03 ;Minh, 96)**.

La figure suivante illustre les bancs de filtres, au nombre de 20, utilisés dans notre étude

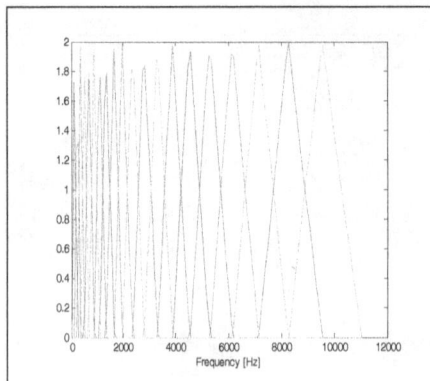

Figure 4. 6 les 20 bancs de filtres espacés selon l'échelle Mel

e) Transformation en Cosinus Discrete : DCT (Discret Cosinus Transform)

Ensuite, les valeurs logarithmiques des mk seront transformées en domaine temporel en utilisant la transformation en Cosinus Discret :

$$C_n = \sqrt{\frac{2}{k}} \sum_{k=1}^{N} (\log S_k \cos\left[n\left(k - \frac{1}{2} \right) \frac{\pi}{k} \right]$$　　　　　　　(4.17)

Avec k=1,2......N et S_k représentent l'énergie correspondante après filtrage par un k^{iéme} filtre traiangulaire.

Dans la littérature, le nombre de coefficients utilisés varie de 5 à plus d'une quarantaine en fonction de l'utilisation qui en est faite : reconnaissance de la parole, de la langue ou identification du locuteur par exemple. En ce qui concerne le nombre de filtres, nombreux sont ceux qui choisissent 30 pour un signal avec une bande passante de 0 à 8 KHz **(Vaufreydaz, 02 ; Essid, 05 ; Davis&al, 80)**.

La figure suivante montre la distribution des coeffcients MFCC dans la (3éme et 4éme dimension) et la (5éme et 6éme dimension) pour un ensemble de quatre locuteurs pris comme illustration, nous avons retenu la représentation du cas b selon laquelle la discrimination est plus au moins claire.

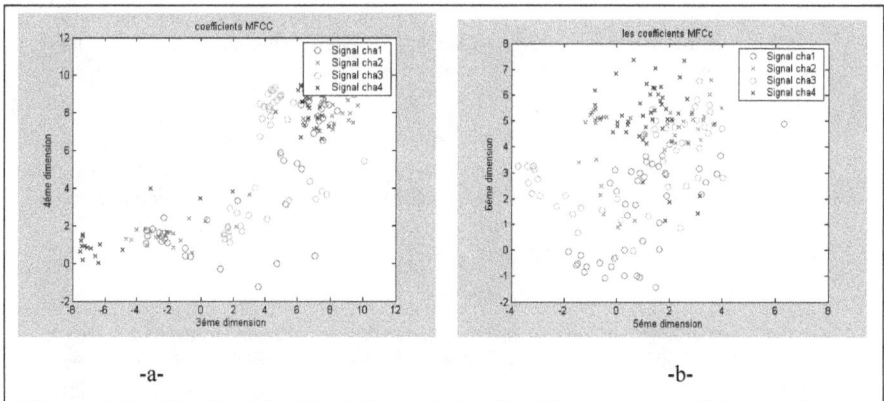

-a-　　　　　　　-b-

Figure 4. 7 Figure Distribution des coefficients MFCC dans la (3éme et 4éme dimension) et la (5éme et 6éme dimension)

De même, la représentation de la puissance spectrale selon l'échelle Mel du phonème cha est schématisée par la figure suivante :

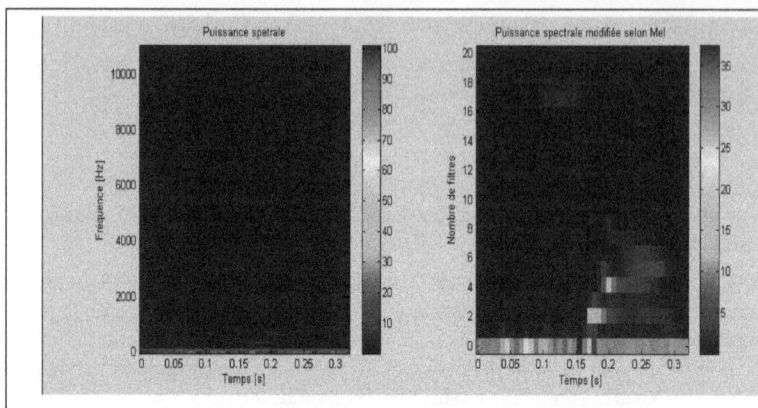

Figure 4. 8 Représentation de la puissance spectrale du phonème cha ainsi que la puissance modifiée selon l'échelle Mel.

Plusieurs chercheurs n'utilisent que les premières valeurs des ci. Dans quelques systèmes de reconnaissance de la parole les 12 coefficients de MFCCs plus un coefficient normalisé d'énergie des trames sont choisis pour les caractéristiques typiques de la parole **(Hung, 03)**.

Nous utilisons dans notre étude les premiers vingt coefficients MFCC. Chaque signal acoustique nous permettra d'avoir une matrice de taille (20*M), tel que M correspond au nombre de fenêtres d'observation prises sur le signal de la séquence syllabique. M dépend biensur du signal analysé, varie selon l'étape de segmentation décrite dans le chapitre précédent.

f) Dérivation

Cette modélisation est souvent obtenue en étendant les vecteurs acoustiques à leurs dérivées temporelles premières et secondes. Typiquement, ce sont la variation en 1ere ordre et en 2eme ordre des coefficients. Ces paramètres sont souvent appelés les coefficients delta. A ces vecteurs sont également souvent ajoutés les paramètres d'énergie absolue (log énergie et delta log énergie). Beaucoup de travaux ont été accomplis pour rendre ces paramètres plus robustes aux variations acoustiques **(Hung, 03)**.

4.1.5 Analyse Perceptive PLP (Perceptually based Linear Prediction analysis)

L'analyse prédictive perceptuelle (PLP) a été proposée par Hynek Hermansky en 1989 **(Buniet, 97)**.elle est similaire à l'analyse prédictive linéaire LPC, à l'exception que l'analyse PLP utilise trois concepts de la psychophysique de l'oreille humaine, ces concepts sont connus sous le nom de : la résolution spectrale en bandes critiques, les courbes d'égale intensité (isotonie), normalisation de la puissance **(Gunawan&al, 01)**.

L'analyse perceptive introduit au niveau fréquentiel des bandes critiques. Cette intégration se fait avec un banc de plusieurs filtres dont les fréquences centrales sont espacées linéairement selon l'échelle Bark.

Les expériences ont montré que les coefficients PLP possèdent une meilleure robustesse au bruit. Les deux techniques LPC et PLP utilisent le modèle autorégressif tout pole pour estimer la densité de puissance à court terme. D'après les travaux d' Hermansky, le modèle tout pole LPC n'est pas adapté à la perception auditive humaine car il ne prend pas en considération la non uniformité de la résolution fréquentielle de l'audition. L'analyse PLP applique le modèle tout pole au spectre auditif **(Gunawan&al, 01)**.

Dans la technique PLP, plusieurs propriétés auditives sont simulées par des approximations pratiques, le spectre auditif résultant est approximé par un modèle tout pole comme indiqué par le diagramme 4.9.

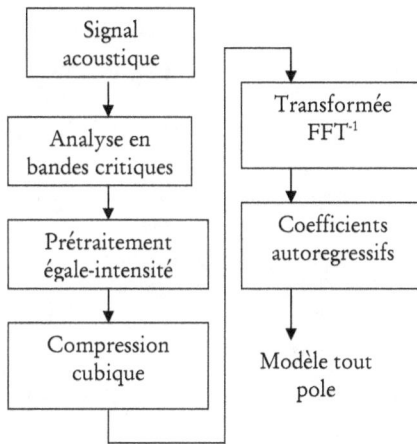

Figure 4. 9 Diagramme de l'analyse PLP **(Hermansky, 90)**

Analyse spectrale

Le segment de parole est pondéré par la fenêtre de hamming.La largeur typique de la fenêtre est de 20ms.La transformée de Fourier discrète TFD transforme le signal fenêtré dans le domaine fréquentiel (la FFT est utilisée) **(Hermansky, 90)**.

La partie réelle et imaginaire du spectre court-terme de la parole élevées au carré et sommées donne la densité spectrale de puissance **(Hermansky, 90)**.

$$P(w) = \text{Re}[s(w)]^2 + \text{Im}[s(w)]^2$$ (4.18)

Résolution spectrale en bandes critiques

On introduit au niveau du spectre de puissance des bandes critiques. Cette intégration se fait avec un banc de plusieurs filtres dont les fréquences centrales sont espacées linéairement selon l'échelle Bark. La relation par laquelle on fait une transformation d'échelle de Hertz vers Bark est la suivante **(Hermansky, 90):**

La densité spectrale P(w) est transformée (translatée) de l'espace de fréquence en fréquence Bark Ω par la relation :

$$\Omega(w) = 6 \ln\left\{ w/1200\pi + [(w/1200\pi)^2 + 1]^{0.5} \right\}$$

(4.19)

La transformation particulière bark-hertz est due à Schroeder.

Cette intégration se justifie par le fait que le système auditif se comporte comme un banc de filtres dont les bandes, appelées «bandes critiques», ces bandes se chevauchent dont les fréquences centrales ont la plus forte amplitude.

L'échelle Bark, comme l'échelle Mel, reproduit approximativement la sensibilité de l'oreille. Par rapport au signal de parole, cette échelle est beaucoup plus performante que l'échelle Hertz **(Hermansky, 90).**

La densité spectrale de puissance résultante est convoluée avec le spectre en puissance des bandes critiques simulés de courbe de masquage $\Psi(\Omega)$. Cette étape est similaire au processus d'analyse cepstral en Mel, à l'exception de la forme particulière des courbes des bandes critiques. Ces courbes sont données par l'équation :

$$\Psi(\Omega) = \begin{cases} 0 & for\ \Omega < -1.3, \\ 10^{2.5(\Omega+0.5)} & for\ -1.3 \leq \Omega \leq -0.5, \\ 1 & for\ -0.5 \leq \Omega \leq 0.5, \\ 10^{-1.0(\Omega-0.5)} & for\ 0.5 \leq \Omega \leq 2.5, \\ 0 & for\ \Omega \succ 2.5. \end{cases}$$

(4.20)

La convolution discrète de $\Psi(\Omega)$ avec P(w) (la fonction périodique et symétrique) donne les échantillons du spectre en puissance des bandes critiques.

$$\theta(\Omega_i) = \sum_{\Omega=-1.3}^{2.5} P(\Omega - \Omega_i)\Psi(\Omega)$$

(4.21)

La convolution avec les bandes critiques relatives $\Psi(\Omega)$ réduit sigificativement la résolution spectrale de $\theta(\Omega)$ en la comparant à P (w).

Prétraitement égale-intensité (ou equal-loudness preemphasis)

L'échantillon $\Theta[\Omega(w)]$ est pré amplifié par la courbe de simulation égale-loudness

$$\Xi[\Omega(w)] = E(w)[\Theta(w)]$$

(4.22)

La fonction E (w) est une approximation de la sensibilité non linéaire de l'oreille à différentes fréquences et permet aussi la simulation approximativement à -40dB.

Cette approximation particulière est adoptée par makhoul et Cosell(1976) et donnée par :

$$E(w) = \left[(w^2 + 56.8 * 10^6)w^4\right] / \left[\frac{(w^2 + 6.3 * 10^6)^2 *}{(w^2 + 0.38 * 10^9)}\right]$$

(4.23)

La compression cubique

La dernière opération avant la modélisation est la compression selon la loi de puissance cubique :

$$\Phi(\Omega) = \Xi(\Omega)^{0.33}$$

(4.24)

Cette opération est une approximation de la loi de puissance (Stevens1957) et simule la relation de non linéarité entre l'intensité du son et son intensité perçue. Une approximation psychophysique égale intensité permet de réduire la variation spectrale en amplitude du spectre en bandes critiques telle que la modélisation tout pole peut être réalisée avec un modèle à coefficients réduits **(Hermansky, 90)**.

La modélisation autorégressive

Dans l'étape finale de l'analyse PLP, $\Phi(\Omega)$ est approximée par un spectre d'un modèle tout pole en utilisant la méthode d'autocorrélation. On donnera un bref aperçu du principe : la transformée de Fourier discrète inverse (IDFT) est appliquée à la fonction $\Phi(\Omega)$. Les premiers M+1 coefficients sont utilisés pour résoudre les équations de Yule-Walker du modèle autoregressif tout pole à M ordre. Ces coefficients autoregressifs peuvent être transformés en des paramètres intéressants à l'analyse tel que les coefficients cepstraux d'un modèle tout pole **(Hermansky, 90)**.

ε̇ /ɣ/

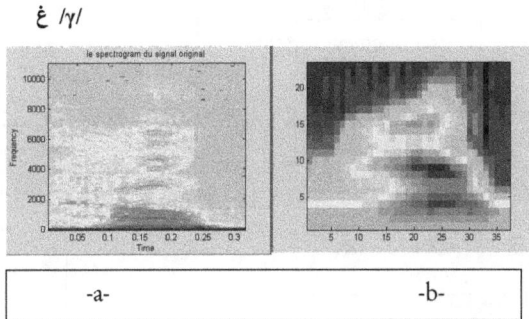

Figure 4. 10 Représentation spectrale de la syllabe ε̇ /ɣ /(a : échelle linéaire et b : échelle bark) **(Chelali&al, 11c)**

Cette méthode a pour avantage de permettre une analyse et/ou un codage de la parole qui respectent le principe de la prédiction linéaire, qui suivent l'échelle fréquentielle observable dans l'oreille et, enfin, qui réduisent l'espace de représentation.

Amélioration de la méthode

L'analyse RASTA a pour but de supprimer les variations temporelles trop lentes ou trop rapides correspondantes au bruit. Elle se base sur le fait que la perception humaine réagit aux valeurs relatives plus qu'aux valeurs absolues.

L'analyse RASTA repose sur l'analyse PLP. En effet, après avoir effectuée la transformée de Fourier discrète à court terme, on calcule le spectre d'amplitude en bandes critiques. On applique le logarithme pour récupérer l'enveloppe spectrale du signal comme pour une analyse cepstrale. On effectue ensuite un filtre passe bande qui a pour conséquence de supprimer les composantes constantes ou lentes du signal. On réalise après une compression de l'amplitude par l'application d'une racine cubique. Enfin, on calcule les coefficients selon la méthode LPC classique **(Teddy, 07)**.

La figure suivante résume les étapes essentielles de calcul des coefficients MFCc et PLP :

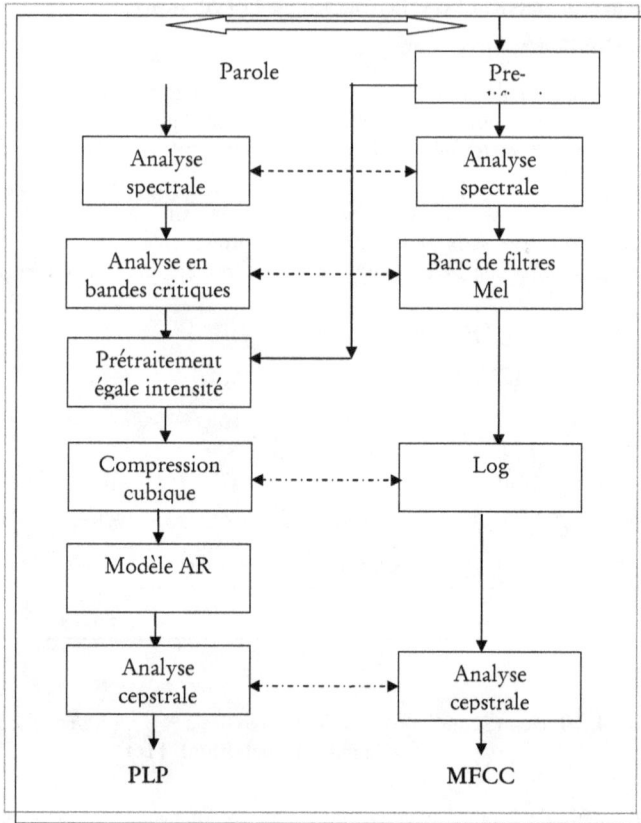

Figure 4. 11 Principe de calcul des coefficients PLP et MFCC **(Hachkar&al, 11)**

4.1.6   Les problèmes de variabilité de la parole

4.1.6.1 Introduction

La parole est un phénomène a priori très simple à comprendre. L'homme peut rencontrer des difficultés lorsqu'il essaie de suivre une conversation dans une langue autre que sa langue maternelle, même s'il la connaît bien. Et que dire, et que comprendre surtout, lorsqu'il essaie de suivre une conversation dans une langue qui lui est inconnue ! Ce dernier cas est pourtant le plus proche du problème posé en reconnaissance automatique de la parole, la machine n'ayant aucune connaissance propre en compréhension de la parole. Tout système de RAP doit donc être défini par l'homme lui-même, qui doit ainsi découvrir son propre processus de compréhension de la langue, processus qu'il a développé inconsciemment au cours de ses plus jeunes années **(Buniet, 97).**

Nous allons maintenant voir les problèmes directement liés à la parole. Ceux-ci sont relatifs à la différence innée de prononciation vis-à-vis de un ou plusieurs locuteurs

4.1.6.2 Variabilité intra-locuteur

La variabilité intra-locuteur identifie les différences dans le signal produit par une même personne. Cette variation peut résulter de l'état physique ou moral du locuteur. Une maladie des voies respiratoires peut ainsi dégrader la qualité du signal de parole de manière à ce que celui-ci devienne totalement incompréhensible, même pour un être humain. L'humeur ou l'émotion du locuteur peut également influencer son rythme d'élocution, son intonation ou sa phraséologie **(Buniet, 97).**

Il existe un autre type de variabilité intra-locuteur lié à la phase de production de parole ou de préparation à la production de parole. Cette variation est due aux phénomènes de coarticulation. La coarticulation peut enfin se produire à l'échelle d'un ou de plusieurs phonèmes adjacents, ce dernier cas étant cependant très rare. La figure 4.12 montre la variation de pitch d'une locutrice prononçant le phonème /ç/ deux fois.

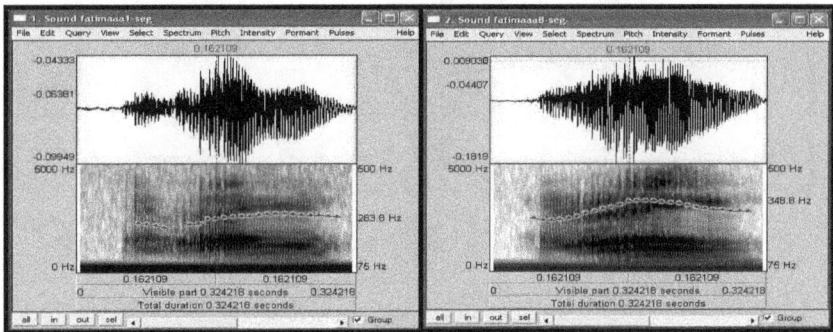

Figure 4. 12 La variation de pitch d'une locutrice prononçant le phonème /ç/ deux fois.

4.1.6.3 Variabilité inter-locuteur

La variabilité inter-locuteur est un phénomène majeur en reconnaissance de la parole. Comme nous venons de le rappeler, un locuteur reste identifiable par le timbre de sa voix malgré une variabilité qui peut parfois être importante **(Buniet, 97).**

La cause principale des différences inter-locuteurs est de nature physiologique. La parole est principalement produite grâce aux cordes vocales qui génèrent un son à une fréquence de base, le fondamental. Cette fréquence de base sera différente d'un individu à l'autre et plus généralement d'un genre à l'autre, une voix d'homme étant plus grave qu'une voix de femme, la fréquence du fondamental étant plus faible. Ce son est ensuite transformé par l'intermédiaire du conduit vocal, délimité à ses extrémités par le larynx et les lèvres. Cette transformation, par convolution, permet de générer des sons différents qui sont regroupés selon les classes que nous avons énoncées précédemment. Or le conduit vocal est de forme et de longueur variables selon les individus et, plus généralement, selon le genre et l'âge. Ainsi, le conduit vocal féminin adulte est, en moyenne, d'une longueur inférieure de 15% à celui d'un conduit vocal masculin adulte. Le conduit vocal d'un enfant en bas âge est bien sûr inférieur en longueur à celui d'un adulte. Les convolutions possibles seront donc différentes et, le fondamental n'étant pas constant, un même phonème pourra avoir des réalisations acoustiques très différentes **(Buniet, 97)**.

La variabilité inter-locuteur trouve également son origine dans les différences de prononciation qui existent au sein d'une même langue et qui constituent les accents régionaux **(Buniet, 97)**.

La figure **4.13** montre la variation de pitch chez les locuteurs Fatima et Halim en prononçant le phonème /ç /.

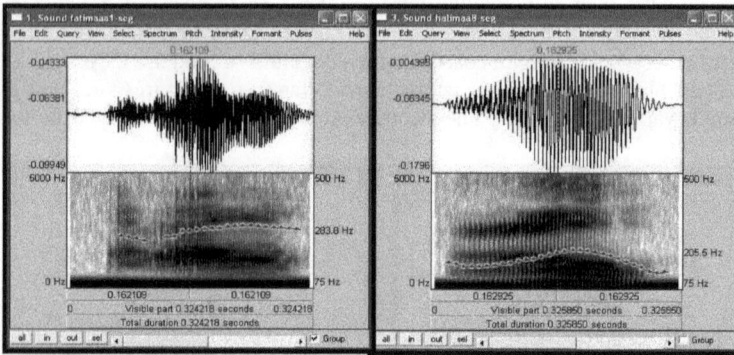

Figure 4. 13 La variation de pitch de « Fatima » et celui de « Halim » en prononçant le phonème /ç/.

La variabilité inter-locuteur telle qu'elle vient d'être présentée permet de comprendre aisément pourquoi les méthodes de reconnaissance des formes fondées sur la quantification de concordances entre une forme à analyser et un ensemble de définitions strictes plus ou moins formelles ne peuvent être appliquées, avec un succès limité, qu'à des applications où le nombre de définitions est restreint, limitant ainsi le nombre des possibles **(Buniet, 97)**.

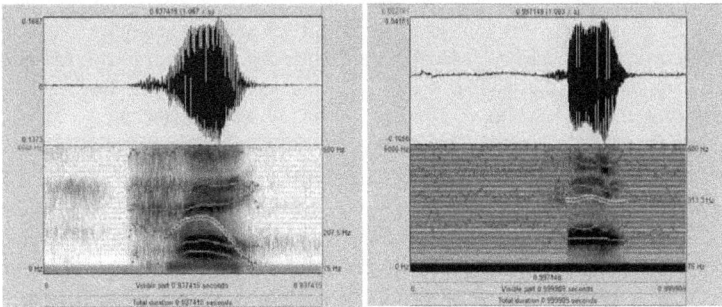

Figure 4. 14 Variation du pitch st des formants pour la Syllabe ح /ha/, Amine et Fazia

4.1.6.4 Variabilité due à l'environnement

La variabilité liée à l'environnement peut, parfois, être considérée comme une variabilité intra-locuteur mais les distorsions provoquées dans le signal de parole sont communes à toute personne soumise à des conditions particulières. La variabilité due à l'environnement peut également provoquer une dégradation du signal de parole sans que le locuteur ait modifié son mode d'élocution. La variabilité environnementale due au locuteur peut tout d'abord être de nature physiologique. Ainsi, un système mécanique provoquant une déformation du conduit vocal provoquera immanquablement une variation dans le signal de parole produit. Ces contraintes physiques sont généralement rencontrées dans les systèmes de transport où une posture particulière, ou une accélération lors du déplacement, pourront provoquer une déformation **(Buniet, 97).**

Le bruit ambiant peut ainsi provoquer une déformation du signal de parole en obligeant le locuteur à accentuer son effort vocal. Enfin, le stress et l'angoisse que certaines personnes finissent par éprouver lors de longs voyages peuvent également être mis au rang des contraintes environnementales susceptibles de modifier le mode d'élocution **(Buniet, 97).**

4.2   Caractérisation visuelle de locuteurs

Les visages constituent une catégorie de stimulus unique par la richesse des informations qu'ils véhiculent .Ils sont   la fois les vecteurs visuels principaux de l'identité individuelle, et des vecteurs essentiels de communication (verbale et non verbale), d'intentions et d'émotions entre individus, via, en particulier, la direction du regard et les expressions faciales.

4.2.1   Reconnaissance du visage

Les méthodes de reconnaissance d'individus peuvent essentiellement se diviser en deux grandes catégories : les méthodes intrusives et les méthodes non intrusives. Les techniques les plus performantes appartiennent à la catégorie des méthodes intrusives, tel que la comparaison d'ADN (DNA matching) ainsi que l'identification à partir d'informations biométriques provenant d'empreintes digitales de rétine, d'iris, de la géométrie de la main **(Perronnin&al, 02).**

Contrairement aux méthodes intrusives, les méthodes non intrusives ne requièrent pas un contact avec les individus ; on citera les mesures morphologiques (3D), l'analyse de la démarche et le visage.L'authentification par le visage est la technique la plus commune et la plus populaire. Les caractéristiques qui servent à la reconnaissance sont naturellement les yeux, la bouche, la forme du visage (contour).....etc. on peut diviser ces méthodes en trois catégories : les méthodes globales, les méthodes locales ou géométriques et les méthodes hybrides **(Perronnin&al, 02)**.

4.2.1.1 Les méthodes globales

Les méthodes globales sont basées sur des techniques d'analyse statistique bien connues. Il n'est pas nécessaire de repérer certains points caractéristiques du visage (comme les centres des yeux, les narines, le centre de la bouche, etc.) à part pour normaliser les images. Dans ces méthodes, les images de visage (qui peuvent être vues comme des matrices de valeurs de pixels) sont traitées de manière globale et sont généralement transformées en vecteurs, plus faciles à manipuler **(Morizet,09b)**.

Cette classe regroupe les méthodes qui mettent en valeur les propriétés globales du visage. Le visage est traité comme un tout. Elles se basent principalement sur l'information pixel. Dans ces méthodes (réseaux de neurones artificiels, machines à vecteurs support, Analyse en composantes principales ACP ou PCA, Analyse discriminante linéaire ADL ou LDA, Analyse en composantes indépendantes ACI ou ICA, etc.) on génère une base d'exemples ou une base d'apprentissage à partir de laquelle un classifieur va apprendre les échantillons « visage » (apprentissage). Ces systèmes sont très performants mais très lents en phase d'apprentissage donc lourds à mettre en œuvre **(Laskri&al, 02)**.

Nous pouvons distinguer deux types de techniques parmi les méthodes globales : les techniques linéaires et les techniques non linéaires.

Les techniques linéaires projettent linéairement les données d'un espace de grande dimension (par exemple, l'espace de l'image originale) sur un sous-espace de dimension inférieure. Malheureusement, ces techniques sont incapables de préserver les variations non convexes des variétés (géométriques donc au sens mathématique du terme) de visages afin de différencier des individus. Dans un sous-espace linéaire, les distances euclidiennes et plus généralement les distances deMahalanobis , qui sont normalement utilisées pour faire comparer des vecteurs de données, ne permettent pas une bonne classification entre les classes de formes "visage" et "non-visage" et entre les individus eux-mêmes. Ce facteur crucial limite le pouvoir des techniques linéaires pour obtenir une détection et une reconnaissance du visage très précises **(Morizet, 09b)**.

La technique linéaire la plus connue et sans aucun doute l'analyse en composantes principales (PCA), également appelée transformée de Karhunen-Loeve. L'ACP fut d'abord utilisé afin de représenter efficacement des images de visages humains. En 1991, cette technique a été reprise dans le cadre plus spécifique de la reconnaissance faciale sous le nom de méthode des Eigenfaces **(Morizet, 09b)**. L'approche ACP (ou Les Visages Propres), son but est de capturer la variation dans une collection d'images de visages et d'utiliser cette information pour coder et comparer les visages, en termes mathématiques : trouver les vecteurs propres de la matrice de covariance de l'ensemble des images d'apprentissage. Le nombre possible de visages propres peut être approximé en utilisant seulement les meilleurs visages propres qui correspondent aux plus grandes valeurs propres **(Laskri&al, 02)** .Cette approche rencontre le problème du coût des calculs élevé et celui de la détermination du nombre de visages propres utiles.

L'approche ADL ou LDA est née des travaux de Belhumeur et al de Yale University (USA), en 1997. Elle est aussi connue sous le nom de Fisherfaces. Contrairement à l'algorithme ACP, l'algorithme LDA effectue une véritable séparation de classes. Il faut donc au préalable organiser la base d'apprentissage d'images en plusieurs classes : une classe par personne et plusieurs images par classe. L'algorithme LDA analyse les vecteurs propres de la matrice de dispersion des données, avec pour objectif de maximiser les variations inter-classes tout en minimisant les variations intra-classes **(Morizet, 2009a).**

Il existe d'autres techniques également construites à partir de décompositions linéaires comme l'analyse en composantes indépendantes (ACI ou ICA),l'analyse en composantes indépendantes (ACI) est une généralisation de ACP qui utilise en plus des statistiques d'ordre deux, les statistiques d'ordre supérieur, ce qui peut produire une représentation plus puissante.Le but d'ACI est de trouver les vecteurs de bases (image de base) localisés dans l'espace et qui sont statistiquement indépendants, en réduisant au minimum la dépendance statistique. Plusieurs travaux de recherche ont été menés sur l'ACI. Ces travaux ont conduits à deux grandes classes de méthodes : les méthodes basées sur les concepts algébriques et qui utilisent les statistiques d'ordre supérieur, et les méthodes neuronales.

Bartlett et al. ont fourni deux architectures différentes pour l'ICA : une première architecture (ICA I) qui construit une base d'images statistiquement indépendantes et une deuxième architecture (ICA II) qui fournit une représentation en code factoriel des données **(Morizet,09b).**

L'approche statistique et l'approche probabiliste: cette approche repose essentiellement sur la théorie de décision pour résoudre les problèmes de classement et de classification, et pour cela en utilise généralement la classification fondée sur le théorème de Bayes.

L'approche réseaux de neurones: Les réseaux de neurones artificiels ou RNA sont des assemblages fortement connectés d'unités de calcul. Les RNA ont des capacités de mémorisation, de généralisation et d'une certaine forme d'apprentissage. On classe généralement les réseaux de neurones en deux catégories: les réseaux faiblement connectés à couches que l'on appelle des réseaux « feedforward » ou réseaux directs et les réseaux fortement connectés que l'on appelle des réseaux récurrents. Dans ces deux configurations, on retrouve des connexions totales ou partielles entre les couches. Les réseaux de neurones peuvent être utilisé tant pour la classification, la compression de données ou dans le contrôle de systèmes complexes en automatisme. Cette approche repose essentiellement sur la notion d'apprentissage qui est depuis de nombreuses années au cœur des recherches en intelligence artificielle **(Laskri&al, 02).**

Les machines à vecteurs de support ou séparateurs à vaste marge (en anglais Support Vector Machine, SVM) sont un ensemble de techniques d'apprentissage supervisé destinées à résoudre des problèmes de discrimination et de régression. Les SVM sont une généralisation des classifieurs linéaires. Les SVM ont été développés dans les années 1990 à partir des considérations théoriques de Vladimir Vapnik sur le développement d'une théorie statistique de l'apprentissage : la Théorie de Vapnik-Chervonenkis. Les séparateurs à vastes marges sont des classifieurs qui reposent sur deux idées clés, qui permettent de traiter des problèmes de discrimination non-linéaire, et de reformuler le problème de classement comme un problème d'optimisation quadratique. La première idée clé est la notion de marge maximale. La marge est la distance entre la frontière de séparation et les échantillons les plus proches. Ces derniers sont appelés vecteurs supports. Dans les SVM, la frontière de séparation est choisie comme celle qui maximise la marge. La deuxième idée clé des SVM est de transformer l'espace de représentation des données d'entrées en un espace de plus grande dimension (possiblement de dimension infinie), dans lequel il est probable qu'il existe un séparateur linéaire **(Allano,09).**

L'avantage principal des méthodes globales est qu'elles sont relativement rapides à mettre en oeuvre et que les calculs de base sont d'une complexité moyenne. En revanche, elles sont très sensibles aux variations d'éclairement, de pose et d'expression faciale.Ceci se comprend aisément puisque la moindre variation des conditions de l'environnement ambiant entraîne des changements inéluctables dans les valeurs des pixels qui sont traités directement **(Morizet,09b).**

Afin de pouvoir traiter ce problème de non-linéarité en reconnaissance faciale, de telles méthodes linéaires ont été étendues à des techniques non linéaires basées sur la notion mathématique de noyau ("kernel") comme le Kernel PCA et le Kernel LDA. **(Morizet,09b)** .

4.2.1.2 Les méthodes locales

Ces méthodes sont appelées méthodes à traits, à caractéristiques locales, ou analytiques. L'analyse du visage humain est donnée par la description individuelle de ses parties et de leur relation .Ces méthodes accordent de l'importance aux petits détails locaux relativement invariants pour une même personne malgré ses expressions faciales comme les yeux, le nez, la bouche **(Laskri&al, 02).**

Les méthodes locales, basées sur des modèles, utilisent des connaissances a priori que l'on possède sur la morphologie du visage et s'appuient en général sur des points caractéristiques de celui-ci. Kanade présenta un des premiers algorithmes de ce type en détectant certains points ou traits caractéristiques d'un visage puis en les comparant avec des paramètres extraits d'autres visages. Ces méthodes constituent une autre approche pour prendre en compte la non-linéarité en construisant un espace de caractéristiques local et en utilisant des filtres d'images appropriés, de manière à ce que les distributions des visages soient moins affectées par divers changements **(Morizet, 09b).**

Les approches Bayesiennes (comme la méthode BIC), la méthode des modèles actifs d'apparence (AAM) ou encore la méthode "local binary pattern" (LBP) ont été utilisées dans ce but **(Morizet, 09b).**

Toutes ces méthodes ont l'avantage de pouvoir modéliser plus facilement les variations de pose, d'éclairage et d'expression par rapport aux méthodes globales. Toutefois, elles sont plus lourdes à utiliser puisqu'il faut souvent placer manuellement un assez grand nombre de points sur le visage alors que les méthodes globales ne nécessitent de connaître que la position des yeux afin de normaliser les images, ce qui peut être fait automatiquement et de manière assez fiable par un algorithme de détection **(Morizet, 09b).**

➢ les HMM (Hidden Markov Models):

Les modèles de Markov caches (HMM) sont utilisés depuis plusieurs années pour la détection et la reconnaissance de visage. Différentes variantes ont également été proposées mais celle des (Embedded HMM) génère des résultats supérieurs aux méthodes HMM de base. Les Embedded HMM constituent un algorithme de reconnaissance très performant. Or, les temps d'exécution des phases d'apprentissage et de test sont relativement élevés **(Rioul, 93)**.

➢ Les ondelettes:

Les ondelettes, en tant que sujet de recherche en traitement du signal, ont connu un développement impressionnant ces dernières années, car elles apportent un certain nombre d'outils très généraux qui trouvent un cadre parfaitement naturel en traitement du signal, et ce pour différentes raisons : les techniques développées par la théorie des ondelettes sont essentiellement des transformées, qui produisent une représentation à deux paramètres (temps et échelle) du signal. La transformée en ondelettes trouve donc un cadre naturel dans l'analyse de signaux, où l'échelle permet de définir une nouvelle notion de caractéristique fréquentielle qui est dépendante du temps **(Rioul, 93)**.

De nombreux travaux ont été réalisés sur l'élaboration d'un modèle de peau basé sur l'indice couleur. La difficulté réside dans la prise en compte des conditions de lumière, de la richesse ethnique avec des teintes variées et des décors complexes. En effet, la plupart des travaux pratiquent une phase d'apprentissage sur des classes prédéfinies d'images, sous des conditions d'éclairage connues à l'avance. Si ces modèles conviennent généralement aux systèmes à base d'images peu variées, ils sont peu adaptés aux systèmes contenant une grande variété d'images **(Hammami,05)**.

4.2.1.3 Les méthodes hybrides

La robustesse d'un système peut être augmentée par la fusion de plusieurs méthodes. Cette technique consiste à combiner plusieurs méthodes pour résoudre le problème d'identification. L'utilisation d'une approche multi classifieur est une solution adéquate à ce problème. Parmi ces méthodes on cite : la DCT-PCA,PCA-LDA........etc. **(Hazem&al, 07 ; Scapel&al, 97)**.

Les méthodes hybrides permettent d'associer les avantages des méthodes globales et locales en combinant la détection de caractéristiques géométriques (ou structurales) avec l'extraction de caractéristiques d'apparence locales. Elles permettent d'augmenter la stabilité de la performance de reconnaissance lors de changements de pose, d'éclairement et d'expressions faciales.

L'analyse de caractéristiques locales (LFA) et les caractéristiques extraites par ondelettes de Gabor (comme l'Elastic Bunch Graph Matching, EBGM sont des algorithmes hybrides typiques .Plus récemment, l'algorithme LogGabor PCA(LG-PCA)effectue une convolution avec des ondelettes de Gabor orientées autour de certains points caractéristiques du visage afin de créer des vecteurs contenant la localisation et la valeur d'amplitudes énergétiques locales ; ces vecteurs sont ensuite envoyés dans un algorithme PCA afin de réduire la dimension des données **(Morizet,09b)**.

4.2.2 L'identification par les lèvres

Plusieurs chercheurs ont choisis les lèvres pour bâtir un système d'identification. Cependant, plusieurs chercheurs présentent des preuves expérimentales démontrant que la zone de bouche possède un pouvoir discriminant bien plus élevé que n'importe quelle autre partie du visage de même taille. Un autre avantage de l'analyse labiale est la possibilité qu'elle offre d'être combinée à des systèmes d'identification par la parole. En plus de faciliter la compréhension du discours, l'analyse bimodale du discours permet d'envisager des systèmes d'identification plus robustes que l'analyse audio seule. Brand propose un système hybride, décrit schématiquement sur la figure 4.15, combinant l'analyse labiale et l'analyse audio. Il démontre notamment que les performances de l'identification bimodale sont supérieures à celles obtenues avec l'un ou l'autre des 2 systèmes pris séparément. De plus, il souligne le fait que l'analyse audio est facilement mise en défaut par des altérations passagères de la voix (comme celles causées par un rhume) ou bien par un environnement trop bruité, alors que l'analyse labiale reste neutre vis-à-vis de ces phénomènes. Les systèmes initialement développés pour la lecture labiale ou pour l'animation ont atteint un degré de précision et de robustesse suffisant pour envisager de les utiliser pour l'identification (**Eveno, 04**).

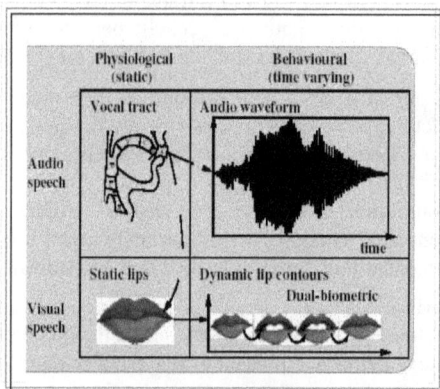

Figure 4. 15 Le système de Brand utilise à la fois les informations audio et video, la segmentation est facilitée par le chroma key.

Luettin en 1996 fut le premier à proposer un système d'identification basé sur la forme des lèvres, il utilise les formes actifs pour effectuer la segmentation et extraire des paramètres géométriques des lèvres. Sans utiliser les informations auditives, il atteint des taux de reconnaissance supérieurs à 90%. Chibelushi en 1997 utilise également des paramètres géométriques des lèvres et compare les performances de son système avec celles d'algorithmes purement audio. Il démontre que l'analyse vidéo des lèvres permet d'obtenir des scores au moins aussi élevés qu'avec l'analyse audio seule. Jourlin et al (1997) utilisent un système hybride combinant à la fois la forme des lèvres et l'information audio. Contrairement à Chibelushi, ils déduisent de leurs expériences que les meilleurs scores d'identification sont obtenus en accordant un poids beaucoup plus important à l'audio qu'à l'image. L'apparente opposition de ces 2 conclusions est explicable par le fait que Chibelushi a extrait manuellement les paramètres géométriques des lèvres, alors que Jourlin a utilisé un algorithme de segmentation automatique. D'ailleurs, Brand déduit de cette observation que la segmentation doit être très précise pour pouvoir réaliser une identification correcte. De manière à rendre son système indépendant vis-à-vis de la précision de la segmentation, il utilise un maquillage bleu des lèvres, connu dans le domaine de l'analyse labiale sous le nom de chroma key. Bien que ce procédé soit artificiel et totalement impossible à mettre en œuvre auprès du grand public, il a déjà permis à de nombreuses recherches de s'affranchir du problème difficile de la segmentation. Par exemple, dans (**Benoît et al, 92**) il a permis à Benoît d'identifier les visèmes du français. Il a également permis à Brand de démontrer quelques propriétés intéressantes dans le domaine de l'identification. Il confirme notamment les résultats obtenus par Chibelushi en démontrant que l'analyse du mouvement des lèvres est au moins aussi discriminante que l'analyse audio. Il démontre également l'importance de l'aspect dynamique, ce que Nishida en 198- avait déjà découvert dans le domaine de la compréhension bimodale du discours (**Eveno, 04**).

Potamianos et al. ont proposé un algorithme d'extraction de l'information visuelle dans un objectif final de reconnaissance automatique audio-visuelle de la parole. L'algorithme consiste en 3 transformations en cascade s'appliquant sur une vidéo 3D de la région d'intérêt (ROI) qui contient la bouche du locuteur. L'image à traiter passe premièrement par une transformation traditionnelle de l'image à partir des pixels (de type par exemple transformée en cosinus discrète (DCT) ou transformée en ondelette discrète (DWT2), etc.) pour compresser les données. Ensuite, une analyse discriminante linéaire est appliquée (Linear discriminant analysis LDA) pour optimiser les performances de la classification en réduisant la dimension des données. Et enfin, les données résultantes subissent une rotation en utilisant une transformée linéaire qui optimise la fonction de vraisemblance (sans prendre de décision) construite à partir des données observées. A l'issue de cette dernière transformée, un vecteur de paramètres est obtenu. La figure 4.16 résume le principe de l'algorithme proposé par Potamianos et al. (2001).

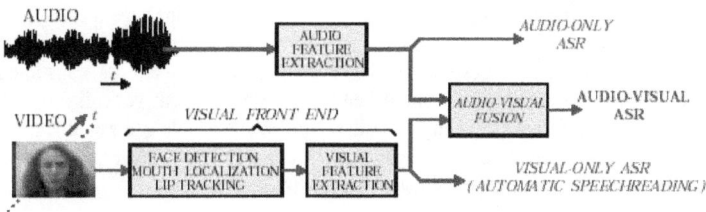

Figure 4. 16 Le système de reconnaissance de la parole audiovisuelle selon
Potamianos et al, 2004

En effet, en plus de l'étage audio (étage extraction des traits acoustiques), les traits visuels informatifs de la parole doivent être extraits à partir du visage du locuteur, ceci requiert une détection faciale robuste, comme exemple la détection de la région des lèvres ou de la bouche, suivie par l'extraction des vecteurs descripteurs visuels souhaités. La combinaison des flux audio et vidéo doit améliorer les performances du système par rapport aux deux modalités audio et vidéo prises séparément (**Potamianos&al, 03**).

Potamianos et al ont utilisés les coefficients DCT et MFCC pour décrire les formes visuelles et acoustiques, suivis par une réduction d'espace par ACP et LDA. Les HMM ont servi comme classifieur utilisé pour la reconnaissance audiovisuelle.

Cependant, tout système de reconnaissance faciale nécessite un étage de réduction de données soit dans le domaine spatial (application de l'analyse en composantes principles ACP), ou dans le domaine fréquentiel (application de la transformée en cosinus discrète TCD ou DCT en anglais et la transformée en ondeletes discrète DWT). La prochaine section présente les techniques de caractérisation faciale (labiale) ou l'extraction d'information pertinente.

4.2.3 Méthodes de caractérisation visuelle
4.2.3.1Introduction

L'extraction d'informations consiste à obtenir des caractéristiques qui doivent être discriminantes et non redondantes, elles seront ensuite classées, en d'autre terme, affectées à la classe la plus proche, les individus ayant des similarités sont regroupés dans la même classe. Ces classes varient selon le type de décision. La décision est l'aboutissement du système car on évalue le système selon sa capacité à bien classer les informations pour pouvoir les discriminer **(Hazem&al, 07)**.

Nous présentons dans cette section les outils mathématiques permettant la caractérisation des formes labiales des locuteurs, relatives aux séquences syllabiques prononcées, cette étape concerne l'extraction de coefficients non redondants et discriminants appelés « vecteurs descripteurs des formes ». Pour cet objectif, deux types de compression ou de réduction d'espace ont été étudiés, la compression spatiale par analyse en composantes principales (ACP), la compression spectrale en utilisant la transformée en cosinus discrète TCD (ou DCT en anglais) et la transformée en ondelettes discrètes DWT.

4.2.3.2 KLT (Karhunen Loeve Transform)

Karhunen Loeve Transform (KLT) est une transformation linéaire qui est considérée comme la transformation la plus optimale dans le sens de compactage d'énergie, c'est-à-dire, elle concentre le maximum d'énergie (d'information) possible dans un minimum de coefficients. Les vecteurs bases de la KLT dépendent des statistiques du signal d'entrer, se qui implique une dépendance statistique, qui veux dire que si les statistiques change la KLT change aussi, et généralement elle n'a pas d'algorithme rapide, c'est pour cela qu'elle n'est pas souvent utilisée. Il est à noter que l'ACP ou la PCA utilise la KLT pour la classification **(Hazem&al, 07)**.

En 1991, TURK et PENTLAND introduisent le concept d'Eigen Faces à des fins de reconnaissances. Basée sur une analyse en composantes principales (ACP), la méthode des Eigen Faces repose sur une utilisation des premiers vecteurs propres comme visages propres, d'où le terme Eigen Faces. La base formée par ces vecteurs génère alors un espace utilisé pour représenter les images des visages. Les personnes se voient donc attribuer un vecteur d'appartenance pour chacune de leur image.

4.2.3.3 Extraction spatiale des caractéristiques faciales par l'Analyse en composantes principales (ACP)

L'analyse en composantes principales (ACP) consiste à exprimer un ensemble de variables en un ensemble de combinaisons linéaires de facteurs non corrélés entre eux, ces facteurs rendent compte d'une fraction de plus en plus faible de la variabilité des données. Cette méthode permet de représenter les données originelles (individus et variables) dans un espace de dimension inférieure à l'espace originel, tout en limitant au maximum la perte d'information.

Ayant un certain nombre d'images à analyser, l'idée de cette méthode est de représenter chaque image sous forme de vecteur puis regrouper ses derniers pour former une matrice de vecteur qu'on appellera matrice d'image, soit Γ cette matrice. On suppose Γ_i un vecteur de $N^2 \times 1$ correspondant à une image I_i de $N \times N$.

Le but est de représenter Γ dans un espace de dimension inférieur, ce dernier devra être orthogonale (vecteurs composant sa base sont orthogonaux deux à deux), pour pouvoir discriminer les images.

Dans la figure qui va suivre, nous allons donner une interprétation géométrique de l'idée générale développé. Les vecteurs u_1 et u_2 représentent les vecteurs qui composent notre espace.

Nous remarquant que u_1 et u_2 sont orthogonaux **(Hazem&al, 07)**.

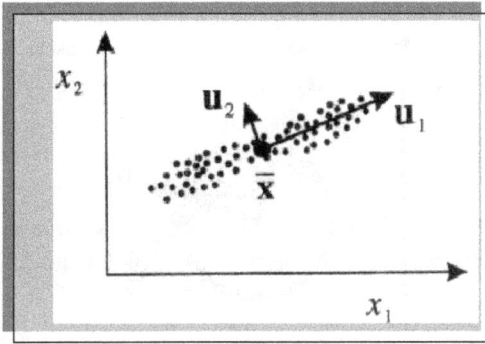

Figure 4. 17 Interprétation géométrique de l'ACP

L'ACP peut donc être vue comme une technique de réduction de dimensionnalité. Nous donnons un bref aperçu sur les étapes de calcul des valeurs et vecteurs propres qui vont servir à la construction du nouvel espace des images propres, nous verrons l'application de cette méthode pour la reconnaissance labiale dans le prochain chapitre.

Les différentes étapes de la méthode Eigen Face

Nous verrons dans ce qui suit les principales étapes de la méthode Eigen Face.

Etape1 : Cette étape consiste à définir les images des personnes, soit M le nombre d'image allant de $I_1, I_2, ..., I_M$ .Ces images doivent être centrées et de même taille.

Etape2 : Cette étape consiste à représenter chaque image I_i par un vecteur Γ_i , pour cela on va superposer les colonnes de chaque image.

Etape 3 : Cette étape consiste à calculer la moyenne des visages et de les représenter sous forme de vecteur Ψ **(Hazem&al, 07)**.

$$\Psi = \frac{1}{M} \sum_{i=1}^{M} \Gamma_i$$

$$(4.25)$$

Etape 4 : Cette étape consiste à enlever la moyenne de la matrice d'image, en d'autres termes : enlever tout ce qui est commun aux individus.

Soit Φ la matrice résultante obtenue comme suit :

$$\Phi_i = \Gamma_i - \Psi \tag{4.26}$$

Etape 5 : Cette étape consiste à construire la matrice de covariance C de la matrice Φ.

La matrice de covariance représente l'interaction entre les individus.

$$C = \frac{1}{M}\sum_{n=1}^{M}\Phi_n\Phi_n^T = A \times A^t \qquad (N^2 \times N^2) \tag{4.27}$$

Où

$$A = [\Phi_1\Phi_2...\Phi_M] \qquad (N^2 \times M) \tag{4.28}$$

Etape6 : Cette étape consiste à calculer les vecteurs propres qui constitueront notre espace d'étude. Ces vecteurs u_i seront tirés de la matrice de covariance $C = AA^T$.

Cependant, cette matrice est très grande donc non praticable, à ce niveau, nous allons procéder à une déviation qui nous permettra de détourner le problème. (Hazem&al, 2007)

Considérons la matrice $A^TA(M \times M)$, si on essaye de calculer les valeurs propres de cette dernière, on remarquera que ce sont les mêmes que celles de la matrice C. De plus il existe un lien entre les vecteurs propres de chacune des deux matrices qui est le suivant: $u_i = Av_i$.

On notera que pour la matrice AA^T on aura N^2 valeurs et vecteurs propres. Et pour la matrice A^TA on aura M valeurs et vecteurs propres.

Ainsi, les M valeurs propres de A^TA correspondent aux M plus grandes valeurs de la matrice AA^T (en correspondance avec leurs vecteurs propres).

Note :

Les vecteurs u_i doivent être normalisés ($\|u_i\| = 1$).

Etape 7 :Cette étape est assez simple à réaliser, elle consiste à prendre K vecteurs propres correspondant aux K plus grandes valeurs propres.

Représentation des visages propres

Une fois les vecteurs bases trouvés, il ne reste plus qu'à déterminer la représentation des visages dans notre nouvel espace, pour cela on procède comme suit :

Chaque visage (moins la moyenne) sera représenté comme étant une combinaison linéaire des K vecteurs propres choisis (**Hazem&al, 07**).

$$\hat{\phi}_i - mean = \sum_{j=1}^{K} w_j u_j \tag{4.29}$$

$$w_j = u_j^T \phi_i \tag{4.30}$$

Donc chaque visage d'apprentissage ϕ_i sera représenté dans l'espace comme suit :

$$\Omega_i = \begin{bmatrix} w_1^i \\ w_2^i \\ \cdot \\ \cdot \\ \cdot \\ w_K^i \end{bmatrix} \quad i = 1,2,...,M \tag{4.31}$$

Choix de la dimension de l'espace de projection

Le problème qui reste à résoudre est le choix de K, la dimension de l'espace.Pour cela on aura besoin d'un seuil (pourcentage) dit de quantité d'information.

Le but est de pouvoir représenter une certaine quantité d'information en un minimum de vecteurs base. Si par exemple on veut représenter 80% (0.80) de l'information alors on trouve K tel que :

$$\frac{\sum_{i=1}^{K} \lambda_i}{\sum_{i=1}^{N} \lambda_i} > SEUIL \tag{4.32}$$

4.2.3.4 Extraction des caractéristiques faciales par la technique de transformation en cosinus discrète (DCT)

La DCT a été utilisée en reconnaissance faciale. Elle présente plusieurs avantages par rapport à l'ACP. La DCT permet de réaliser l'indépendance des variables et peut être utilisée comme un algorithme rapide pour la caractérisation et la reconnaissance. Cette technique est utilisée pour réduire l'espace des données et permet de sélectionner les coefficients DCT basse fréquence qui peuvent être utilisés plus tard comme vecteurs d'entrée à un clasifieur **(Meng&al, 05).**

Formulation de la DCT

Durant la dernière décennie, la DCT (Discrète Cosine Transform) est émergée comme transformation d'image dans la plupart des systèmes visuels. La DCT a été largement déployé par les normes visuelles modernes de codage, par exemple, le MPEG, le JVT. Comme d'autre transformation, la DCT tente de décorréler les données de l'image. Après la décorrélation chaque coefficient peut être codé indépendamment, sans perdre l'efficacité de la compression **(Hazem&al, 07).**

Transformation DCT-1D

On définit la transformée en cosinus discrète d'un signal discret à une dimension f(x) de longueur N par la fonction C(u) :

$$C(u) = \alpha(u) \sum_{x=0}^{N-1} f(x) \cos(\frac{\pi(2x+1)u}{2N}) \quad pour\ tous\ u = 0,1,...........,N-1 \tag{4.33}$$

$$\text{Avec} \quad \alpha(u) = \begin{cases} \sqrt{\dfrac{1}{N}} & si\ u = 0 \\[3mm] \sqrt{\dfrac{2}{N}} & si\ u \neq 0 \end{cases} \tag{4.34}$$

De la même manière, on définit la transformée en cosinus discrète inverse comme étant :

$$f(x) = \sum_{u=0}^{N-1} \alpha(u) C(u) \cos(\frac{\pi(2x+1)u}{2N}) \quad pour\ tous\ x = 0,1,\ldots\ldots, N-1 \tag{4.35}$$

On remarque que la transformée en cosinus discrète d'un signal discret est un signal discret, de même longueur que le signal initiale N.

Calculons le premier coefficient de la DCT-I. C'est le cas ou u=0.

$$C(0) = \alpha(0) \sum_{x=0}^{N-1} f(x) \cos(\frac{\pi(2x+1)*0}{2N}$$

$$C(0) = \sqrt{\frac{1}{N}} \sum_{x=0}^{N-1} f(x) \tag{4.36}$$

De la même manière on peut calculer C(1), C(2),...................,C(N-1)

Transformation DCT-IID

Elle est définie pour un signal discret à deux dimensions. On suppose qu'on a un signal en entrée f(x,y)de taille N*M, sa transformée en cosinus discrète C(u,v) **(Khayem, 03)** :

$$C(u,v) = \alpha(u)\alpha(v) \sum_{y=0}^{N-1}\sum_{x=0}^{N-1} f(x,y) \cos(\frac{\pi(2x+1)u}{2N}) \cos(\frac{\pi(2y+1)v}{2M}) \tag{4.37}$$

Pour $u = 0,,,N-1$ et $v = 0,\ldots\ldots M-1$

$$\alpha(h) = \begin{cases} \sqrt{\dfrac{1}{N}} & si\ h = 0 \\[3mm] \sqrt{\dfrac{2}{N}} & si\ h \neq 0 \end{cases}$$

De la même manière, la DCT-II inverse est définie par la formule suivante :

$$f(x,y) = \sum_{v=0}^{M-1}\sum_{u=0}^{N-1} \alpha(u)\alpha(v) C(u,v) \cos(\frac{\pi(2x+1)u}{2N}) \cos(\frac{\pi(2y+1)v}{2M}) \tag{4.38}$$

Le premier coefficient est calculé comme suit :

$$C(0,0) = \alpha(0)\alpha(0) \sum_{y=0}^{M-1}\sum_{x=0}^{N-1} f(x,y) \cos(\frac{\pi(2x+1)0}{2N}) \cos(\frac{\pi(2y+1)0}{2M})$$

$$C(0,0) = \sqrt{\frac{1}{N}} \sqrt{\frac{1}{M}} \sum_{x=0}^{N-1}\sum_{y=0}^{M-1} f(x,y) \tag{4.39}$$

C(0,0) est appelée la composante DC, tandis que le reste des coefficients sont appelées les composantes AC . Dans le cas ou N=M on aura :

$$C(0,0) = \frac{1}{N} \sum_{x=0}^{N-1} \sum_{y=0}^{N-1} f(x,y)$$

(4.40)

Ce qui représente la valeur moyenne du signal discret f(x,y).

Les termes $\cos(\frac{\pi(2x+1)u}{2N}) \cos(\frac{\pi(2y+1)v}{2M})$ sont appelés les fonctions de base cosinus 2-D. ils sont souvent notés $g_{u,v}(x,y)$. Ils ont la particularité d'être des fonctions onduleuses qui accroissent en fréquence lorsque u,v augmentent **(Khayem, 03)**

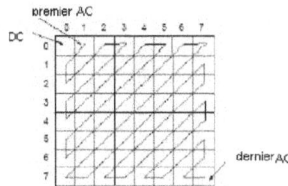

Figure 4. 18 Le modèle zigzag d'un bloc 8*8

La figure suivante illustre le principe de l'opération de zigzag et la récupération des coefficients AC relatifs à la compression par DCT.

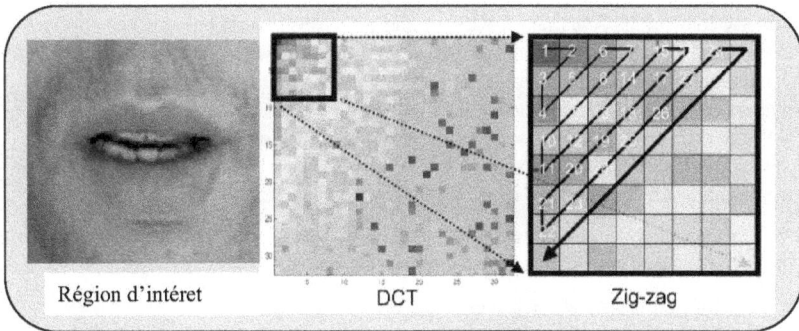

Figure 4. 19 Extraction des paramètres visuels (Coefficients DCT) à partir de la zone labiale du locuteur

L'extraction des coefficients DCT décrite pour la zone labiale nous permet de construire le vecteur descripteur des paramètres visuels. La plupart de l'énergie est concentrée dans la partie supérieure gauche. Le coefficient représentatif de la valeur moyenne est souvent appelé la composante DC, les coefficients restants du bloc sont les coefficients AC. Les coefficients les plus larges ont une influence significative de l'image faciale et les coefficients faibles sont éliminés. En effet, une fois la compression DCT réalisée sur chaque image, les premiers 80 à 100 coefficients extraits selon la technique de Zigzag correspondant aux basses fréquences spatiales sont enregistrés dans une matrice appelée « matrice caractéristique » ou « matrice de vecteurs caractéristiques », Les nouvelles composantes seront presque entièrement indépendantes et les données redondantes seront éliminées. Cette dernière sera propre à l'étage d'entrée des classifieurs qui seront décrits dans le prochain chapitre.

4.2.3.5Extraction des caractéristiques faciales par la technique des ondelettes

Introduction

L'analyse de Fourier est incontournable dans le traitement des signaux continus. Néanmoins, elle possède une certaine faiblesse dans le traitement des signaux comprenant des zones de non stationnarité.

La transformée de Fourier possède une très bonne résolution fréquentielle puisque la fonction analysante est une sinusoïde de fréquence précise, et quand on la multiplie par le signal, le coefficient obtenu ne se réfère qu'à cette fréquence. Cependant, elle ne permet pas d'analyser le contenu fréquentiel local, ni la régularité locale d'un signal. La problèmatique posée est de rendre cette analyse locale **(Morizet, 09b)**.

En 1947, le Physicien Hongrois Denis Gabor (1900-1979) qui a reçu le Prix Nobel en1971 pour l'invention de l'holographie, suggère de rendre locale l'analyse de Fourier en s'aidant de fenêtres.Une fenêtre (ou enveloppe) est une fonction g(t), régulière, lentement variable et bien localisée temporellement (c'est-à-dire qui s'annule en dehors d'une certaine zone, que l'on appelle son support). Sa représentation graphique est un morceau de courbe qui délimite une zone contenant des oscillations. En général, on la choisit symétrique et réelle **(Morizet, 09b)**.

Cependant, le fait de garder constante la taille de la fenêtre d'analyse implique un sérieux compromis. Avec une fenêtre étroite, on localise plutôt bien les composantes transitoires de hautes fréquences mais on devient alors aveugle aux composantes de longue durée, donc de basse fréquence, car la période du phénomène observé est trop grande pour rentrer dans une petite fenêtre. A l'inverse, quand une fenêtre est large, on ne peut préciser l'instant où se produit un changement brutal dans le signal (pic ou discontinuité) : cette information est noyée dans la totalité de l'information correspondant à l'intervalle de temps sélectionné par la fenêtre **(Morizet, 09b)**.

Il a donc fallu trouver un outil induisant une méthode de reconstruction qui soit indépendante de l'échelle d'analyse. Ce nouvel outil s'appelle **les ondelettes**.

Les ondelettes, de part leur nature, sont devenues nécessaires pour analyser ces phénomènes non stationnaires et constituent un outil performant en traitement du signal et de l'image.

Nous donnerons d'abord un aperçu sur la transformation en ondelette continue (TOC), elle est définie comme la somme sur tout le temps du signal multiplié par des échelles **(Shih&al, 08)**.

$$C(\text{échelle, position}) = \int_{-\infty}^{+\infty} f(t)\,\Psi(\text{échelle, position}, t)\,dt \qquad (4.41)$$

avec :

$$\Psi_{s,\tau(x)} = \frac{1}{\sqrt{s}}\,\Psi(\frac{x-\tau}{s}) \qquad (4.42)$$

Tel que t est coefficient de translation de temps et s est coefficient d' échelle. Donc, prendre des échelles, cela signifie l'étirage ou la compression de l'ondelette. Le décalage de temps signifie le déplacement d'ondelette. Les résultats de TOC sont des coefficients d'ondelette C qui est la fonction de l'échelle et la position. Multiplier chaque coefficient par ondelette d'échelle (**Shih&al, 08**).

Il y a une correspondance entre les échelles d'ondelette et la fréquence comme indiqué par analyse d'ondelette. Basse échelle a : ondelette compressée,

Haute échelle a : ondelette tirée.

2.3 La transformation en ondelette discrète
2.3.1 Définition
La transformée en ondelette discrète, ou TOD (en anglais : Discrete Wavelet Transform, ou DWT) est une technique utilisée dans la compression de données numériques avec perte. La compression est réalisée par approximation successives l'information initiale du plus grossier au plus fin (**Luong, 05**).

6.3.3.2 Transformée discrète 2D, AnalyseMultirésolution (MRA)
Stéphane Mallat propose un algorithme rapide de décomposition et de reconstruction pour la transformée discrète en ondelettes à la fin des années 1980. Ceci a permis de développer grandement les applications en traitement de signal et de l'image. Grâce à cette transformée, on décompose une fonction au moyen de filtres à réponse impulsionnelle finie.Dans le cas 2D, l'analyse consiste à décomposer une image en plusieurs sous-bandes de fréquence (**Morizet, 09b**).

Jean Morlet suggérait de prendre a = α2j, b = kβ2j où j (la résolution) et k sont des entiers relatifs, les pas d'échantillonnage α et β étant positifs. Cependant, on peut faire

beaucoup mieux et Yves Meyer a établi que l'on peut construire une fonction appartenant à la classe de Schwartz de sorte que les fonctions $2^{j/2} \psi(2^j x - k), k \in Z$ constituent une base orthonormée de L2(R) composée d'ondelettes. La discrétisation des coefficients se faisant par des puissances de deux, on parle de transformée dyadique.

Dans le cas 2D, l'analyse consiste à décomposer une image en plusieurs sous-bandes de fréquence telle que décrite par la figure suivante :

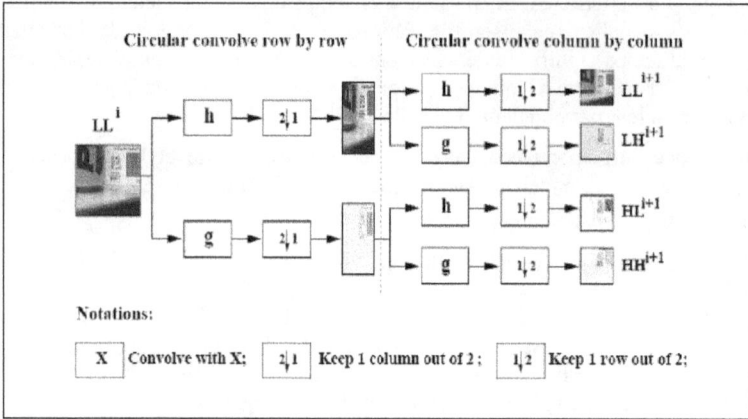

Figure 4. 20 Transformée 2D discrète en ondelettes d'une image **(Morizet, 09b).**

On commence par analyser l'image originale en appliquant deux filtres le long des lignes, l'un passe-haut (g) l'autre passe-bas (h), les coefficients de ces filtres étant propres à l'ondelette utilisée. Ensuite, on ne considère qu'une colonne sur deux auxquelles on applique de la même façon un passe-haut, et un passe-bas, et au final on ne considère qu'une ligne sur deux. On obtient alors quatre images de tailles réduites au premier niveau de décomposition :

Celle obtenue après filtrage par deux passe-bas (LL1) constitue une approximation de l'image de départ à une résolution inférieure (échelle supérieure),

– Après passage par un filtre passe-bas et un filtre passe-haut (LH1), on obtient une image qui met en avant les détails horizontaux de l'image originale,

– Après passage par un filtre passe-haut puis un filtre passe-bas (HL1), on obtient une image qui met en avant les détails verticaux de l'image originale,

– Enfin, après passage par deux filtres passe-haut, l'image (HH1) met en avant les détails diagonaux de l'image originale **(Morizet, 09b).**

On applique de nouveau cette décomposition à l'approximation de l'image au premier niveau de décomposition, etc.

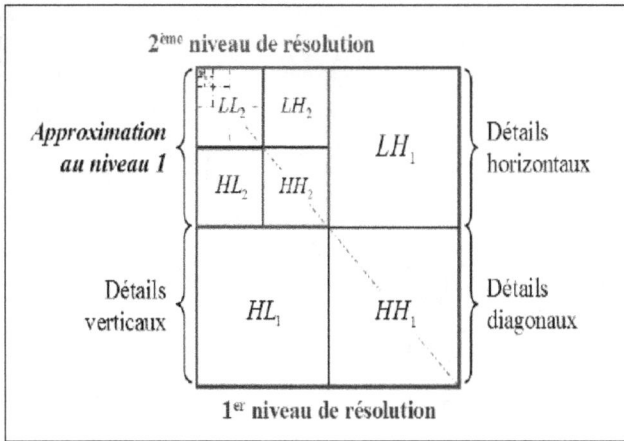

Figure 4. 21 Illustration du deuxième niveau de décomposition

Ce principe est souvent représenté par une pyramide avec différents étages. Le sommet de cette pyramide représente la résolution la plus grossière de l'image originale (pixel moyen de l'image entière). On associe à chaque étage inférieur une résolution supérieure.

Si l'étage inférieur correspond à la résolution j +1 alors la résolution de l'étage supérieur est j. On parle alors d'analyse multirésolution **(Morizet, 09b).**

Application des ondelettes pour la classification ou l'extraction de traits caractéristiques

La transformée en ondelettes discrètes (TOD) ou DWT est un moyen performant pour extraire des traits caractéristiques d'une image car elle permet une analyse de l'image à différents niveaux de résolution. Des filtres passe bas et passe haut sont utilisés pour décomposer l'image d'origine. Le filtre passe bas donne une approximation de l'image alors que le filtre passe haut génère ses détails. L'image approximation peut être ensuite décomposée en d'autres niveaux d'approximation et détail selon différentes applications **(Shih&al, 08).**

Supposons que la taille de l'image d'entrée est de N*M. Avec le premier filtrage dans la direction horizontale du sous échantillonnage, la taille de l'image sera réduite à N*(M/2). Un autre filtrage et sous échantillonnage est appliqué dans la direction verticale. Quatre (4) sous images sont obtenues, chacune de taille (N/2)*(M/2). La figure suivante montre la décomposition en sous bandes d'une image N*M ou H et L représentent respectivement les filtres passe haut et passe bas. Le signe $\downarrow 2$ montre le sous échantillonnage par un facteur de 2.

Les sorties des filtres sont données par les équations (4.41) et (4.42)

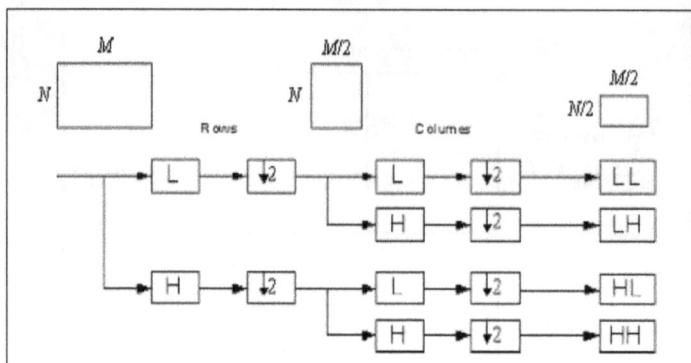

Figure 4. 22 Décomposition en sous bandes d'une image N*M

$$a_{j+1}[p] = \sum_{n=-\infty}^{n=+\infty} l[n-2p]\, a_j[n] \tag{4.41}$$

$$d_{j+1}[p] = \sum_{n=-\infty}^{n=+\infty} h[n-2p]\, a_j[n] \tag{4.42}$$

Ou l(n) et h(n) sont respectivement des coefficients des filtres passe bas et passe haut.
Nous obtenons alors quatre (4) images appelées LL, HL,LH et HH.
L'image LL est générée par deux filtres passe bas.
L'image HL est générée d'abord par un filtre passe haut puis par un filtre P bas.
L'image HL est crée en utilisant un filtre passe bas suivi par un filtre passe haut.
L'image HH est généré par deux filtres successifs passe haut.

Chaque sous image peut être décomposée par la suite eu un ensemble de petites images en répétant la même procédure. Le trait principal d'une DWT est la représentation multi échelle d'une fonction. En utilisant donc les ondelettes, une image d'entrée peut être analysée à des niveaux de résolution variables. Du moment que la partie LL contient l'information la plus importante et élimine les effets de bruit et les parties non significatives, nous utilisons par la suite cette composante pour notre analyse.La figure suivante montre les deux niveaux de décomposition d'une DWT pour une image donnée :

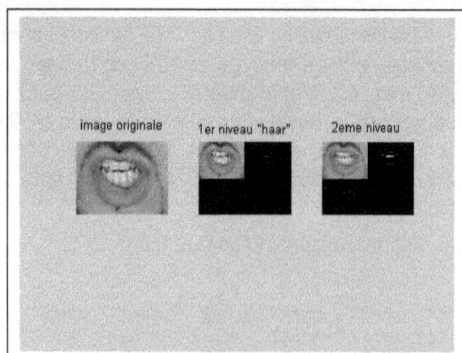

Figure 4. 23 Deuxième niveau de décomposition d'une image labiale

Les traits sont extraits à partir de la partie LL du 2nd niveau de décomposition. La raison principale est que les parties LL gardent l'information nécessaire et la dimension est suffisamment réduite pour un éventuel calcul. Les coefficients issus de la transformation par ondelettes vont servir comme vecteurs descripteurs décrivant la forme labiale à étudier pour l'ensemble des locuteurs et pour les 28 phonèmes de la langue arabe. Tout comme la transformation par DCT, la transformée par ondelettes permet de récupérer la fonction approximation de l'image d'origine. Ces vecteurs descripteurs ou vecteurs caractéristiques vont être appris par un classifieur neuronal tel que le perceptron multicouches ou un réseau à fonction de base radiale qui seront décris dans le chapitre suivant.

4.2.4 Difficultés rencontrées lors de la caractérisation et la reconnaissance faciale

La reconnaissance faciale présente beaucoup de difficultés et rendent cette tache difficile. Les variations sont généralement dues à plusieurs paramètres tel que : la pose, l'illumination, expression du visage, le déguisement, le port de lunettes, l'arrière plan et d'autres paramètres environnementaux (figure 4.24) **(Chellapa,95 ;Young, 97).**

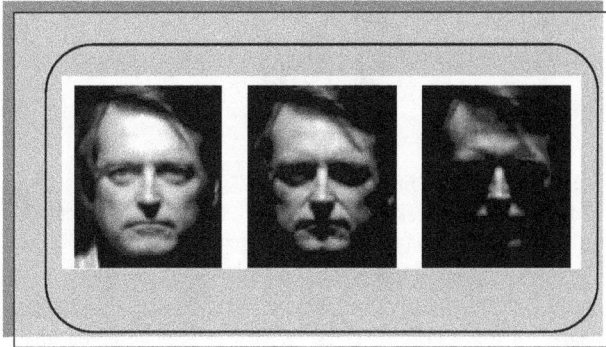

Figure 4. 24 Images montrant la variation d'illumination de la base Harvard database
(Belhumeur&al, 97)

La même personne vue sous différentes conditions d'illumination peut apparaître différemment. Dans la figure de gauche, la source de lumière est placée au dessus de la tête, dans l'image de droite, la source de lumière est placée en arrière et à droite **(Belhumeur&al,97).**

La variation d'illumination reste un problème non résolu en reconnaissance faciale, particulièrement pour les méthodes globales. Pour la méthode ACP, il a été suggéré qu'en éliminant les trois premières composantes les plus significatives, la variation due à l'éclairage peut être réduite. Selon plusieurs chercheurs, les résultats expérimentaux montrent que l'ACP ne donne pas de bons résultats sous différentes conditions d'éclairage en annulant les trois premières composantes. Cependant, les premières différentes composantes ne correspondant pas seulement aux variations d'illumination, mais aussi à une importante information de discrimination. Du moment que l'ACP est fortement dépendante des variables d'apprentissage, plusieurs composantes sont obtenues avec différentes variables d'apprentissage. Nous n'avons donc aucune garantie que les trois composantes principales définissent la variation d'illumination.

Meng al **(Meng&al, 05)** traitent la propriété de l'invariance d'illumination de la DCT en écartant ses coefficients basse fréquence. Le premier coefficient représente la composante continue de l'image qui correspond à son contraste. La DCT devient alors invariante au changement de contraste en éliminant seulement la première composante continue **(Meng&al, 05)**. La figure suivante montre la robustesse de la DCT contre la variation uniforme du contraste.

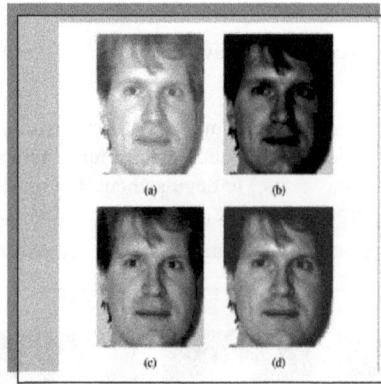

Figure 4. 25 Illustration de l'invariance de la DCT au contraste. (a) et (b) la même image obtenue avec différents contrastes. (c) et (d) sont ,respectivement ,obtenus à partir de la DCT inverse de (a) et (b) en mettant le premier coefficient à la même valeur **(Meng&al, 05).**

Il est à noter que les deux images reconstituées en Fig 25.c et d sont différentes ; en ajustant l'image originale à différentes valeurs de contraste, quelques valeurs d'intensité ont des valeurs max ou min et quelque information est perdue **(Meng&al, 05).** Quelques composantes basse fréquence de la DCT comptent aussi pour un large espace de variation d'illumination non uniforme. Cet effet peut être réduit en gardant plusieurs coefficients basse fréquence. Ceci peut etre décrit par un filtrage passe bande qui élimine l'information haute fréquence non efficace **(Meng&al, 05).**De plus, les conditions d'acquisition ainsi que le changement des conditions d'éclairage influent fortement sur l'étape de détection et de caractérisation faciale.

Conclusion

Nous nous sommes intéressés dans ce chapitre à la caractérisation acoustique et visuelle de nos données. Nous avons présenté les différentes méthodes de reconnaissance de visages humains existantes en littérature. La tache de reconnaissance est très complexe en raison de plusieurs paramètres et facteurs tels que la variation de luminance, changement de posture, l'effet d'age, le port de lunettes et barbe, etc. Nous avons aussi présenté les méthodes de caractérisation et de réduction de l'espace de données relatives aux images faciales et signaux acoustiques dans le but d'avoir des données non redondantes d'une part et assez discriminantes d'autre part. Notre choix a été porté pour une caractérisation acoustique par MFCC et PLP, largement utilisés en reconnaissance de la parole et du locuteur, la DCT et DWT ont été appliquées pour la caractérisation faciale. L'étage de réduction de données par ACP permet d'éliminer la redondance spatiale des variables. Le prochain chapitre présentera les algorithmes utilisés en reconnaissance faciale et développée dans notre thèse.

Chapitre 5   Système de reconnaissance audiovisuelle bimodale

Introduction

La reconnaissance de la parole audiovisuelle (RPAV) ou AVSR (audiovisual speech recognition en anglais) et du locuteur (SRAVL : systéme de reconnaissance audiovisuelle du locuteur) utilise l'information visuelle et l'information acoustique de la parole liée aux mouvements des lèvres. Puisque le signal visuel n'est pas influencé par le bruit acoustique, il peut être utilisé comme une source puissante pour compenser les performances de reconnaissance de la parole acoustique ou du locuteur dans des conditions bruitées.

Notre système doit pouvoir identifier un visage parlant à partir d'images fixes ou de séquences basé sur la fusion des traits acoustiques et visuels. Ilfaudra tout d'abord les modèles d'intégration des informations audio et visuelle.

Les vecteurs descripteurs visuels étant de grande taille, notre système utilisera les méthodes d'analyse en composantes principales « ACP » et d'analyse discriminante linéaire de Fisher « LDA » pour la réduction de données visuelles. La méthode de reconnaissance ou d'identification labiale utilisée est celle du K plus proche voisins.

Nous nous focalisons sur le problème de la fusion d'informations audio-visuelle, c'est-à-dire comment combiner efficacement les deux modalités, qui est une solution importante pour les systèmes AVSR robustes aux bruits. Nous implémentons ainsi un réseau de neurones (perceptron multi couches MLP et un réseau à fonction de base radiale RBF) pour combiner les deux modalités acoustiques et visuelles.

5.1   Positionnement du problème de reconnaissance bimodale

La reconnaissance audiovisuelle de la parole ou du locuteur concerne la reconnaissance de la parole par les êtres humains ou la machine tels que les composantes acoustiques et visuelles sont utilisées simultanément. La composante visuelle de la parole est la partie visuelle du conduit vocal. Du moment que la partie invisible de ce dernier contribue à la production de la parole, la partie visuelle de la parole contient moins d'information que la partie acoustique. Mais pour les personnes malentendantes et sourdes, la partie visuelle est une source d'information très importante.

Dans la reconnaissance de la parole par la machine, la composante visuelle est utilisée comme support pour la reconnaissance acoustique de la parole. Implémenter un système de reconnaissance audiovisuel de la parole est basé sur des expériences d'une lecture labiale. Les conditions favorables pour une bonne lecture labiale dépendent largement de la qualité de la parole visuelle du locuteur (articulation, angle de prise de vue, illumination, etc.).

Les systèmes de reconnaissance acoustique du locuteur/parole sont loin d'être parfaits dans des conditions de bruit. Le contenu de la parole peut être expliqué partiellement à travers la lecture labiale **(Cetingul&al, 06).**

Des problèmes peuvent être observes dans les systèmes de reconnaissance visuels du locuteur/parole ou la qualité de l'image acquise est médiocre. Les conditions de pose et de prise de vue ainsi que la variation dans l'expression faciale affectent négativement les résultats de la reconnaissance. En revanche, une solution robuste des systèmes de reconnaissance simultanée de la parole et du locuteur est obtenue en employant plusieurs modalités tels que : parole, texture labiale, mouvement des lèvres, etc. **(Cetingul&al, 06).**

Le développement d'un système de reconnaissance multimodal requiert les trois concepts de base :

> ➢ Quelle modalité à fusionner ?

> ➢ Comment représenter chaque modalité avec des traits ou vecteurs discriminants et de faible dimension ?

> ➢ Comment fusionner ces modalités ?

En passant en revue la littérature sur la reconnaissance du locuteur/ parole, le signal audio est généralement modélisé par les coefficients cepstraux MFCC. Pour l'information labiale, il existe plusieurs approches telles que : les approches basées texture, celles basées mouvement, celles basées sur la géométrie et celles basées modèles **(Cetingul&al, 06).**

Dans les approches basées texture, l'intensité de l'image labiale dans le domaine DCT est utilisée comme vecteur descripteur Les approches basées mouvement calculent le vecteur mouvement pour représenter le mouvement des lèvres durant la phase de production de la parole. Les approches basées géométrie et modèles utilisent les méthodes de traitement tels que les modèles de formes actives, les contours actifs ou les modèles paramétriques pour segmenter la région labiale. Ils différent dans la sélection des traits tels que les approches basées modèles qui assignent les paramètres du modèle comme vecteur descripteur. Les traits de forme tels que la longueur de l'ouverture verticale et horizontale des lèvres, la surface, le périmètre et l'angle de pose sont sélectionnés pour la représentation labiale dans les approches basées géométries **(Cetingul&al,06).**

Notre travail est basé sur les traits labiaux extraits par une analyse DCT ou ondelettes discrètes. Nous allons donc construire nos vecteurs descripteurs en réalisant une fusion sérielle des paramètres acoustiques (MFCC/PLP) et visuelles (DCT ou DWT) en vecteurs audiovisuels, ces derniers servent comme vecteurs d'entrée aux classifieurs que nous allons décrire dans ce chapitre.

5.2 Modèles d'intégration audio-visuelle de la parole

Plusieurs modèles d'intégration de gestes orofaciaux ont été proposés dans la littérature. Bredin dans sa thèse **(Bredin, 07)** classe La fusion des signaux de parole acoustique et visuel en trois catégories : la fusion au niveau des scores, la fusion au niveau des paramètres et la fusion au niveau des modèles.

Fusion au niveau des scores : La grande majorité des systèmes audiovisuels de vérification du locuteur est basée sur la fusion des scores de deux systèmes de vérification du locuteur : l'un basé sur le signal acoustique seul, et l'autre basé sur le seul signal visuel. Des modèles de Markov cachés (HMM, pour Hidden Markov Model) dépendant du locuteur sont entraînés à l'aide de paramètres liés à la forme des lèvres, à l'aide de paramètres de type eigenlips (zone de la bouche transformée par analyse en composantes principales) selon lea travaux de Dean &al et des coefficients DCT (transformée en cosinus discrète) de la zone de la bouche selon Sargin et al en 2006. Tous ces travaux tirent la même conclusion selon laquelle la fusion des deux scores monomodaux (acoustique et visuel) est un moyen simple et efficace d'améliorer les performances globales de la vérification d'identité, et tout particulièrement en milieu bruité **(Bredin, 07)**.

Fusion au niveau des paramètres : La fusion au niveau des paramètres consiste en la combinaison de deux (ou plus) vecteurs de paramètres monomodaux afin de former un unique vecteur de paramètres multimodal, utilisé en entrée d'un système de vérification. Dans le cas de la parole audiovisuelle, les fréquences d'échantillonnage diffèrent entre les deux modalités acoustique et visuelle. Typiquement, 100 vecteurs de paramètres acoustiques sont extraits chaque seconde alors que seulement 25 (ou 30) trames vidéo sont disponibles pendant la même période. Afin d'équilibrer les fréquences d'échantillonnage, une solution consiste à interpoler linéairement les vecteurs de paramètres visuels. Une autre solution consiste à sous-échantillonner les vecteurs de paramètres acoustiques. Les vecteurs concaténés sont fournis en entrée d'un réseau de neurones (MLP, pour Multiple Layer Perceptron) selon Chibelushi et al en 1997 et d'un GMM selon Arsic et al en 2006. Le fléau de la dimension (curse of dimensionality dans la littérature anglophone) est évoqué par Chibelushi et al en 1997. Une solution consiste à appliquer une analyse en composantes principales ou une analyse discriminante linéaire pour réduire la dimension des paramètres audiovisuels dans le but d'obtenir consécutivement une meilleure modélisation. Comme dans le cas de la fusion au niveau des scores, la fusion au niveau des paramètres est surtout efficace dans le cas d'un environnement acoustique bruité **(Bredin, 07)**.

Fusion au niveau des modèles : Dans le cadre de la fusion au niveau des modèles, les modèles sont intrinsèquement conçus de façon à tenir compte du caractère bimodal de la parole audiovisuelle. Par exemple, les HMM couplés peuvent être décrits comme deux HMM parallèles dont les probabilités de transition dépendent des états de chacun d'eux. Ils ont été appliqués à des paramètres acoustiques (MFCC) et visuels (eigenlips) transformés par LDA selon Nefian et Liang en 2003. Les HMM-produits permettent de tenir compte de l'asynchronie entre paramètres acoustiques et visuels selon Lucey et al en 2005: une transition acoustique ne correspond pas forcément à une transition visuelle. Enfin, les HMM asynchrones proposésselon Bengio en 2003 modélisent la différence des fréquences d'échantillonnage acoustique et visuelle, en introduisant la probabilité d'existence d'un vecteur de paramètres visuels à un temps donné **(Bredin, 07)**.

Aboutabit décrit dans sa thèse la fusion audiovisuelle en se référant au célèbre modèle Fuzzy- Logical Model of Perception (FLMP) proposé par (Massaro, 1987, 1998). Schwartz et al. (1998); Schwartz (2002), en croisant des modèles issus de la psycho-physique et de la fusion des capteurs, ont classé les modèles d'intégration audiovisuelle en quatre grandes architectures : (i) modèle à "Identification Directe" noté ID; (ii) modèle à "Identification Séparée" noté IS ; (iii) modèle à "Recodage dans la modalité Dominante" noté RD; et (iv) modèle à "Recodage commun des deux modalités sensorielles vers la modalité Motrice" noté RM **(Aboutabit, 07)**. Nous présentons les 4 architectures de l'intégration audio-visuelle proposées par l'auteur en donnant des exemples réalisés pour chacune de ces architectures.

5.2.1 Modèle à "Identification Directe" ID

Dans ce modèle, appelé aussi modèle données vers décision, les deux sources d'information sont injectées directement dans un classifieur bimodal qui effectue le traitement de l'information des deux modalités (figure 5.1). La classification se fait donc directement sans aucun niveau intermédiaire de mise en forme commune des données. Le classifieur prend une décision dans l'espace des caractéristiques bimodales, dans lequel des prototypes bimodaux ou des règles de décision bimodales ont été appris. Ce modèle est une extension du modèle "Lexical Access From Spectra" (LAFS) de Klatt (1979) vers "Lexical Access From Spectra and Face Parameters" **(Aboutabit, 07)**.

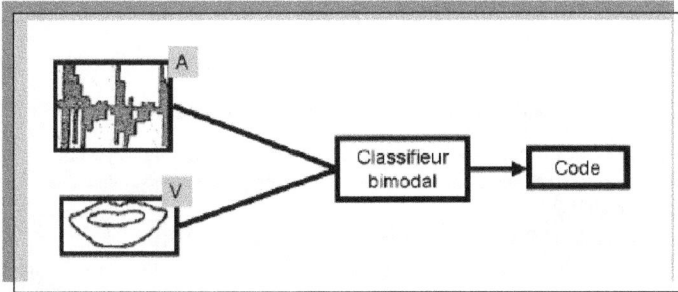

Figure 5 1 Modèle à identification directe **(Aboutabit, 07)**

Il existe diverses implémentations de l'architecture ID en reconnaissance de la parole (voir par exemple : Braida et al. (1986); Duchnowski et al. (1994); Adjoudani et Benoît (1996); Dalton et al. (1996); Krone et al. (1997); Nakamura et al. (1997); Teissier et al. (1999); Potamianos et al. (2001)).

Si nous considérons les travaux de Potamianos et al. (2001), on s'aperçoit qu'ils utilisent d'abord une Analyse Discriminante Linéaire pour réduire de façon discriminante les dimensions des vecteurs concaténés des caractéristiques audio-visuelles. Puis, une Transformée Linéaire de Maximum de Vraisemblance (TLMV, en anglais MLLT pour Maxi- mum Likelihood Linear Transform) est appliquée pour améliorer la modélisation des données. Ces deux transformées sont aussi utilisées pour prendre en compte l'information dynamique dans les flux des données audio-visuelles avant la fusion.

5.2.2 Modèle à "Identification Séparée" IS

Le modèle d'identification séparée (IS) est fondé sur ce que les psychologues cognitifs appellent "intégration tardive" du fait que l'intégration vient après la classification phonétique dans chaque voie sensorielle séparée par opposition au modèle ID qui est une intégration "précoce" car s'appliquant directement aux données. Dans le modèle IS, les informations visuelles et auditives sont traitées séparément chacune par un classifieur. Puis, la fusion des résultats des deux classifieurs dans un module d'intégration permet la reconnaissance du code (voir figure 5.2) **(Aboutabit, 07)**.

Le modèle IS est aussi appelé décision vers décision en référence à la caractéristique de base de la fusion qui est une fusion de décisions. Dans ce type de modèle, la fusion peut être réalisée soit sur des valeurs logiques, à l'instar du modèle VPAM (Vision-Place, Audition-Manner) dans lequel chaque modalité est en charge d'un groupe spécifique de caractéristiques phonétiques (distinctives), soit par un processus probabiliste, comme dans le cas du modèle FLMP de Massaro (Massaro, 1987, 1998).

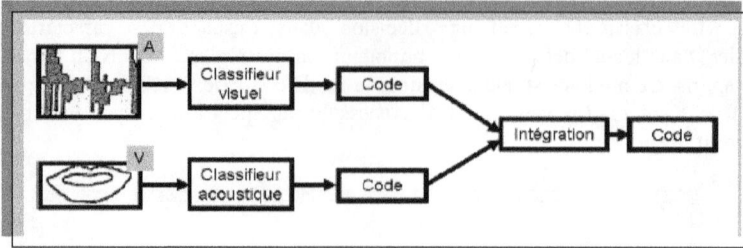

Figure 5 2 Modèle à identification séparée **(Aboutabit, 07)**

Les deux classifieurs fonctionnent ainsi indépendamment l'un de l'autre. En test, les vecteurs d'observations visuels ou acoustiques sont présentés séparément à l'entrée de chaque modalité.

5.2.3 Modèle à "Recodage dans la modalité Dominante" RD

Dans ce type de modèle, les informations visuelles sont codées dans un format compatible avec les représentations de la modalité auditive qui est considérée comme la modalité dominante **(Aboutabit, 07).**

Un tel format peut être la fonction de transfert du conduit vocal. Cette fonction de transfert est estimée séparément par un module de traitement du signal et par les indices visuels à partir des deux entrées auditive et visuelle. L'estimation de la fonction de transfert peut être effectuée par exemple par association à partir de l'entrée visuelle et par un traitement cepstral à partir de l'entrée auditive. Les deux estimations sont ensuite fusionnées et l'ensemble ainsi obtenu est présenté à un classifieur phonétique (figure 5.3). Il s'agit l'a d'une fusion précoce.

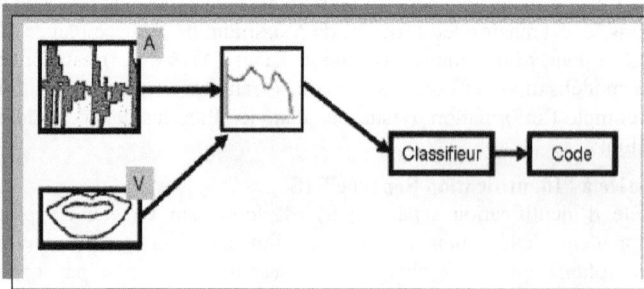

Figure 5 3 Modèle à recodage dans la modalité dominante **(Aboutabit, 07)**

5.2.4 Modèle à "Recodage commun des deux modalités sensorielles vers la modalité Motrice" RM

Ce modèle est inspiré en partie de la théorie motrice de la perception de la parole proposée par Liberman et Mattingly (1985). Selon cette théorie, l'information phonétique est perçue par un module spécialisé dans la détection des gestes planifiés par le locuteur qui sont le fondement des catégories phonétiques. Dans ce type d'architecture, les deux entrées sont codées dans une nouvelle représentation commune dans l'espace moteur avant d'être classifiées. Dans ce modèle, le choix de l'espace moteur est crucial pour l'intégration. En général, les paramètres du conduit vocal sont les plus choisis comme représentation commune. Dans ce cas, à partir de chaque entrée, visuelle ou acoustique, les principales caractéristiques articulatoires sont estimées. Ensuite, la représentation finale est définie en additionnant les deux projections avec une certaine pondération et elle est fournie au classifieur pour la reconnaissance du code (figure 5.4) **(Aboutabit, 07)**.

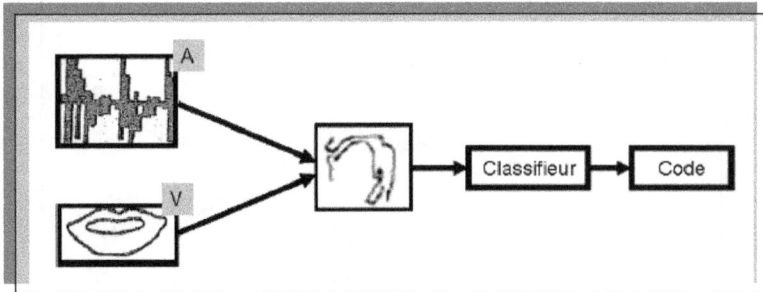

Figure 5 4 Modèle à recodage dans la modalité motrice **(Aboutabit, 07)**

5.3   Eléments du choix d'une architecture : théoriques et expérimentaux

Dans une tache de fusion de deux modalités, un des principaux problèmes réside dans le choix du modèle d'intégration le plus approprié. Suivant la perspective envisagée, modélisation des processus cognitifs ou reconnaissance de la parole, le modèle retenu doit rendre compte au mieux des données au niveau reconnaissance automatique. Dans ce sens, Robert-Ribès (1995) propose une taxinomie mettant en correspondance les 4 modèles d'intégration décrits précédemment avec les modèles généraux de la psychologie cognitive (figure 5.5). Cette taxinomie s'organise autour de 3 questions :

1. Peut-on considérer, en fonction de l'interaction entre les modalités, une représentation intermédiaire commune ? Sinon, c'est un modèle ID à préconiser.

2. Dans le cas de l'existence d'une représentation intermédiaire, l'intégration est-elle tardive ou précoce pour accéder au code ? Une intégration est tardive quand elle suit l'intervention d'un processus de décodage ; c'est-à-dire qu'il y a d'abord extraction des informations auditives et visuelles, puis fusion (c'est le cas du modèle IS). Dans le cas ou la fusion intervient au coeur du processus d'extraction de l'information, l'intégration est dite précoce.

3. Si l'intégration est précoce, quelle forme prend le flux commun des données après fusion ?

Plus précisément, existe-t-il une modalité dominante susceptible de fournir la représentation intermédiaire commune dans une architecture à intégration précoce (cas du modèle RD) ? Ou cette représentation est elle amodale (cas du modèle RM) ? **(Aboutabit, 07).**

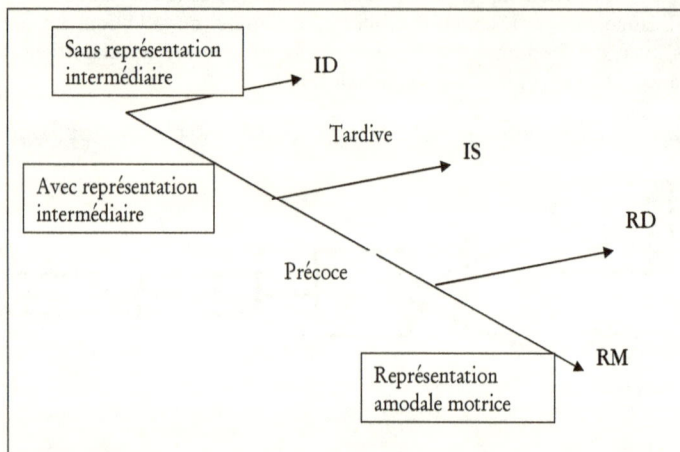

Figure 5 5 Taxinomie des modèles d'intégration (d'après Robert-Ribès (1995)) **(Aboutabit, 07)**

Parmi les 4 architectures, les modèles ID et IS sont ceux qui sont les plus fréquemment utilisés en reconnaissance de parole **(Schwartz, 04 ; Potamianos&al,04).** Les deux autres modèles sont très rarement implémentés et ceci malgré le fait qu'ils semblent être les plus pertinents au regard des données issues de la psychologie expérimentale. C'est précisément ces données qui ont conduit Schwartz et al. (1998) à privilégier le modèle RM.

5.5 Elaboration d'un système de reconnaissance par les méthodes statistiques linéaires

Il existe toujours au moins deux modules dans un système de reconnaissance : le module d'apprentissage et celui de reconnaissance. Le troisième module (facultatif) est le module d'adaptation. Pendant l'apprentissage, le système va acquérir une ou plusieurs mesures qui serviront à construire un modèle de l'individu. Ce modèle de référence servira de point de comparaison lors de la reconnaissance. Le modèle pourra être réévalué après chaque utilisation grâce au module d'adaptation **(Perronnin&al, 02).**

La performance d'un système d'identification peut se mesurer principalement à l'aide de trois critères : sa précision, son efficacité (vitesse d'exécution) et le volume de données qui doit être stocké pour chaque locuteur **(Perronnin&al, 02).**

Au cours de l'apprentissage, la caractéristique acoustique ou visuelle est tout d'abord calculée. En effet, le signal contient de l'information inutile à la reconnaissance et seuls les paramètres pertinents sont extraits. Nous allons décrire dans le prochain paragraphe deux méthodes globales, l'Analyse en Composantes Principales combiné au classifieur linéaire k-plus proches voisin kppv et l'Analyse Discriminante Linéaire ADL-kppv, pour la reconnaissance de la modalité visuelle.Nous discutons les avantages et les inconvénients de chaque méthode et nous proposons par la suite les algorithmes non linéaires tels que les réseaux de neurones pour les algorithmes de fusion audiovisuelle.

5.5.1 L'analyse en composantes principales pour la reconnaissance faciale (labiale)

L'algorithme ACP est né des travaux de M.Turk et A.Pentland au Mit Media laboratory en 1991, en reconnaissance faciale. L'analyse en composantes principales est une méthode statistique descriptive, connue sous le nom d'expansion de karhunen & Loeve, permet de réduire l'espace de représentation des variables initiales.

Le processus de reconnaissance faciale (ou labiale) se déroule en deux étapes :

La phase d'apprentissage qui s'effectue en premier, collecte l'ensemble des M images des différentes classes (c classes), chaque classe représente les différentes réalisations visuelles des phonèmes de la langue arabe représentées sous forme de Γ vecteurs (fig5.6).

La phase d'apprentissage correspondrait à un enrôlement réel de personnes qui seraient enregistrées dans une base de données. Dans une première étape, cette phase consiste à construire la matrice Γ de c classes contenant M images de la classe d'apprentissage. On détermine dans un premier temps la moyenne des M images, on réajuste ensuite les images par rapport à l'image moyenne pour pouvoir déterminer les propriétés statistiques à savoir la matrice de variance ; de covariance et on détermine alors les propriétés du classifieur.Ces méthodes déterminent à partir des relations existantes entre les individus (classes faciales) et les observations (valeurs de pixel). Ils fournissent alors une matrice de projection W appelée matrice de vecteurs propres, calculée à partir de la matrice de covariance. La phase d'apprentissage consiste à projeter les images apprises sur un espace vectoriel de dimensions plus faible dont les vecteurs sont les éléments de notre matrice de projection W **(Morizet, 09a).**

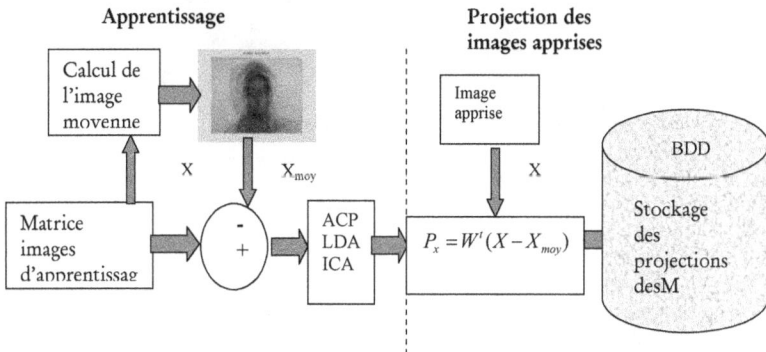

Figure 5 6 Phase d'apprentissage d'un système de reconnaissance faciale utilisant une méthode globale **(Delac&al, 04 ; chelali&al, 09b).**

Nous avons pris dans notre étude trois images faciales (labiales) pour chacun des dix individus de taille (120*160) pixels pour l'ensemble des 28 phonèmes arabes. Ce qui nous permet de construire notre matrice d'apprentissage Γ ayant M images d'apprentissage (M=3*10=30 images d'apprentissage) correspondant à 3 observations pour chacune des dix classes.

L'objectif de l'ACP est d'exprimer l'ensemble des M images d'apprentissage en un ensemble de combinaisons linéaires de facteurs non corrélés entre eux. L'ACP est une technique de réduction de dimensionnalité vu que la taille des vecteurs d'apprentissage est importante.

Il s'agit d'exprimer les M images initiales d'apprentissage selon une base de vecteurs orthogonaux, tel que décrit au chapitre précédent, appelés vecteurs propres.

Chaque image de la base d'apprentissage de taille (m,n*3),convertie en niveau de gris, est mise sous forme d'un vecteur Γ_i(m*n,1) dans un espace de grande dimension (N=m*n) par concaténation de colonnes (i représente l'indice de l'image traitée).

Soit donc l'ensemble des M images d'apprentissage converties en vecteurs et présentées dans une grande matrice Γou chaque colonne représente une image Γ_i

La première étape consiste à calculer l'image moyenne de toutes les images d'apprentissage :

$$\Psi = \frac{1}{M} \sum_{n=1}^{M} \Gamma_n$$

(5.1)

La 2éme étape permet d'ajuster les données par rapport à l'image moyenne ; cette dernière est soustraite de chaque image suivant la formule :

$$\Phi_i = \Gamma_i - \Psi \qquad i=1\ldots\ldots M$$
(5.2)

la matrice de covariance est ainsi calculée selon l'algorithme optimisé:

$$C = \frac{1}{M} . \sum_{n=1}^{M} \Phi^T{}_n . \Phi_n$$

(5.3)

Il s'agit de déterminer les vecteurs propres ui et les valeurs propres λ_i de la matrice C. Considérons un vecteur propre ui de C qui satisfait l'équation :

$$C.u_i = \lambda_i.u_i$$
(5.4)

$$u_i^T.C.u_i = u_i^T.\lambda_i.u_i$$
(5.5)

$$u_i^T.C.u_i = \lambda_i.u_i^T.u_i$$
(5.6)

Les vecteurs propres sont orthogonaux et normalisés :

$$u_i^T * u_j = \begin{cases} 1 & i = j \\ 0 & i \neq j \end{cases}$$

(5.7)

Combinons l'équation (5.3) et (5.6) et (5.7) :

$$\lambda_i = u_i^T.C.u_i = \frac{1}{M} u_i^T . \sum_{n=1}^{M} \phi_n . \phi_n^T .u_i$$

$$\lambda_i = \frac{1}{M} \sum_{n=1}^{M} u_i^T .\phi_n .\phi_n^T .u_i$$

(5.8)

$$\lambda_i = \frac{1}{M} \sum_{n=1}^{M} (u_i \Phi_n^T)^T . (u_i . \Phi_n^T)$$

(5.9)

$$\lambda_i = \frac{1}{M} \sum_{n=1}^{M} (u_i . \Phi_n^T)^2$$

Comme $\Phi_i = \Gamma_i - \Psi$, on aura alors :

$$\lambda_i = \frac{1}{M} \sum_{n=1}^{M} (u_i . \Gamma_n^T - moy\,(u_i . \Gamma_n^T))^2$$

(5.10)

$$\lambda_i = \frac{1}{M} . \sum_{n=1}^{M} \mathrm{var}(u_i . \Gamma_n^T)$$

L'expression (5.10) montre que la valeur propre correspondante au iéme vecteur propre représente la variance de l'image faciale représentative.

Nous avons déterminés les valeurs propres pour nos 30 images à partir de la matrice de covariance C, on obtient le tracé correspondant :

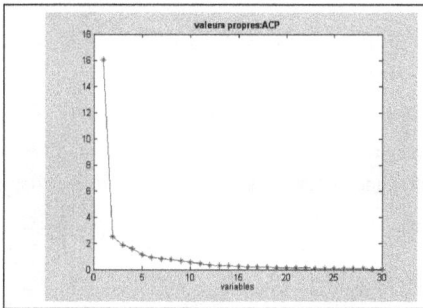

Figure 5 7 Tracé des valeurs propres de la phase d'apprentissage

La matrice C est de taille (M*M).les vecteurs propres sont ordonnés selon les valeurs propres correspondantes de manière décroissante.

La valeur propre la plus grande signifie que la variance capturée par le vecteur propre est importante. La majeure partie des informations est contenue dans les premiers vecteurs propres **(Turk& Pentland, 91).**

Les vecteurs propres (u1 ; um) associés aux valeurs propres constituent les axes d l'espace de projection.Notre objectif est de rechercher un sous espace vectoriel donnant la meilleure lecture possible de nos variables ou images faciales. Un bon choix consiste à rechercher la plus grande dispersion des projections dans le sous espace choisi.

Les directions avec les plus grandes variances sont les composantes principales. L'ACP consiste donc à sélectionner les k meilleurs vecteurs propres ayant les plus grandes valeurs propres. Le choix des k valeurs propres se fait selon le critère de maximisation d'énergie **(Turk& Pentland, 91 ; Delac&al, 05 ; Luo, 03)**

$$E_i = \frac{\sum_{j=1}^{k} \lambda_j}{\sum_{i=1}^{M} \lambda_i}$$

(5.11)

On utilise donc le minimum de vecteurs propres tel que l'énergie est supérieure à un seuil de 0.9 (90 %) de l'énergie totale **(Delac&al, 05 ; Luo, 03).**

A ces valeurs propres on associera donc les « axes principaux ». On définit alors un espace vectoriel de représentation engendrée par les k vecteurs propres qu'on appelle espace des visages propres ou « eigenface space ».

Les images d'apprentissage peuvent être reconstituées par combinaison linéaire des k vecteurs propres.

Les images Γ_i sont transformées en ses composantes eigenfaces par une simple opération de projection vectorielle :

$$\left[(\Gamma_i - \psi)\right]_{rc} = \sum_{k=1}^{L} \left[\Gamma_i - \psi\right]_{re} . u_{ik}$$

(5.12)

Tel que : L est le nombre d'axes de reconstitution, Ce nombre est choisi en fonction de la variance expliquée par les L(k=l) axes principaux.

$\left[(\Gamma_i - \psi)\right]_{rc}$: sont les valeurs d'individus reconstituées.

$\left[(\Gamma_i - \psi)\right]_{re}$: sont les valeurs réelles.

Cette reconstitution présente une erreur εi par rapport aux valeurs des individus réelles centrées $\left[(\Gamma_i - \psi)\right]$ tel que :

$$(\Gamma_i - \psi)_{re} = (\Gamma_i - \psi)_{rc} + \varepsilon_i$$

(5.13)

i est l'indice de l'image de la base de données.

On conclut que l'étape d'apprentissage nous permet de calculer les vecteurs de base dominants de la matrice de projection, ces vecteurs vont caractériser notre nouvel espace de représentation de variables.

Si on considère par $\Gamma_{projeté}$ la projection d'un vecteur initial Γi dans l'espace défini par les k axes principaux u1 ,u2 ,u3 ,u4 ,u5 ....,uk , l'étape d'apprentissage va nous permettre de calculer le vecteur moyen de l'ensemble des vecteurs projetés de chaque individu ,ce qui nous donnera K vecteurs prototypes.

Dans le cas de notre expérience, en effet nous avons pris k=3 pour faciliter la lecture de nos résultats. Nous nous sommes limités à trois axes u1 ,u2 ,u3 et nous avons représentés trois individus (L1, L2 et L3) et chaque individu par trois observations $\Gamma 1$,$\Gamma 2$ et $\Gamma 3$. on obtient tois groupements de points L1 ($\Gamma 1$,$\Gamma 2$ et $\Gamma 3$), L2 ($\Gamma 4$,$\Gamma 5$ et $\Gamma 6$), L3($\Gamma 7$,$\Gamma 8$ et $\Gamma 9$).

Le processus ainsi décrit est schématisé par la figure 5.8, pour une clarté des projections, on s'est limité à trois axes de représentation et 03 individus : **(Chelali, 06)**

La projection de chacun de ces nuages de point sur les axes de représentation va définir de nouvelles projections dont il faudra calculer par la suite le vecteur moyen appelé « vecteur prototype » ou Γmoy **(Chelali, 06; Chelali&al, 08).**

Ces différents vecteurs moyens sont mémorisés dans une matrice ΩK qu'on appellera matrice des prototypes ou base de données réduite $\Omega K = \left[\Gamma_{moy1} \quad .... \Gamma_{moyK}\right]$.

Ω_K est l'ensemble de la matrice des images projetées appellée : matrice de prototypes.

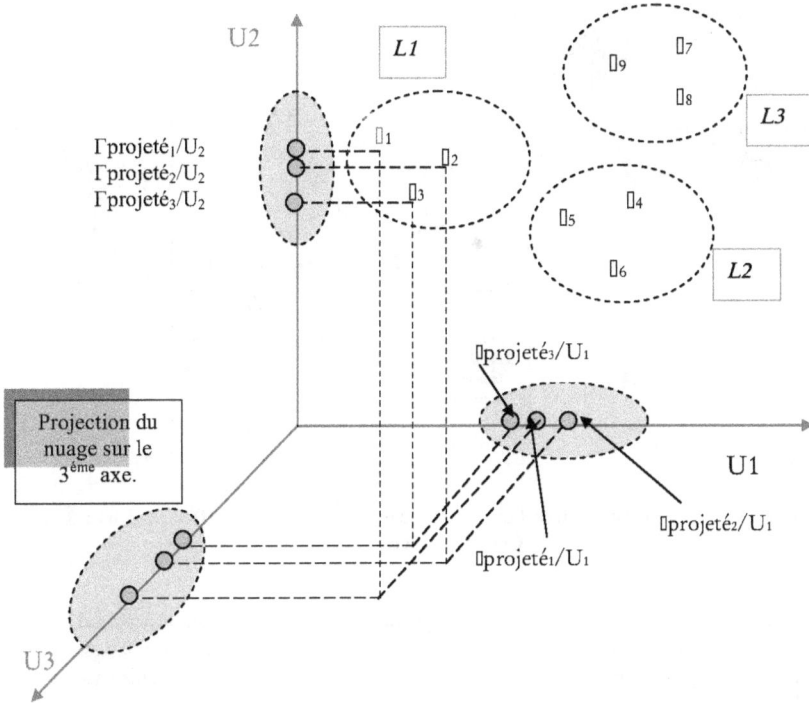

Figure 5 8 Projection d'un nuage de points dans les 03 premiers axes principaux **(Chelali, 06)**

Pour la phase de reconnaissance : pour une nouvelle image de la base test se présentant devant le système, sera centrée par rapport à l'image moyenne, on la projette sur l'espace vectoriel relatif à la matrice de projection W afin de comparer avec les projections issues de la phase d'apprentissage.

Le critère de comparaison ou d'évaluation utilisé est la distance euclidienne entre les projections vectorielles. Le résultat de la reconnaissance de l'image est tel que l'image projetée est affectée à la classe des images faciales projetées présentant la distance minimale (fig 5.9).

Soit Γx le vecteur représentatif de l'image inconnue, la première opération consiste à soustraire le vecteur image moyenne ψ, le vecteur résultant ($\Gamma_x - \psi$) sera projeté sur les k axes principaux selon la relation suivante :

$$\Gamma_{x\,projetée} = \sum_{k=1}^{L}(\Gamma_x - \psi)u_{ik} = \Omega_i$$

(5.14)

L est le nombre d'axes retenus. L'image résultante sera la représentation de l'image d'entrée $^\Gamma x$.

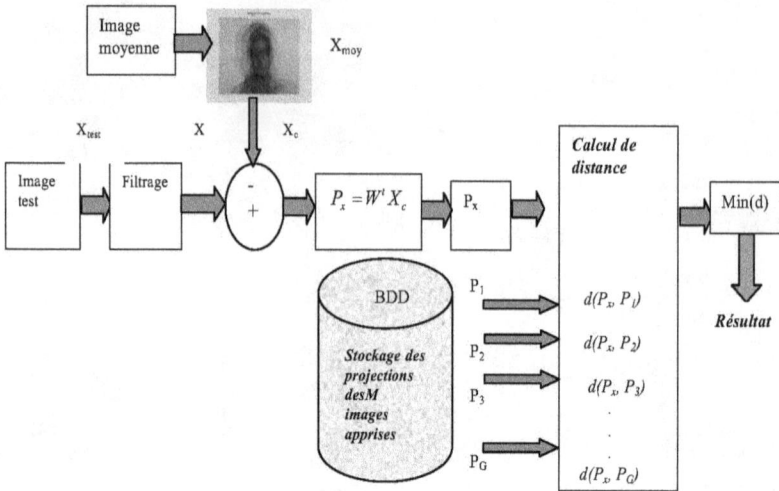

Figure 5 9 Phase de reconnaissance d'un système de reconnaissance faciale **(Delac&al, 04 ; Chelali&al, 09b)**

Il s'agit de trouver le vecteur $^\Omega K$ le plus proche de $^\Omega i$. Pour cela, on peut utiliser plusieurs méthodes. La méthode la plus simple pour déterminer la classe faciale décrivant l'image inconnue est de trouver la face de classe K qui minimise la distance euclidienne

$$\varepsilon_k^2 = \left\| \Omega_i - \Omega_K \right\|^2$$

(5.15)

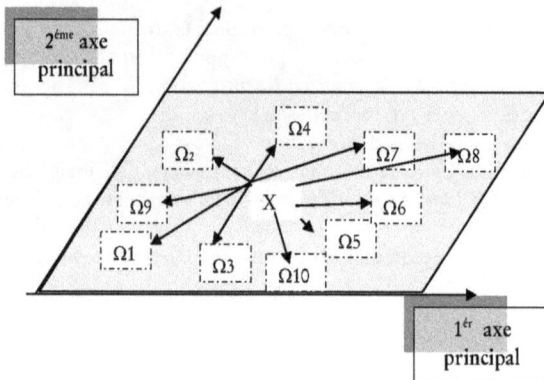

Figure 5 10 Illustration d'une projection d'un vecteur inconnu dans un espace à 02 dimensions (U1 et U2).

Tel que ΩK est le vecteur de la Kéme classe faciale obtenue par l'équation (5.15). Une face est classée comme appartenante à la classe K quand le minimum ε_k est inférieur à un seuil θ_k qu'on déterminera en pratique. Dans le cas contraire la face d'entrée est classée comme inconnue et peut éventuellement être utilisé pour créer une nouvelle classe de visage **(Chelali&al, 08 ; Chelali&al, 09b).**

Le système de reconnaissance labiale a été testé en utilisant un ensemble d'images frontales des 10 locuteurs. L'ensemble d'images d'apprentissage et de test sont des images en niveau de gris de taille 120*160. Chaque locuteur est représenté par 20 images distinctes vu les changements labiaux lors de l'articulation de la meme séquence syllabique. La figure 5.11 donne un apercu de l'image moyenne pour la syllabe cha.

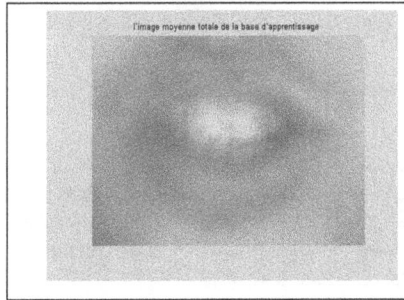

Figure 5 11 Image moyenne de la base d'apprentissage pour le phonème « cha »

La figure suivante montre la projection des variables sur les 04 premiers axes principaux, nous voyons clairement que la projection ne permet pas la distinction entre les variables étudiées.

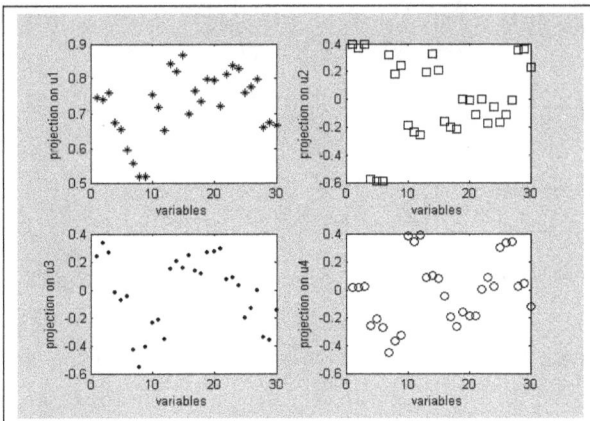

Figure 5 12 Projection des images d'apprentissages relatifs au phonème AA sur les quatre premiers vecteurs propre

Les graphes ainsi obtenus confirment qu'il y'a une forte corrélation avec l'axe u1 et graduellement celle-ci diminue. De plus, le taux de bonne classification obtenu par l'algorithme ACP-kppv est de l'ordre de 57% à 60% dans le cas de nos images labiales pour l'ensemble des 28 phonèmes.

Dans les études de traitement de l'information et de la reconnaissance des formes, les algorithmes globaux sont basés sur les propriétés statistiques et utilisant l'algèbre linéaire. L'algorithme global le plus utilisé est l'analyse en composantes principales ACP ou PCA (Principal Component Analysis), qui a pour objectif de réduire l'espace initial en un sous espace linéaire défini par les « faces propres ». Nous étudierons un 2ème algorithme global appelé Analyse discriminante linéaire ou « Linear discriminant Analysis » LDA permettant de trouver les caractéristiques qui séparent plusieurs classes.

Pour la phase d'apprentissage, les images faciales sont organisées en plusieurs classes. Une classe par personne ou individu et plusieurs images par classe.

L'ADL analyse les vecteurs propres de la matrice de dispersion des données dont l'objectif est de maximiser les variations inter-classes tout en minimisant les variations intraclasses **(Morizet, 09a ; Chellapa&al, 95)**.

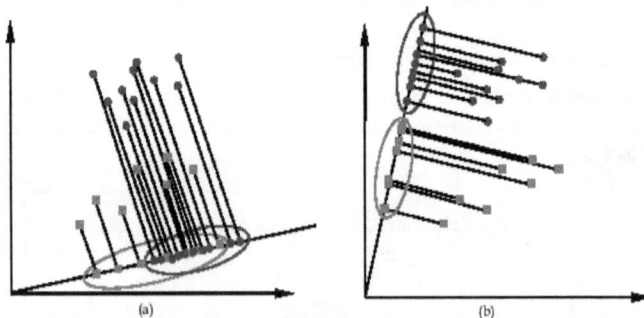

Figure 5 13 Projection du nuage du point sur les axes : points mixés après projection (cas a). Points séparés après projection (cas b).

On présente les images de la base d'apprentissage dans une grande matrice d'images Γ

Ou chaque colonne représente une image Γ_i . On calcule par la suite l'image moyenne (voir équation 5.1).

Ensuite pour chaque classe C_i , on calcule l'image moyenne Ψ_{ci}

$$\Psi_{ci} = \frac{1}{q_i} \sum_{k=1}^{q_i} \Gamma_k$$

$$(5.16)$$

q_i : le nombre d'images dans la classe C_i

Chaque image Γ_i de chaque classe C_i est ensuite recentrée par rapport à la moyenne. On obtient alors une nouvelle image ϕ_i tel que :

$$\phi_i = \Gamma_i - \Psi_{ci}$$

$$(5.17)$$

On procédera par la suite au calcul de différentes matrices de dispersion. soit donc C le nombre total de classes (nombre d'individus), q_i le nombre d'images par classe et M le nombre total d'images.

a- la matrice de dispersion intra-classes (Sw)

$$S_w = \sum_{i=1}^{C} \sum_{\Gamma_k \in C_i} (\Gamma_k - \Psi_{ci}) * (\Gamma_k - \Psi_{ci})^T$$

$$(5.18)$$

b-la matrice de dispersion inter-classe (Sb)

$$S_b = \sum_{i=1}^{C} q_i (\Psi_{ci} - \Psi).(\Psi_{ci} - \Psi)^T$$

$$(5.19)$$

c-La matrice de dispersion totale (ST)

$$S_T = \sum_{i=1}^{C} (\Gamma_i - \Psi).(\Gamma_i - \Psi)^T$$

$$(5.20)$$

La matrice de variance intra classe Sw représente la distribution des images faciales de chaque classe, tandis que la matrice de variance interclasse représente la variation ou la séparation des classes entre elles **(Eleyan&al,05)**.

Notre objectif est de trouver une projection optimale w qui maximise la dispersion interclasse, relative à la matrice Sb ; tout en minimisant la dispersion intraclasse relative à la matrice Sw.

En termes mathématiques, nous devons trouver w qui maximise le critère d'optimisation de fisher J(T): **(wang&al,06):**

$$w = \arg\max_T (J(T))$$

$$\Rightarrow \max(J(T)) = \frac{|T^T S_b T|}{|T' S_w T|} \bigg| T = w$$

$$(5.15)$$

En d'autres termes, ceci revient à trouver les vecteurs propres :

$$w = eig(S_w^{-1}.S_b)$$

$$(5.16)$$

La matrice w peut être trouvée en résolvant le problème généralisé aux valeurs propres :

$$S_b.w = \lambda_w.S_w.w$$

$$(5.17)$$

Une fois w trouvé, le même schéma que l'ACP concernant la projection des images apprises ainsi que la projection d'une image test est appliqué. La projection vectorielle d'une image apprise réajustée par rapport à la moyenne ϕ_i est définie par :

$$g(\phi_i) = w^T.\phi_i$$

$$(5.18)$$

Quand les images faciales sont projetées dans les vecteurs discriminants w, ces images doivent être correctement distribuées en intraclasses et doivent être séparées les unes des autres au maximum **(Eleyan&al, 05)**. Ces vecteurs propres sont appelés faces propres.

Phase de reconnaissance:

Soit une image test (Γx), la valeur moyenne ψ est soustraite $\Gamma x - \psi$ et le résultat ϕ_t est projeté dans l'espace facial et identifié en utilisant la distance euclidienne comme mesure de similarité

La phase de reconnaissance d'une image test ϕ_t s'effectue en projetant ϕ_t sur w^T :

$$g(\phi_t) = w^T . \phi_t$$

(5.19)

On effectue par la suite une mesure de distance entre l'image test et l'image projetée sur l'espace vectoriel engendré par w^T.

On calcule la distance euclidienne :

$$d_{ti} = \sqrt{\sum_{k=1}^{c}(g(\phi_t) - g(\phi_i))^2}$$

(5.20)

Une image test est affectée à une classe dont la distance est minimale par rapport à toutes les autres distances de classe.L'image faciale possédant une distance minimale avec les images faciales projetées est étiquetée avec l'identité de cette image.

Les systèmes de reconnaissance faciale en utilisant LDA/ FLD ont été largement utilisées **(Belhumeur&al, 97 ; Zhao &al, 95 ; Zhao &al, 03)**.

Zhao et al **(Zhao &al, 95 ; Zhao &al, 03)** décrit l'approche LDA pour la reconnaissance faciale en utilisant la probabilité des classes: l'image faciale est projeté de l'espace vectoriel original au sous espace facial à travers l'analyse en composantes principales ou la dimension est bien choisie. L'ADL est utilisé pour obtenir un classifieur linéaire dans cet espace. En plus, une distance euclidienne pondérée est employée pour améliorer la performance de la méthode ADL **(Chelali&al, 09a)**.

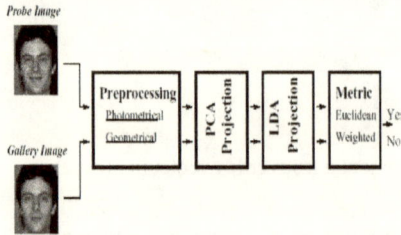

(Zhao &al, 95)

Zhao et al **(Zhao &al, 95)** confirme que l'analyse ADL, régulière et pondérée, donne de bons résultats, comparés à ceux de l'ACP **(Chelali&al, 09a).**

Ces méthodes déterminent à partir des relations existantes entre les individus (classes labiales relatives aux phonèmes de la langue arabe) et les observations (valeurs de pixel). Ils fournissent alors une matrice de projection W appelée matrice de vecteurs propres, calculée à partir de la matrice de covariance. La phase d'apprentissage consiste à projeter les images apprises sur un espace vectoriel de dimensions plus faible dont les vecteurs sont les éléments de notre matrice de projection W.

Nous calculons la matrice de variance intraclasse Sb et la matrice interclasse Sw, les valeurs propres de la matrice ($S_w^{-1}.S_b$) et les vecteurs correspondants. Nous choisissons les k valeurs propres ayant les valeurs les plus grandes.

Toutes les images d'apprentissage sont projetées dans l'espace de projection (espace Fisher). Une image moyenne est calculée pour chaque classe faciale ou labiale.

Pour chaque individu inconnu, son image labiale est projetée dans l'espace des vecteurs propres, le vecteur résultant Ωi est comparé par rapport à la matrice d'apprentissage Ω ainsi que la distance euclidienne εk à chaque classe **(Chelali&al, 09a ; Chelali&al, 09b).**

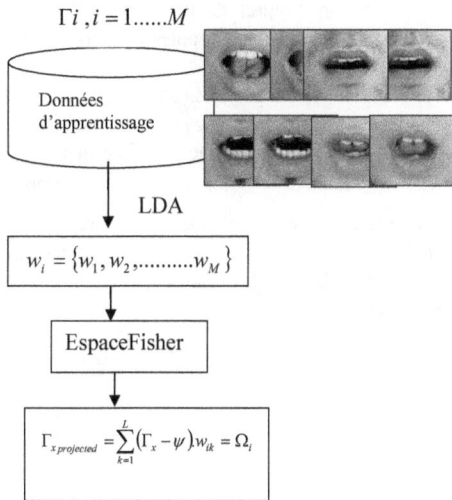

$$\Gamma i, i = 1......M$$

Données d'apprentissage

LDA

$$w_i = \{w_1, w_2, ...w_M\}$$

EspaceFisher

$$\Gamma_{x\,projected} = \sum_{k=1}^{L}(\Gamma_x - \psi)w_{ik} = \Omega_i$$

Figure 5 15 Organigramme général du système de reconnaissance labiale par LDA

Pour l'apprentissage de l'algorithme LDA, nous avons utilisé 30 images décrites auparavant, de dimensions (120*160) pixels, pour 10 classes ou individus, chaque classe faciale contient 3 images d'apprentissage. Les images ont été enregistrées à différents moments en respectant plus au moins les conditions d'illumination.

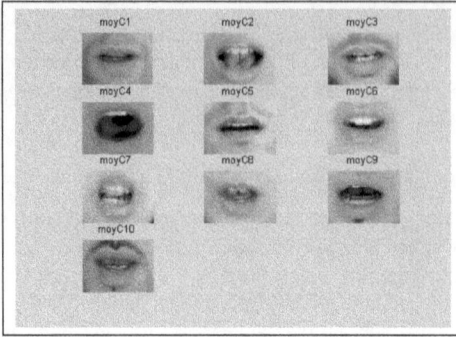

Figure 5 16 Images moyennes des formes labiales des dix individus (cas du phoneme AA)

Dans notre cas, nous avons 30 images dans l'ensemble d'apprentissage de dimensions (120*160) pixels. Nous calculons la matrice de variance intraclasse Sb et la matrice interclasse Sw, les valeurs propres de la matrice ($S_w^{-1}.S_b$) et les vecteurs correspondants. Nous choisissons les 6 valeurs propres les plus significatives ayant les valeurs les plus grandes.

Toutes les images d'apprentissage sont projetées dans l'espace de projection (espace Fisher). Une image moyenne est calculée pour chaque classe faciale.

Pour chaque individu inconnu, son image faciale est projetée dans l'espace des vecteurs propres, le vecteur résultant Ωi est comparé par rapport à la matrice d'apprentissage Ω ainsi que la distance euclidienne εk à chaque classe.Les distances minimales calculées ainsi que leurs indices respectifs nous permettent de calculer le taux de reconnaissance relatif à chaque classe ainsi que le taux global pour les dix locuteurs et pour les 28 phonèmes.

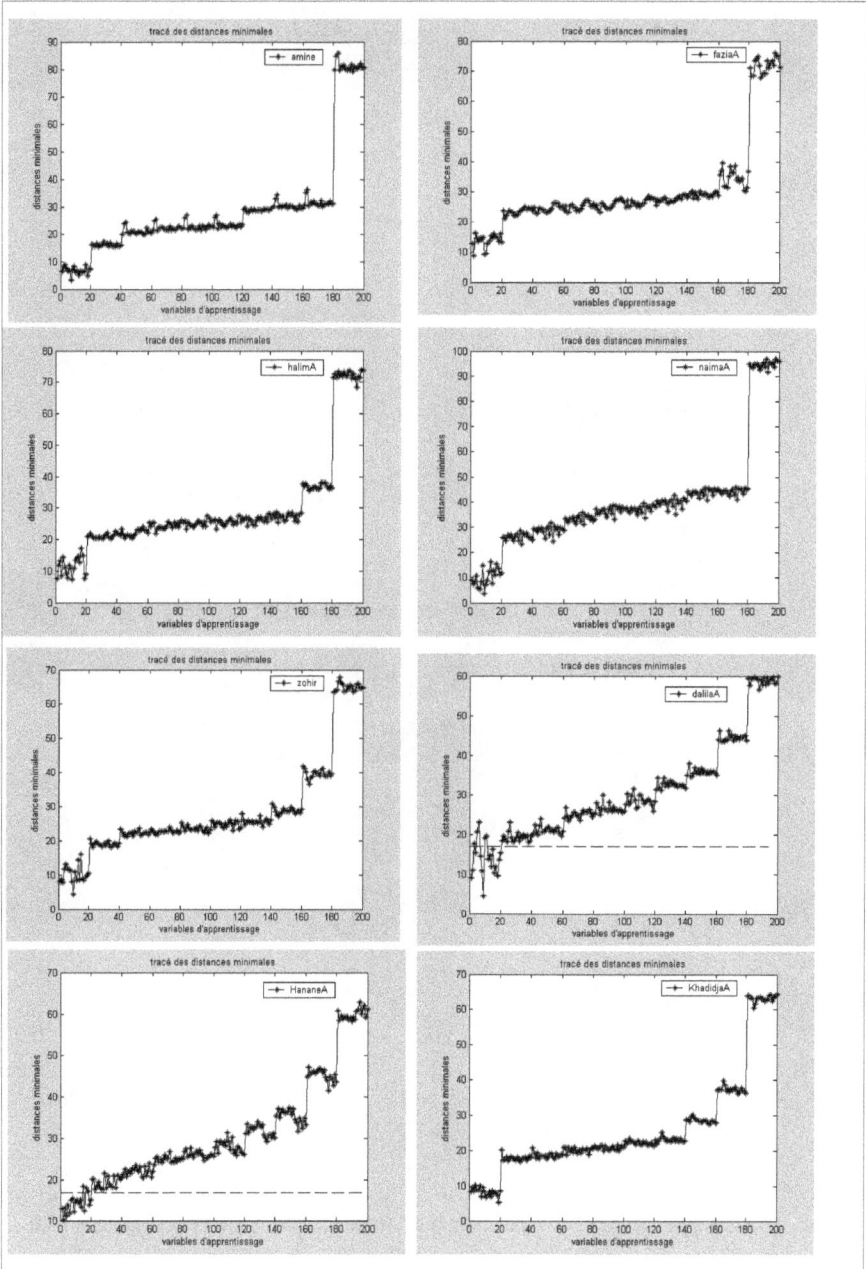

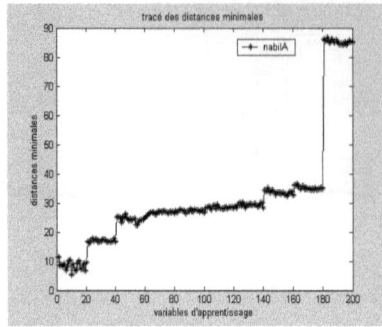

Figure 5 17 Tracé des distances minimales (syllabe AA) pour les 10 locuteurs

Les résultats obtenus par l'analyse LDA-k plus proches voisins montrent des résultats satisfaisants pour les 28 phonèmes de la langue arabe et pour l'ensemble des 10 locuteurs, des taux de bonne classification varient de 88% à 90%.

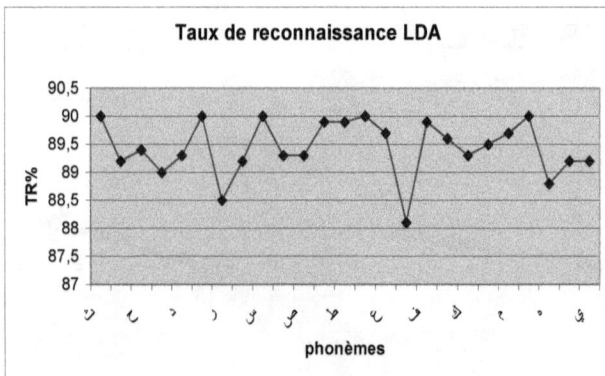

Figure 5 18 Taux de reconnaissance visuelle LDA-kppv

Selon la plupart des chercheurs, les algorithmes basés sur l'ADL ou LDA donnent des résultats satisfaisants supérieurs à ceux obtenus par l'ACP. Pour nos recherches, nous concluons que quand la base de données images est petite l'ACP dépasse l'ADL.

L'ACP projette les données dans un espace de faible dimension sur lequel nous n'avons pas de distinction entre la variabilité intraclasse et interclasse. L'ACP est donc optimale pour la représentation ou la reconstitution et non pour la discrimination. La méthode LDA (Fisher face) cherche un sous espace qui maximise le rapport entre la variabilité intraclasse et interclasse **(Chelali&al, 09a ; Chelali&al, 09b)**.

Les résultats obtenus par l'analyse LDA-k plus proches voisins montrent des résultats satisfaisants pour les 28 syllabes de la langue arabe et pour l'ensemble des 10 locuteurs, les taux de reconnaissance sont satisfaisants en les comparant à ceux obtenus par l'ACP.

L'ADL ou LDA est un choix attractif pour les taches de reconnaissance faciale pour les raisons suivantes : contrairement à l'ACP qui code l'information relative à la compression, L'ADL codes l'information discriminatoire, l'ADL est un bon classifieur quand les données d'entrée sont linéairement séparables **(Delac&al, 04)**.

La littérature sur ce sujet est contradictoire, Moghaddam&al **(Moghaddam&al, 02)** conclut dans ses tests que l'ACP donne des taux meilleurs que ceux obtenus par l'ADL. Martinez&al confirme que l'ADL est meileure dans quelques taches, il confirme que lorsque la base est petite, l'ACP peut dépasser l'ADl et que l'ACP est sensible aux différentes données d'apprentissage **(Martinez & Kak, 01)**. Belhumeur et al. et Navarrete&al. **(Navarrete&al, 02)** conclut que l'ADL dépasse l'ACP dans tous les cas dans leurs tests (pour plus de deux échantillons par classe dans la phase d'apprentissage). Selon wang, L' ADL classe les échantillons directement avec une bonne discrimination entre les classes alors que l'ACP projette l'ensemble des données**(wang&al,06)**.

A partir de nos expériences, nous concluons que chaque méthode donne de bons résultats sous différentes conditions, l'ACP dépasse l'ADL lorsque la base de données faciale est faible alors que l'ADL est meilleure dans une base plus large. Nous rejoignons donc les remarques faites par Martinez : l'ADL est meilleure que l'ACP quand une base de données large est utilisée l'ADL est robuste aux changement d'illumination **(Chelali&al, 09b)**.

5.5.4   Etude de la robustesse du système d'identification par ADL-kppv

L'analyse en composantes principales ACP (1991) et l'analyse discriminante linéaire LDA (1997) sont largement utilisées en reconnaissance faciale.Nous avons appliqué les deux algorithmes ACP et ADL sur des images faciales de la base données du centre « computer vision » du laboratoire de recherches robotique de UK. Cette base contient des images couleurs d'environ 153 personnes, avec 20 images pour chaque classe. Les images sont prises de face avec un éclairage uniforme. La taille des images est de 200*180 pixels, en format JPEG. La base offre des images correspondantes à des individus présentant différentes expressions faciales : normal, étonnant, heureux, clignotement de l'œil.

Figure 5 19 Quelques individus de la base de données computer vision

Les taux de reconnaissance obtenus en variant le nombre d'images d'apprentissage nous ont amenés a conclure que le taux de bonne classification est meilleur pour l'ADL(90%) .Cet algorithme possède donc un pouvoir discriminant assez important en le comparant avec l'ACP **(Chelali&al, 09a ; Chelali&al, 09b).**

Les résultats obtenus montrent un taux de reconnaissance appréciable par LDA comparant à celui de l'ACP. L'analyse discriminante linéaire montre une véritable séparation des classes selon le critère mathématique développé qui minimise les variations entre les images d'un même individu (variations intra-classe) tout en maximisant les variations entre les images d'individus différents (variations inter-classe). Les méthodes utilisées dans ce travail sont simples et robustes, le développement d'une méthode hybride entre l'approche globale et l'approche géométrique permettra sans doute d'augmenter le taux de reconnaissance. Nous allons appliquer par la suite les algorithmes neuronaux (MLP et RBF), largement utilisés en reconnaissance du locuteur et de la parole, sur les données issues des deux modalités acoustiques et visuelles.

La grande variabilité des images, discutée au chapitre précédent, complique la tache de reconnaissance, de nombreux facteurs causent cette variabilité : l'orientation et la position du capteur vidéo ainsi que ses propriétés intrinsèques (p. ex. : propriétés photométriques), les facteurs environnementaux et notamment les conditions d'éclairage ; enfin, les facteurs, potentiellement interagissant, liés à la personne, à savoir la morphologie de son visage, ses stratégies articulatoires, l'état dans lequel elle est, et ce qu'elle dit. Nous allons montrer qu'en utilisant un classifieur neuronal, les résultats pourront être améliorés.

5.6   Le système de reconnaissance par réseaux de neurones artificiels
5.6.1 Introduction

Les réseaux de neurones constituent un outil de classification flexible. Ils ont été appliqués à de nombreux problèmes où la modélisation explicite des relations cause-effet a résisté à toute analyse conventionnelle, en particulier dans le cadre de la reconnaissance de parole et du locuteur. Il nous paraît donc utile de souligner leurs caractéristiques principales ayant une implication directe dans la reconnaissance.

Les réseaux de neurones artificiels sont des réseaux fortement connectés de processeurs élémentaires fonctionnant en parallèle. Chaque processeur élémentaire (neurone) calcule une sortie unique sur la base des informations qu'il reçoit. Toute structure hiérarchique de réseaux est évidemment un réseau **(Touzet, 92).**

5.6.2 Historique

Les réseaux de neurones ont une histoire relativement jeune et les applications intéressantes des réseaux de neurones n'ont vu le jour que les dernières décennies (développement de l'informatique). Le champ des réseaux neuronaux va démarrer par la présentation en 1943 par W. McCulloch et W. Pitts du neurone formel qui est une abstraction du neurone physiologique. Le retentissement va être énorme. Par cette présentation, ils veulent démontrer que le cerveau est équivalent à une machine pour résoudre les différents problèmes.

En 1949, D. Hebb présente dans son ouvrage « The Organization of Behavior » une règle d'apprentissage. De nombreux modèles de réseaux aujourd'hui s'inspirent encore de la règle de Hebb. En 1958, F. Rosenblatt développe le modèle du Perceptron. C'est un réseau de neurones inspiré du système visuel. Il possède deux couches de neurones :

une couche de perception et une couche liée à la prise de décision. C'est le premier système artificiel capable d'apprendre par expérience **(Touzet, 92).**

Dans la même période, le modèle de l'Adaline (ADAptive LINear Element) a été présenté par B. Widrow et Hoff. Ce modèle sera par la suite le modèle de base des réseaux multicouches.En 1969, M. Minsky et S. Papert publient une critique des propriétés du Perceptron. Cela va avoir une grande incidence sur la recherche dans ce domaine. Elle va fortement diminuer jusqu'en 1972, où T. Kohonen présente ses travaux sur les mémoires associatives et propose des applications à la reconnaissance de formes. C'est en 1982 que J. Hopfield présente son étude d'un réseau complètement rebouclé, dont il analyse la dynamique **(Touzet, 92).**

5.6.3 Modèle biologique d'un neurone

Les neurones qui sont les cellules nerveuses individuelles, sont les unités basiques du cerveau humain **(Behnke, 03)**. Il existe environ 10^{11} neurones dans le cerveau humain qui peuvent être classés au moins en millier de types différents. Ces derniers possèdent trois principales composantes : les dendrites, le corps cellulaire et l'axone. Les dendrites forment un maillage de récepteurs nerveux qui permettent d'acheminer vers le corps du neurone des signaux électriques en provenance d'autres neurones. Celui-ci agit comme une espèce d'intégrateur en accumulant des charges électriques. Lorsque le neurone devient suffisamment excité (lorsque la charge accumulée dépasse un certain seuil), par un processus électrochimique, il engendre un potentiel électrique qui se propage à travers son axone pour éventuellement venir exciter d'autres neurones. Le point de contact entre l'axone d'un neurone et la dendrite d'un autre neurone s'appelle la synapse **(Parizeau, 04)**

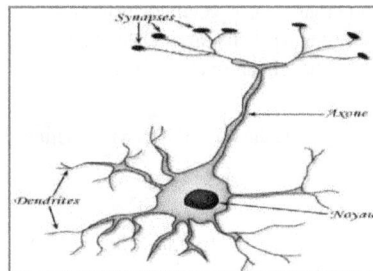

Figure 5 20 Modèle d'un neurone biologique

Il semble que c'est l'arrangement spatial des neurones et de leur axone, ainsi que la qualité des connexions synaptiques individuelles qui détermine la fonction précise d'un réseau de neurones biologique. C'est en se basant sur ces connaissances que le modèle mathématique décrit ci-dessous a été défini.

5.6.4 Neurone artificiel

Un neurone artificiel est une modélisation simplifiée du neurone biologique, c'est un processeur élémentaire. Il reçoit un nombre variable d'entrées en provenance des autres neurones. A chacune de ces entrées est associé un poids représentant la force de la connexion. Chaque processeur élémentaire est doté d'une sortie unique, qui se ramifie ensuite pour alimenter un nombre variable de neurones avals. La figure 5.21 montre le modèle du neurone artificiel.

La première étude systématique du neurone artificiel est due au neuropsychiatre McCulloch et au logicien Pitts qui, s'inspirant de leurs travaux sur les neurones biologiques, proposèrent en 1943 le modèle suivant :

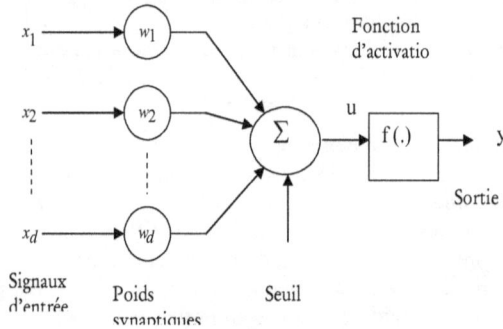

Figure 5 21 Le modèle de neurone formel

Ce neurone formel est un processeur élémentaire qui réalise une somme pondérée des signaux qui lui parviennent. La valeur de cette sommation est comparée à un seuil et la sortie du neurone est une fonction non linéaire du résultat:

La fonction d'activation (ou fonction de seuillage, ou encore fonction de transfert) joue un rôle très important dans le comportement du neurone .Elle retourne une valeur représentative de l'activation du neurone, cette fonction a comme paramètre la somme pondérée des entrées ainsi que le seuil d'activation. La nature de cette fonction diffère selon le réseau.

La fonction sigmoïde (dite aussi courbe en S) est définie par :

$$F(x) = \frac{1}{1+e^{-x}} \tag{5.21}$$

C'est la plus utilisée car elle introduit de la non-linéarité, mais c'est aussi une fonction continue, différentiable .En outre possède une propriété simple permet d'accélérer le calcul de sa dérivée, ce qui réduit le temps de calcul nécessaire à l'apprentissage d'un réseau de neurones.

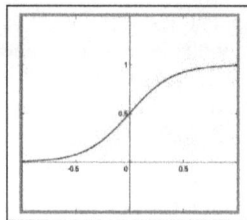

Figure 5 22 La fonction sigmoïde

5.6.5 Apprentissage des réseaux de neurones

L'apprentissage est une phase du développement d'un réseau de neurones durant laquelle le comportement du réseau est modifié jusqu'à l'obtention du comportement désiré, donc il a pour but de déterminer les différents paramètres c'est-à-dire les poids de toutes les connexions dans réseau afin qu'il puisse réaliser le mieux possible une tâche déterminée (**Robaye, 06**). L'apprentissage est en général un processus graduel et itératif, ou les poids du réseau sont modifiés plusieurs fois selon une règle d'apprentissage avant d'atteindre la valeur finale. Les apprentissages neuromémitiques peuvent se répartir en trois grandes classes, selon le degré de contrôle permis à l'utilisateur :

> ➢ Apprentissage supervisé (avec professeur): dans ce type d'apprentissage l'utilisateur dispose d'un comportement de référence qu'il désir inculquer au réseau. Le réseau est donc capable de mesurer la différence entre son comportement actuel et le comportement de référence, et de corriger ses poids de façon à réduire cette erreur. L'apprentissage peut être supervisé ou non supervisé selon la présence ou l'absence de la réponse désirée d(n). L'apprentissage est dit supervisé lorsque le réseau est forcé à converger vers un état final précis, ce qui nécessite la connaissance à priori de la réponse désirée d(n). La méthode la plus utilisée est la rétropropagation du gradient. Elle consiste à présenter des exemples au réseau, calculer sa sortie, ajuster les poids de façon à réduire l'écart entre cette sortie et la réponse désirée pour satisfaire un certain critère de performance (**Robaye, 06**).

> ➢ Apprentissage semi supervisé : L'utilisateur ne possède que des indications imprécises (par exemple, échec /succès du réseau) sur le comportement final du réseau.

> ➢ Apprentissage non supervisé (appelé aussi auto organisation) : Ici la procédure consiste à modifier les poids du réseau en fonction des critères internes comme coactivation des neurones. Les comportements résultant de ces apprentissages sont en général comparables à des techniques d'analyse de données. Dans l'apprentissage non supervisé, seules les valeurs d'entrée sont disponibles et le réseau est laissé libre de converger vers n'importe quel état final. Le réseau s'auto-organise de façon à optimiser une certaine fonction de coût. Le modèle de Kohonen est parmi les réseaux qui s'adaptent à cet apprentissage.

5.6.5 Perceptron Multicouche PMC (MLP : Multi layer Perceptron)
5.6.5.1 Architecture

Un réseau multicouche, est apte de dépasser les limites du Perceptron. Il se distingue par trois caractéristiques principales:

> ➢ Le modèle de chaque neurone du PMC implique une non-linéarité de la sortie.
> ➢ Le PMC contient une ou plusieurs couches cachées intermédiaires ne faisant partie ni de la sortie, ni de l'entrée du réseau.
> ➢ Le réseau PMC présente une forte connectivité, matérialisée par les liens synaptiques.

Les neurones sont organisés en couches : chaque neurone est connecté à toutes les sorties des neurones de la couche précédente, et nourrit de sa sortie tous les neurones de la couche suivante (ces réseaux sont d'ailleurs qualifiés de feedforward en anglais. Pour la première couche ses entrées sont l'entrée du réseau. D'ailleurs une couche est souvent rajoutée pour constituer les entrées, appelée couche d'entrée, mais elle n'en est pas une puisqu'elle ne réalise aucun traitement. Les fonctions d'entrée et de transfert sont les mêmes pour les neurones d'une même couche, mais peuvent différer selon la couche. La figure 5.23 présente un PMC totalement connecté à une couche cachée.

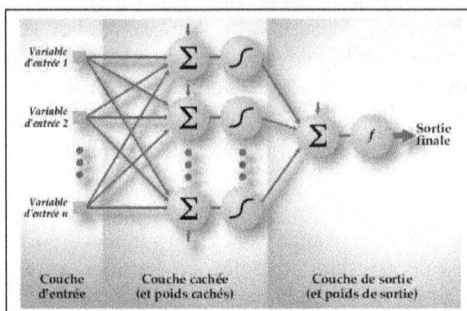

Figure 5 23 PMC avec une seule couche cachée

La fonction d'activation des neurones doit absolument être non linéaire.Grâce à l'utilisation de fonctions d'activations non linéaires le Perceptron multicouche est capable même de générer des fonctions discriminantes non linéaires. L'algorithme d'apprentissage du Perceptron multicouches, connu sous le nom d'algorithme de rétro-propagation, nécessite toutefois que les fonctions d'activations des neurones soient continues et dérivables.

Les Perceptrons Multicouches (PMC) sont des réseaux de neurones pour lesquels les neurones sont organisés en couches successives, les connections sont toujours dirigées des couches inférieures vers les couches supérieures et les neurones d'une même couche ne sont pas interconnectées. Un neurone ne peut donc transmettre son état qu'à un neurone situé dans une couche postérieure à la sienne **(Idiou, 09)**. Dans le cas général, un perceptron multicouche peut posséder un nombre de couches quelconque et un nombre de neurones (ou d'entrées) par couche également quelconque.

5.6.5.2 Algorithme de rétropropagation

L'algorithme d'apprentissage par rétro-propagation du gradient de l'erreur est un algorithme itératif qui a pour objectif de trouver le poids des connexions minimisant l'erreur quadratique moyenne commise par le réseau sur l'ensemble d'apprentissage. Cette minimisation par une méthode du gradient conduit à l'algorithme d'apprentissage de rétro-propagation **(Freeman, 92)**.

Dans le cas général, un perceptron multicouche peut posséder un nombre de couches quelconque et un nombre de neurones (ou d'entrées) par couche également quelconque. Les neurones sont reliés entre eux par des connexions pondérées. Ce sont les poids de ces connexions qui gouvernent le fonctionnement du réseau et "programment" une application de l'espace des entrées vers l'espace des sorties à l'aide d'une transformation non linéaire. La création d'un perceptron multicouche pour résoudre un problème donné passe donc par l'inférence de la meilleure application possible telle que définie par un ensemble de données d'apprentissage constituées de paires de vecteurs d'entrées et de sorties désirées.

Cette inférence peut se faire, entre autre, par l'algorithme dit de rétropropagation.

Soit le couple $\prec x(n), d(n) \succ$ désignant la $n^{\text{éme}}$ donnée d'entraînement du réseau ou :

$$x(n) = \prec x_1(n), \ldots\ldots\ldots, x_p(n) \succ et\ , d(n) = \prec d_1(n), \ldots\ldots\ldots, d_q(n) \succ \tag{5.22}$$

Correspondent respectivement aux p entrées et aux q sorties désirées du système. L'algorithme de rétropropagation consiste alors à mesurer l'erreur entre les sorties désirées d(n) et les sorties observées y(n) **(Parizeau, 04)**

$$y(n) = \prec y_1(n), \ldots\ldots\ldots, y_q(n) \succ \tag{5.23}$$

résultant de la propagation vers l'avant des entrées x(n), et à rétropropager cette erreur à travers les couches du réseau en allant des sorties vers les entrées.

Cas de la couche de sortie

L'algorithme de rétropropagation procède à l'adaptation des poids neurone par neurone en commençant par la couche de sortie. Soit l'erreur observée ej(n) pour le neurone de sortie j et la donnée d'entraînement n : **(Parizeau, 04)**

$$e_j(n) = d_j(n) - y_j(n) \tag{5.24}$$

Ou $d_j(n)$ correspond à la sortie désirée du neurone j et $y_j(n)$ à sa sortie observée

$$y_j = \varphi\left(\sum_{i=0}^{r} w_{ji} y_i\right) \tag{5.25}$$

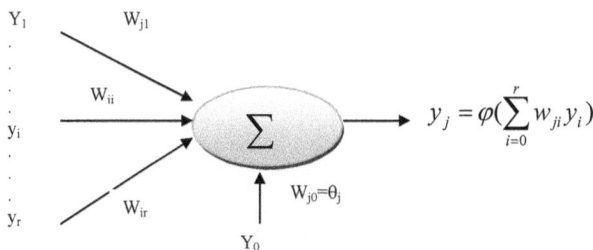

Figure 5 24 Modèle du neurone j

La variable n représentera toujours la donnée d'entrainement c'est à dire le couple contenant un vecteur d'entrées et un vecteur de sorties désirées.

-L'objectif de l'algorithme est d'adapter les poids des connexions du réseau de manière à minimiser la somme des erreurs sur tous les neurones de sortie.

L'indice j représentera toujours le neurone pour lequel on veut adapter les poids.

Soit E(n) la somme des erreurs quadratiques observées sur l'ensemble C des neurones de sortie :

$$E(n) = \frac{1}{2} \sum_{j \in c} e_j^2(n) \tag{5.26}$$

La sortie $y_j(n)$ est définie par:

$$y_j = \varphi\big[v_j(n)\big] = \varphi\left[\sum_{i=0}^{r} w_{ji}(n)y_i(n)\right]$$

$$(5.27)$$

ou $\varphi[.]$ est la fonction d'activation du neurone, $v_j(n)$ est la somme pondérée des entrées du neurone j, $w_{ji}(n)$ est le poids de la connexion entre le neurone i de la couche précédente et le neurone j de la couche courante,et $y_i(n)$ est la sortie du neurone i. on suppose ici que la couche précédente contient r neurones numérotés de 1 à r,que le poids $w_{j0}(n)$ correspond au biais du neurone j et que l'entrée $y_0(n) = -1$ **(Parizeau, 04).**

-L'indice i représentera toujours un neurone sur la couche précédente par rapport au neurone j ; on suppose par ailleurs que cette couche contient r neurones.

-Pour corriger l'erreur observée, il s'agit de modifier le poids $w_{ji}(n)$ dans le sens opposé au gradient $\dfrac{\partial E(n)}{\partial w_{ji}(n)}$ de l'erreur (fig 5.25).

-cette dérivée partielle représente un facteur de sensibilité. Si on change faiblement $w_{ji}(n)$, quel va être le résultat sur E (n), si on remarque un grand changement pour l'erreur, dans ce cas on augmente ou on change beaucoup $w_{ji}(n)$ dans le sens inverse de cette dérivée pour se rapprocher du minimum local, sinon, corriger faiblement car on est proche du minimum local (figure 5.25 et 5.26)

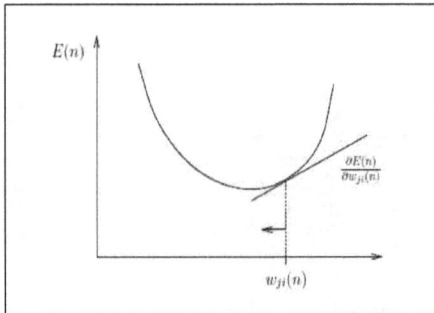

Figure 5 25 Gradient de l'erreur totale

Puisqu'il y a r neurones sur la couche précédant la couche de sortie, il y a aussi r poids à adapter, et il importe donc de remarquer que la courbe de la figure 5.25 correspond en fait à une hyper-surface de r + 1 dimensions Par la règle de chaînage des dérivées partielles, qui nous dit que $\dfrac{\partial f(y)}{\partial x} = \dfrac{\partial f(y)}{\partial y} \cdot \dfrac{\partial y}{\partial x}$,on obtient :

$$\frac{\partial E(n)}{\partial w_{ji}(n)} = \frac{\partial E(n)}{\partial e_j(n)} \cdot \frac{\partial e_j(n)}{\partial y_j(n)} \cdot \frac{\partial y_j(n)}{\partial v_j(n)} \cdot \frac{\partial v_j(n)}{\partial w_{ji}(n)}$$

$$(5.28)$$

et on exprime la variation de poids $\Delta w_{ji}(n)$ sous la forme suivante :

$$\Delta w_{ji}(n) = -\eta \frac{\partial E(n)}{\partial w_{ji}(n)}$$

(5.29)

Avec $0 \leq \eta \leq 1$ représentant un taux d'apprentissage ou gain de l'algorithme.

Evaluons maintenant chacun des termes du gradient :

$$\frac{\partial E(n)}{\partial e_j(n)} = \frac{\partial \left[\frac{1}{2} \sum_{k \in C} e_k^2(n) \right]}{\partial e_j(n)} = \frac{1}{2} \cdot \frac{\partial e_j^2(n)}{\partial e_j(n)} = e_j(n)$$

(5.30)

$$\frac{\partial e_j(n)}{\partial y_j(n)} = \frac{\partial \left[d_j(n) - y_j(n) \right]}{\partial y_j(n)} = -1$$

(5.31)

$$\frac{\partial y_j(n)}{\partial v_j(n)} = \frac{\partial \left[\frac{1}{1 + e^{-v_j(n)}} \right]}{\partial v_j(n)} = \frac{e^{-v_j(n)}}{\left[1 + e^{-v_j(n)} \right]^2}$$

(5.32)

$$= y_j(n) \left[\frac{e^{-v_j(n)}}{1 + e^{-v_j(n)}} \right] = y_j(n) \left[\frac{e^{-v_j(n)} + 1}{1 + e^{-v_j(n)}} - \frac{1}{1 + e^{-v_j(n)}} \right] = y_j(n) \left[1 - y_j(n) \right]$$

(5.33)

Et finalement:

$$\frac{\partial v_j(n)}{\partial w_{ji}(n)} = \frac{\partial \left[\sum_{l=0}^{r} w_{jl}(n) y_i(n) \right]}{\partial w_{ji}(n)} = \frac{\partial \left[w_{ji}(n) y_i(n) \right]}{\partial w_{ji}(n)} = y_i(n)$$

(5.34)

Nous obtenons donc :

$$\frac{\partial E(n)}{\partial w_{ji}(n)} = -e_j(n) y_j(n) \left[1 - y_j(n) \right] y_i(n)$$

(5.35)

Et la règle dite du "delta" pour la couche de sortie s'exprime par :

$$\Delta w_{ji}(n) = -\eta \frac{\partial E(n)}{\partial w_{ji}(n)} = \eta \delta_j(n) y_i(n)$$

(5.36)

Avec

$$\delta_j = e_j(n) y_j(n) \left[1 - y_j(n) \right]$$

(5.37)

qui correspond à ce qu'on appelle le "gradient local"**(Parizeau, 04)**

Nous allons nous intéresser maintenant à faire l'adaptation des poids sur les couches cachées dont nous ne disposons pas de l'erreur observée.

Cas d'une couche cachée

Considérons maintenant le cas des neurones sur la dernière couche cachée (le cas des autres couches cachées est semblable).

– La variable n désignera toujours la donnée d'entrainement c'est à dire un couple de vecteurs d'entrées et de sorties désirées.

– L'objectif sera toujours d'adapter les poids de la couche courante en minimisant la somme des erreurs sur les neurones de la couche de sortie.

– Les indices i et j désigneront respectivement (comme précédemment) un neurone sur la couche précédente et un neurone sur la couche courante.

– L'indice k servira maintenant à designer un neurone sur la couche suivante.

Reprenons l'expression de la dérivée partielle de l'erreur totale E(n) par rapport à w_{ji} mais en ne dérivant plus par rapport à l'erreur   ej(n) car celle-ci est maintenant inconnue :

$$\frac{\partial E(n)}{\partial w_{ji}(n)} = \frac{\partial E(n)}{\partial y_j(n)} \cdot \frac{\partial y_j(n)}{\partial v_j(n)} \cdot \frac{\partial v_j(n)}{\partial w_{ji}(n)} \tag{5.38}$$

Par rapport aux résultats obtenus pour la couche de sortie, les deux derniers termes de cette équation restent inchangés, seul le premier terme requiert d'être évalué :

$$\frac{\partial E(n)}{\partial y_j(n)} = \frac{\partial\left[\frac{1}{2}\sum_{k\in C}e_k^2(n)\right]}{\partial y_j(n)} \tag{5.39}$$

Notre problème ici, contrairement au cas des neurones de la couche de sortie, est que tous les $e_k(n)$ dans la somme ci-dessus dépendent de yj(n) , nous pouvons écrire :

$$\frac{\partial E(n)}{\partial y_j(n)} = \sum_{k\in C}\left[e_k(n).\frac{\partial e_k(n)}{\partial y_j(n)}\right] = \sum_{k\in C}\left[e_k(n).\frac{\partial e_k(n)}{\partial v_k(n)}.\frac{\partial v_k(n)}{\partial y_j(n)}\right]$$

$$= \sum_{k\in C}\left[e_k(n).\frac{\partial[d_k(n)-\varphi(v_k(n))]}{\partial v_k(n)}.\frac{\partial\left[\sum_l w_{kl}(n)y_l(n)\right]}{\partial y_j(n)}\right]$$

$$= \sum_{k\in C}\left[e_k(n).(-y_k(n)[1-y_k(n)]).w_{kj}\right]$$
(5.40)

Et en substituant l'équation (5.37) on obtient :

$$\frac{\partial E(n)}{\partial y_j(n)} = -\sum_{k\in C}\delta_k(n)w_{kj}(n) \tag{5.41}$$

En substituant l'équation 5.41 dans l'équation 5.38, on obtient :

$$\frac{\partial E(n)}{\partial w_{ji}(n)} = -y_j(n)[1-y_j(n)]\left[\sum_{k\in C}\delta_k(n)w_{kj}(n)\right]y_i(n) \tag{5.42}$$

Et :

$$\Delta w_{ji}(n) = -\eta\frac{\partial E(n)}{\partial w_{ji}(n)} = \eta\delta_j(n)y_i(n)$$

(5.43)

Avec :

$$\delta_j(n) = y_j(n)[1-y_j(n)]\sum_{k\in C}\delta_k(n)w_{kj}(n)$$

(5.44)

On peut démontrer que les équations 5.43 et 5.44 sont valides pour toutes les couches cachées.

Cependant, que dans le cas de la première couche cachée du réseau, puisqu'il n'y a pas de couche précédente de neurones, il faut substituer la variable y_i (n) par l'entrée $x_i(n)$ **(Parizeau, 04).**

Nous résumons ainsi l'algorithme (règle du "delta") :

L'algorithme de retropropagation standard se résume donc à la série d'étapes suivantes :

1. Initialiser tous les poids à de petites valeurs aléatoires dans l'intervalle [−0.5, 0.5] ;

2. Normaliser les données d'entrainement ;

3. Permuter aléatoirement les données d'entraînement ;

4. Pour chaque donnée d'entraînement n :

(a) Calculer les sorties observées en propageant les entrées vers l'avant ;

(b) Ajuster les poids en retropropageant l'erreur observée :

$$w_{ji}(n) = w_{ji}(n-1) + \Delta w_{ji}(n) = w_{ji}(n-1) + \eta \delta_j(n) y_i(n) \qquad (5.45)$$

ou le gradient local est défini par :

$$\delta_j(n) = \begin{cases} e_j(n) y_j(n)[1 - y_j(n)] & si\ j \in couche\ de\ sortie \\ y_j(n)[1 - y_j(n)] \sum_{k \in C} \delta_k(n) w_{kj}(n) & si\ j \in couche\ cachée \end{cases} \qquad (5.46)$$

avec $0 \le \eta \le 1$ représentant le taux d'apprentissage et $y_i(n)$ représentant soit la sortie du neurone i sur la couche précédente, si celui-ci existe, soit l'entrée i autrement.

5. Répéter les étapes 3 et 4 jusqu''a un nombre maximum d'itérations ou jusqu'à ce que la racine de l'erreur quadratique moyenne (EQM) soit inférieure à un certain seuil.

Règle du "delta generalisée"
L'équation (5.45) décrit ce qu'on appelle la règle du "delta" pour l'algorithme de retropropagation des erreurs. L'équation suivante, nommée règle du "delta généralisée", décrit une autre variante de l'algorithme :

$$w_{ji}(n) = w_{ji}(n-1) + \eta \delta_j(n) y_i(n) + \alpha \Delta w_{ji}(n-1) \qquad (5.47)$$

ou $0 \le \alpha \le 1$ est un paramètre appelé momentum qui représente une espèce d'inertie dans le changement de poids.

En ajoutant ce terme à l'équation de l'étape finale, nous obtenons la règle de mise à jour suivante :

$$\Delta w_{ji}(n) = \eta \delta_j(n) y_i(n) + \alpha \Delta w_{ji}(n-1)$$

(5.48)

Cependant la mise à jour de la néme itération est affectée par la mise à jour de la (n-1)éme itération multiplié par le facteur momentum 'α', ce paramètre prend ses valeurs dans l'intervalle $0 \le \alpha \le 1$.L'utilisation de ce terme dans l'algorithme de rétropropagation améliore la vitesse de la convergence en évitant les minimums locaux dans la surface d'erreur. L'idée dans l'utilisation du momentum est de stabiliser le changement des poids en utilisant une combinaison de la descente du gradient avec une fraction du changement antérieur du poids. L'addition de ce terme donne au système une certaine inertie tant que les vecteurs poids continueront à se déplacer dans la même direction.

La méthode de la descente du gradient est garantie de converger vers un minimum global, à condition de restreindre la valeur du taux d'apprentissage. En pratique, nous sommes intéressés à fixer le plus grand possible pour converger le plus rapidement possible (par de grands pas) **(Parizeau, 04)**

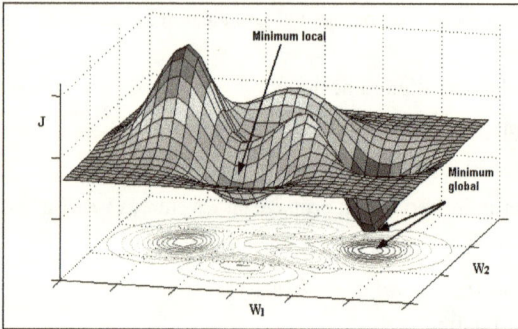

Figure 5 26 Représentation de la fonction de coût J d'un neurone à deux entrées pondérées W1 et W2 **(Guellal, 09)**

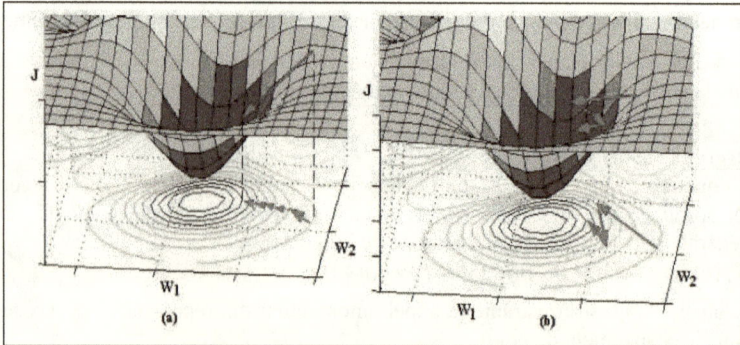

Figure 5 27 Minimisation de la fonction de coût J par la méthode du gradient.

(a) Pas du gradient est petit, convergence lente, le minimum global peut être atteint.
(b) Pas du gradient est grand, convergence rapide, le minimum global est rarement atteint
(Guellal, 09)

5.6.5.3 Choix d'une structure neuronale
Un problème qu'on doit impérativement résoudre avant d'utiliser un réseau de neurones est la définition de sa structure. Pour une topologie multicouche MLP, le

nombre de neurones d'entrée/sortie du réseau de neurones est imposé par la structure de fonctionnement globale où il sera inséré, tandis que le nombre de couches cachées ainsi que leurs nombres de neurones correspondant à chaque couche, ne sont pas limités.

5.6.5.3.1   Centrage des données

Avant tout apprentissage, il est indispensable de normaliser et de centrer toutes les données de la base d'apprentissage, afin qu'ils soient actifs, en moyenne sur la partie linéaire de la fonction sigmoïde (figure 5.28) **(Guellal, 09)**.

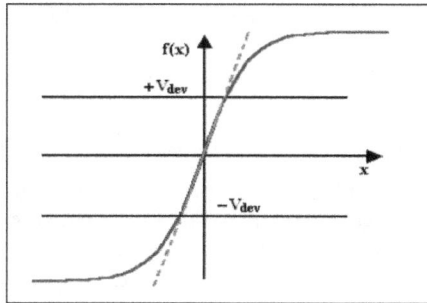

Figure 5 28 Centrage et normalisation des données de la base d'apprentissage **(Guellal, 09)**

En effet, si des entrées ont des grandeurs très différentes, celles qui sont « petites » n'ont pas d'influence sur l'apprentissage.En pratique, il est donc recommandé, d'appliquer pour chaque vecteur d'entrée V la normalisation suivante :

Soit : Vmin, Vmax et Vmoy respectivement le minimum, le maximum et la moyenne de la variable, V considérée. On définit :

$$Vdev = Max (Vmoy - Vmin, Vmax - Vmoy)$$
(5.49)

5.6.5.3.2   Surentraînement ou sur apprentissage

Le surentraînement est l'un des phénomènes que l'on peut rencontrer lors de l'apprentissage de réseau de neurones. Si le réseau possède trop de degrés de liberté par rapport à la complexité du problème, il aura tendance à apprendre les exemples du problème qu'on lui soumet à l'entraînement, et cela au détriment du caractère de généralisation que l'on attend du système.

La méthode la plus fréquemment utilisée pour palier ce défaut consiste à constamment tester l'efficacité du réseau sur une partie de données non utilisées pour l'entraînement. Cette méthode porte le nom de validation croisée ("cross validation"). Nous montrons dans la figure ci-dessous un exemple typique de comportement d'entraînement **(Gelin, 97)**

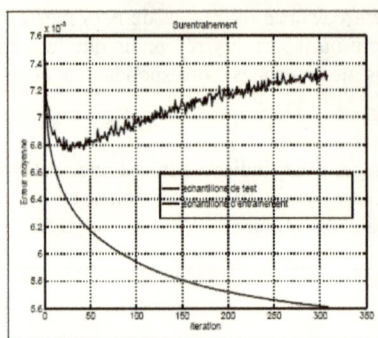

Figure 5 29   Courbes d'erreurs sur les échantillons de test et d'entraînement **(Gelin, 97)**

En effet, les réseaux de neurones ont été largement appliqués en reconnaissance des formes, ils peuvent incorporer l'information statistique et structurelle et permettent de meilleures performances que les classifieurs à distance minimale.

Les réseaux multicouches couplés avec l'algorithme de rétropropagation de gradient sont très utilisés en reconnaissance faciale et acoustique. Leur inconvénient est le temps d'apprentissage, en plus nous n'avons aucune garantie que tous les minimums locaux ont été atteints. Plus récemment, les réseaux de neurones à fonction de base radiale ont reçu un intérêt particulier dans plusieurs applications :

➢ C'est des approximateurs universels,
➢ Le temps d'apprentissage est rapide,
➢ Possède une topologie compacte par rapport aux autres réseaux.

5.6.6   Les réseaux à fonction de base radiale RBF
5.6.6.1 Introduction

Les réseaux de neurones à fonction de base radiale RBF forment une classe particulière de réseau de neurones. Ils trouvent leur origine dans des techniques d'interpolation d'un ensemble de points dans un espace multidimensionnel, introduites par Powell en 1987.

Leur architecture est semblable à celles des perceptrons multicouches .Toute fois, les réseaux RBF utilisent une approche de classification par noyau .Un noyau est une fonction définie dans l'espace des entrées, qui délimite une région restreinte appelée zone d'activité ou champ d'action. Ensemble de l'espace d'entrée est recouvert par les différentes zones d'activités des noyaux qui se recouvrent. Le problème à résoudre est divisé en un ensemble de sous problèmes, chacun d'eux étant résolu dans l'un des noyaux.

Afin de permettre cette approche de classification par noyau, les fonctions d'activation également appelées fonctions de base sont radiales .En effet leurs sorties ne dépendent que de la distance entre l'entrée et un point particulier de l'espace d'entrée : le centre de la fonction.

5.6.6.2 Architecture des réseaux RBF

Le réseau à fonction de base radiale RBF (Radial Basis Function) est basé sur une architecture qui s'organise en deux couches seulement ; une couche cachée et une couche de sortie comme le montre la figure 5.30 La couche cachée, constituée des noyaux (ou neurones) RBF effectue une transformation non linéaire de l'espace d'entrée. La couche de sortie calcule une combinaison linéaire des sorties de la couche cachée. Chaque noyau élémentaire calcule la distance entre l'entrée et son centre qu'il passe ensuite dans une non linéarité concrétisée par une fonction d'activation $\Phi(.)$ qui est généralement de type gaussienne. La valeur que prend la sortie du noyau gaussien est d'autant plus importante que l'entrée est plus proche de son centre et tend vers zéro, lorsque la distance entrée centre devient importante **(Yang&al, 03)**.

La figure suivante donne une représentation connexionniste d'un réseau RBF. Nous retrouvons à gauche la couche d'entrée x, au centre les centres RBF, à droite la couche de sortie S.

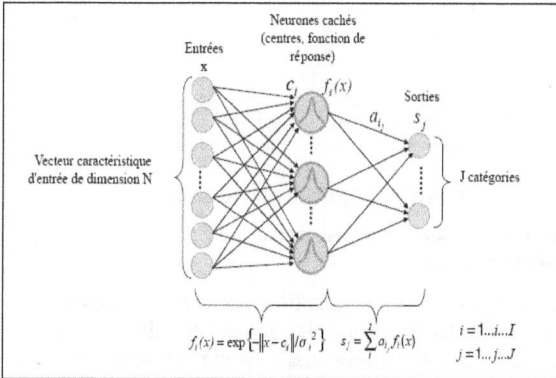

Figure 5 30 Architecture générale d'un réseau RBF **(Yang&al, 03).**

Son principe est d'approximer un comportement désiré par une collection de fonctions (appelées fonctions-noyau). Les fonctions-noyau de la méthode RBF sont locales, c'est-à-dire qu'elles ne donnent des réponses utiles que dans un domaine d'influence délimité par un seuil de distance. Ce seuil est défini autour d'un point, le noyau (ou centre). La distance Euclidienne est généralement utilisée pour la mesure de distance : **(Yang&al, 03).**

$$d(x) = \left\| x - u_i \right\|$$
(5.50)

Où $d(x)$ mesure la distance entre le vecteur x et le centre u_i de la fonction f. La fonction de la réponse la plus utilisée dans ce cadre est la Gaussienne :

$$f_i(x) = \exp(-\frac{d(x)^2}{\sigma_i^2})$$
(5.51)

Ainsi, chaque fonction-noyau est décrite par deux paramètres : la position de son centre u_i et le seuil de distance σ_i. Pour approximer un comportement donné, les fonctions-noyaux associées à une catégorie sont assemblées de façon à couvrir avec leurs domaines d'influence l'ensemble des vecteurs de cette catégorie. Ces fonctions sont ensuite pondérées puis sommées pour produire une valeur de sortie. La figure 5.30 présente la méthode RBF sous la forme d'un réseau à trois couches : une couche d'entrée, une couche cachée composée des fonctions noyaux, et une couche de sortie dont les neurones sont généralement animés par une fonction d'activation linéaire **(Parizeau, 04).**

La fonction gaussienne est définie comme suit :

$$\phi(x) = e^{-\frac{d(x)^2}{2\sigma^2}}$$

$$(5.52)$$

C'est une fonction locale qui fonctionne dans des intervalles restreints, elle est continue et bornée sur l'intervalle de fonctionnement.

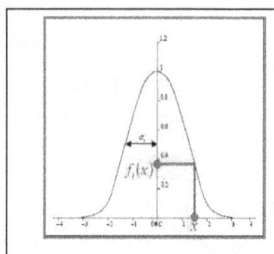

Figure 5 31 La fonction gaussienne.

5.6.6.3 Méthode et fonctionnement du réseau de type RBF
5.6.6.3.1   Présentation

Les réseaux à fonctions de base radiales (RBF) sont des modèles connexionnistes simples à mettre et oeuvre et assez intelligibles, et sont très utilisés pour la régression et la discrimination. Leurs propriétés théoriques et pratiques ont été étudiées en détail depuis la fin des années 80 ; il s'agit certainement, avec le Perceptron multicouche, du modèle connexionniste le mieux connu **(www2)**

Une fonction de base radiale (RBF) est une fonction ϕ symétrique autour d'un centre $\mu_j : \phi_j(X) = \phi(\|X - \mu_j\|), ou \|\cdot\|$ est une norme. Par exemple, la fonction gaussienne est une RBF avec la norme euclidenne et $\phi(r) = e^{-\frac{r^2}{2\sigma^2}}$. En général, les RBF sont paramétrées par σ qui correspond à la « largeur » de la fonction :

$$\phi_j(X) = \phi(\|X - \mu_j\|, \sigma_j)$$

$$(5.53)$$

Un modèle ou réseau RBF calcule une combinaison linéaire de fonctions radiales de centres μ_j : **(www2)**

$$y(X) = \sum_{j=1}^{N} w_j \, \phi(\|X - \mu_j\|, \sigma_j)$$

$$(5.54)$$

on distingue trois couches : entrée x, fonctions radiales, sortie, et trois jeux de paramètres : les centres μ_j, les largeurs σ_j et les poids w_j **(www2)**

Les combinaisons linéaires de gaussiennes sont utilisées depuis les années 60 pour construire des interpolations ou approximations de fonctions. A la fin des années 80, la présentation de ces modèles comme des réseaux connexionnistes a suscité un regain d'intérêt motivé en grande partie par la possibilité d'utiliser un algorithme d'apprentissage très rapide (sans recourir à des techniques d'optimisation non linéaire comme dans le cas du Perceptron multicouche), donnant en général des résultats voisins des meilleurs modèles connexionnistes **(www2)**.

5.6.6.3.2   Apprentissage

La procédure d'apprentissage des RBF mélange souvent deux types de méthodes. En effet, les paramètres des fonctions de base sont généralement calculés à partir des méthodes non supervisés, tandis que les poids sont calculés avec des méthodes supervisés .On parle d'apprentissage hybride.

Il y a cinq paramètres principaux dans un réseau RBF : le nombre de neurones RBF, le type de fonction de base pour chacun des neurones, la position des centres des fonctions de base (Centroides), la largeur de ces fonctions (ou déviation standard) et le poids des connexions entre les neurones RBF et la couche de sortie **(www2)**.

La modification de l'un de ces paramètres entraîne un changement de comportement de réseaux. Un des intérêts des RBF vient du fait qu'une fois les centres et les largeurs des fonctions de bases déterminées, la détermination des poids de connexion est simple, car la dépendance du réseau en ces poids est linéaire.

Pour l'apprentissage non supervisé, nous devons déterminer les centres des fonctions de base, Moody et al ont proposé des techniques de Clustering qui permettent d'estimer les positions des centres et des largeurs à l'aide d'un algorithme non supervisé de type k-means (k-moyenne) **(www2)**.

Dans l'apprentissage supervisé, la phase d'apprentissage consiste à calculer les poids de connexion entre la couche cachée et la couche de sortie.

L'apprentissage des modèles RBF est supervisé : il faut disposer d'un échantillon de l exemples (xi , yi) . Comme les perceptrons multicouches (MLP), les RBF sont utilisés pour résoudre tant des taches de discrimination (en général en choisissant $y_i \in \{-1,1\}^C$) que des taches de régression ou prévision de signal (monovarié $y_i \in R$ ou multivarié $y_i \in R^C$).

Les modèles RBF sont liés à de nombreuses autres approches utilisées en reconnaissance des formes ; les relations avec l'étude de l'approximation de fonctions (par exemple les splines) sont évidentes. Mentionnons aussi les liens avec la théorie de la régularisation, l'interpolation, l'estimation de densité **(www2)**.

L'apprentissage d'un modèle RBF consiste à déterminer son architecture (le nombre N de fonctions radiales) et à fixer les valeurs des paramètres. La plupart des utilisateurs déterminent empiriquement la valeur de N en recourant à des techniques de validation croisée.

L'apprentissage d'un réseau RBF est de type supervisé : on dispose d'un ensemble d'apprentissage constitué de l couples (vecteur d'entrée, valeur cible) :

$$(x_1, y_1), ...(x_m, y_m), \quad x_i \in R^d, y_i \in R \text{ et du coût associé à chaque exemple :}$$

$$E_i = \frac{1}{2}(y_i - F(x_i))^2$$

(5.55)

(Auquel on ajoute éventuellement un terme de régularisation).

Une caractéristique intéressante des modèles RBF est que l'on peut diviser les paramètres en trois groupes : les centres μ, les largeurs σ et les poids w. L'interprétation de chaque groupe permet de proposer un algorithme d'apprentissage séquentiel, simple et performant **(www2).**

Selon le théorème de séparabilité des échantillons, ou pour un problème de classification non linéaire dans un espace à grande dimension, peut devenir linéaire dans un autre espace de faible dimension **(Meng&al, 02),** le nombre de neurones gaussiennes u>=r, tel que r est la dimension de l'espace d'entrée. L'augmentation des unités gaussiennes nous amène vers une mauvaise généralisation, due au phénomène de surapprentissage, spécialement dans le cas d'une petite base de données. il est donc important d'analyser les échantillons d'apprentissage pour un choix approprié des unités cachées du réseau RBF.

De façon géométrique, l'idée d'un réseau neuronal RBF est de partitionner l'espace d'entrée en un nombre de sous espaces en forme d'hypersphères. Cependant, les algorithmes de classification tels que le k-means, la classification fuzzy k-moyens et la classification hiérarchique, largement utilisés dans les réseaux de neurones RBF , sont les approches utilisées pour résoudre ces problèmes **(Meng&al, 02).**

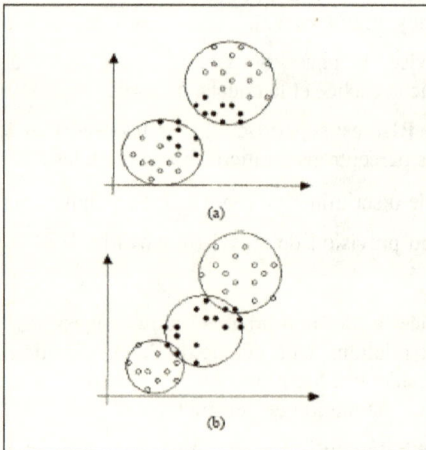

Figure 5 32 Échantillons deux dimensions et classification. (a) clustering conventionnel (b) clustering avec analyse selon **(Meng&al, 02)**

Cependant, nous rappelons que ces approches de classification sont des algorithmes d'apprentissage non supervisé telle qu'aucune information sur les échantillons n'est donnée. Comme exemple d'illustration, considérons un ensemble d'apprentissage (x_k ,y_k) dans la figure 5.32 , les points de données en noir et blanc reflètent les valeurs correspondants implicitement à la variable yk . Si nous utilisons l'approche de classification k-moyens sans considérer yk , seulement deux clusters sont schématisés sur la figure. La classification des points de voisinage est modifiée dans la phase d'apprentissage, ceci peut nous conduit à un phénomène de moyennage non désiré et l'apprentissage est non effectif **(Meng&al, 02)**.

Pour préserver l'homogénéité des clusters, trois clusters sont crées (Fig 5.32 b). dans ce cas, une procédure de classification non supervisée qui prend en compte la catégorie d'information des données d'apprentissage doit être prise en considération **(Meng&al, 02)**.

Considérant la catégorie d'information des échantillons d'apprentissage, la classe des membres n'est pas seulement dépendante des distances des échantillons, mais de la largeur des gaussiennes. Comme illustré sur la figure 5.33, le point P est proche du centre de la classe k en terme de distance euclidienne, mais nous pourrons sélectionner plusieurs largeurs de gaussiennes pour chaque cluster tel que le point P aura une forte appartenance à la classe j qu'à la classe k **(Meng&al, 02)**.

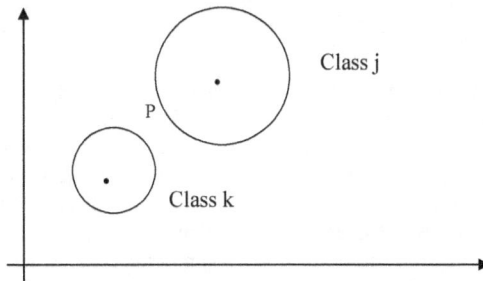

Figure 5 33   Effet de la largeur de gaussienne en classification

5.6.6.3.2.1   Approche séquentielle

Cette technique d'apprentissage proposée dès la fin des années 1980 est très couramment utilisée. Elle consiste à optimiser successivement les trois jeux de paramètres (μ_j, σ_j, w_j). Cette technique a l'avantage d'être simple à mettre en oeuvre, de demander peu de calculs et de donner des résultats acceptables. La solution obtenue n'est cependant pas optimale.

Dans un premier temps, on estime les positions des centres μ_j et des largeurs σ_j à l'aide d'un algorithme non supervisé de type k-moyennes. Une fois ces paramètres fixés, il est possible de calculer les poids wj optimaux par une méthode de régression linéaire. C'est certainement la simplicité et l'efficacité de cette méthode qui a fait le succès des RBF **(www2)**.

5.6.6.3.2.2   Apprentissage par descente de gradient

Une alternative à l'apprentissage séquentiel décrit dans la section précédente consiste à optimiser les paramètres du modèle RBF par descente de gradient, comme on le fait pour d'autres modèles connexionnistes. Il faut pour cela calculer les dérivées du coût (éventuellement régularisé) par rapport aux différents paramètres.

Pour une fonction gaussienne :

$$\phi_{ij} = \exp(-\frac{\left\|x_i - \mu_j\right\|^2}{2\sigma_j^2}) \tag{5.56}$$

et un coût $E_i = \frac{1}{2}(y_i - y(x_i))^2$, les dérivées partielles s'écrivent :

$$\frac{\partial E_i}{\partial w_j} = -w_j(y_i - \sum_j w_j \phi_{ij})\phi_{ij} \tag{5.57}$$

$$\frac{\partial E_i}{\partial \sigma_j} = -w_j \frac{\left\|x - \mu_j\right\|^2}{\sigma_j^3}(y_i - \sum_j w_j \phi_{ij})\phi_{ij} \tag{5.58}$$

$$\frac{\partial E_i}{\partial \mu_j^k} = -w_j \frac{x_i^k - \mu_j^k}{\sigma_j^2}(y_i - \sum_j w_j \phi_{ij})\phi_{ij} \tag{5.59}$$

A partir de ces équations, on peut mettre en oeuvre un algorithme d'apprentissage standard de minimisation de l'erreur, en version batch (calcul de l'erreur sur l'ensemble des exemple avant mise à jour des paramètres) ou en ligne (mises à jour après chaque exemple, approche qui en général offre de meilleures performances). Il s'agit cependant d'un problème non linéaire, et l'algorithme d'optimisation a de grandes chances de rester bloqué dans un minimum local de la fonction de coût. La réussite de l'optimisation dépend donc beaucoup des conditions initiales. Il est donc recommandé de n'utiliser l'optimisation globale des paramètres par descente de gradient qu'après un apprentissage séquentiel classique. La descente de gradient permet alors d'effectuer un réglage fin des paramètres qui améliore les performances.

Notons que les solutions RBF obtenues avec un apprentissage par descente de gradient sont souvent assez différentes de celles obtenues par apprentissage séquentiel **(www2)**

5.6.7 Comparaison entre le réseau MLP et le réseau RBF

Les réseaux de neurones de type MLP et RBF sont capables d'approximer n'importe qu'elle fonction non linéaire ; la différence porte sur l'architecture qui est figée en deux couches pour les RBF et peut comporter plusieurs couches pour le MLP.

Le réseau RBF soufre d'une difficulté dans le calcul de la distribution optimale des centres. Si les centres ne sont pas identifiés avec une grande précision, il se produira des dégradations dans les performances du système. En outre, la complexité de calcul augmente exponentiellement avec le nombre d'entrée, augmentant ainsi la difficulté du problème. Cependant l'addition d'une couche cachée supplémentaire peut améliorer la généralisation du MLP; il peut aussi réduire le nombre de neurones requis et, donc, être une solution plus désirable.

5.6.8 Résultats expérimentaux
5.6.8.1 Introduction

Nous allons analyser dans ce qui suit les résultats obtenus pour les deux modalités visuelle et acoustiques prises séparément, puis la fusion des vecteurs descripteurs de chaque modalité. Nous présentons dans une première étape le système de reconnaissance acoustique basé sur une paramétrisation MFCC et PLP avec le classifieur MLP et RBF, des comparaisons entre les caractérisations est élaborée. La deuxième étape concerne le système de reconnaissance visuel basé sur deux techniques : le réseau de neurones artificiel MLP appliqué aux coefficients DCT et aux coefficients ondelettes DWT. Nous présentons alors les résultats relatifs à chaque étage pris séparément puis celui de l'étage de fusion qui concerne à fusionner les paramètres acoustiques et visuels pour pouvoir les entraîner par un classifieur MLP.

La figure suivante présente le système de reconnaissance de locuteur/parole qui inclut un module de reconnaissance et un module de fusion de traits caractéristiques issus d'une modélisation acoustique par les coefficients cepstraux MFCC/PLP et une modélisation visuelle DCT ou DWT, le classifieur utilisé est un réseau de neurones artificiel appelé perceptron multicouches.

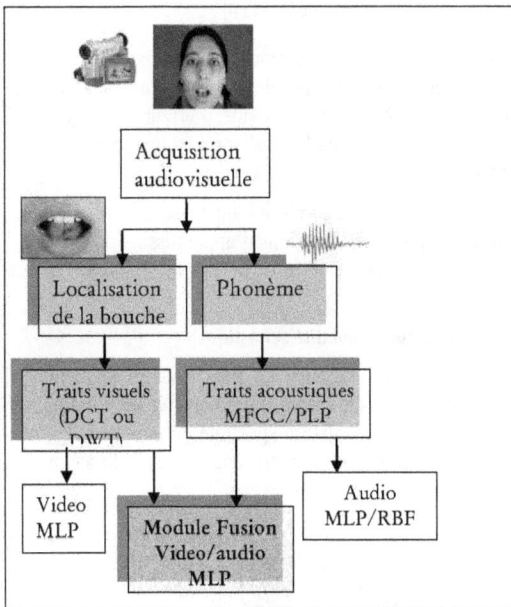

Figure 5 34 Schéma synoptique du système de reconnaissance bimodal

Le corpus est une répétition de 28 phonèmes de la langue arabe prononcés par dix locuteurs algériens dont cinq masculins et cinq féminins. Les flux audio et vidéo sont traités en parallèle par leurs module correspondant « extraction des traits » : MFCC ou PLP pour la modalité auditive et les coefficients DCT ou ceux issus d'une analyse par ondelettes pour la modalité visuelle. Les deux modules de reconnaissance représentent des systèmes unimodaux, nous traitons dans notre étude les scores obtenus pour chaque modalité prise séparément. Les deux vecteurs caractéristiques peuvent être concaténés en un seul vecteur caractéristique représentant la fusion des deux traits acoustiques et visuels pris en série. Le classifieur neuronal reçoit donc un vecteur représentant l'identité du locuteur et peut donc entraîné pour apprendre l'ensemble des échantillons des dix locuteurs, un score final est ainsi calculé.

Les réseaux de neurones ont prouvé leurs efficacité à résoudre des problèmes de prédiction, classification et de reconnaissance de formes. Les réseaux de neurones perceptron multicouches sont des réseaux feed-forward utilisant l'algorithme de rétro propagation du gradient.

Le processus d'apprentissage requiert des paires de vecteurs d'entrée et vecteurs de sortie. Le vecteur de sortie y de chaque vecteur d'entrée est comparé au vecteur cible d. dans le cas d'une différence, les poids sont ajustés dans le but de minimiser cette différence. Initialement, des poids et des seuils aléatoires sont assignés au réseau. les poids sont mis à jour à chaque itération dans le but de minimiser l'erreur quadratique moyenne entre le vecteur de sortie et le vecteur cible.

La fonction utilisée logsigmoid $f(x) = \dfrac{1}{1 + \exp(-x)}$ tel que sa dérivée nécessaire à l'apprentissage est très simple à calculer $\left\{ f'(x) = f(x)[1 - f(x)] \right\}$.

Les réseaux de neurones sont des structures statistiques adaptatifs, ceci signifie qu'ils peuvent changer itérativement les valeurs de leurs paramètres (poids synaptiques).La rétropropagation consiste à mesurer le terme d'erreur entre la sortie cible d(n) et la sortie observée y(n). Nous utilisons le gradient conjugué pour la règle de mise à jour des poids et valeurs de biais.

La première étape consiste à créer et initialiser le réseau ainsi que sa configuration. Le réseau MLP a été appris en utilisant plusieurs fonctions d'apprentissage, nous avons utilisé la fonction log-sigmoid dans la couche cachée et la couche de sortie vu les résultats satisfaisants que nous avons obtenu.

5.6.8.2 Système de reconnaissance acoustique (modalité acoustique)

Cette opération est réalisée pour chaque individu et pour chaque phonème. 9 coefficients PLP et 20 coefficients MFCC ont été choisis pour caractériser nos signaux acoustiques.La figure suivante montre la représentation spectrale du phonème غ /ɣ / dans le domaine spectral (échelle linéaire, -a-) et sa représentation avec la technique PLP dans l'échelle bark(b).

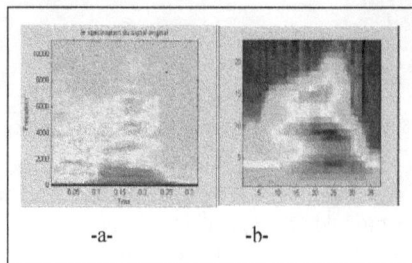

-a-   -b-

Figure 5 35 Représentation spectrale du phonème غ /ɣ / **(Chelali&al, 11c)**

Il a été montré que l'utilisation des vecteurs spectraux à court terme améliorait de façon significative les performances des systèmes.

Cependant, la réduction de dimensions ou la paramétrisation de la parole est une étape très importante qui a pour but d'améliorer les performances des systèmes de reconnaissance.

Un réseau de neurones MLP est utilisé pour classer chaque trame et l'assigner à un locuteur. Le réseau MLP est composé de trois couches et entraîné en utilisant la règle de rétropropagation du gradient **(Chelali&al, 11c)**.

Le nombre des neurones d'entrée est égal à la taille des vecteurs d'entrée. Le nombre des sorties est égal au nombre des locuteurs. Le nombre de neurones dans la couche cachée est choisi par l'utilisateur.

Le réseau recevra une couche d'entrée ayant une matrice de (C*50) tel que C correspond à l'ensemble des coefficients de toutes les trames analysées, 50 corresponds à 5 signaux d'apprentissage pour les 10 locuteurs. La matrice des vecteurs test est définie comme variables test, qui a la même dimension que la matrice d'apprentissage.

28 réseaux MLP sont construits pour chaque phonème. Nous utilisons la fonction logsigmoid comme fonction de transfert pour tous les neurones (couche cachée et couche de sortie).

Dans le but de montrer l'importance des éléments processeurs, nous entraînons notre classifieur MLP avec des neurones cachés variable de 5 à 45. Pour un nombre de neurones faible (5 à 10) dans la couche cachée, nous observons une large erreur test, donc un taux de reconnaissance faible. Après 35 neurones approximativement, l'erreur MSE revient ainsi faible. En effet, une addition de neurones trop importante diminue la performance du système, ceci est connu sous le nom de « sur apprentissage » décrit auparavant **(Chelali&al, 11c).** Dans nos expériences, nous démontrons la décision du nombre optimal de neurones dans la couche cachée. Le tableau suivant montre la topologie de l'architecture du réseau en fonction de plusieurs paramètres **(Chelali&al, 11c).**

Table 5. 1 Choix des paramètres pour l'architecture du réseau

Paramètre	valeur	Fixée/ variable
Matrice de données	2800 Signaux de taille variable	Fixée
#PLP, MFC	9*Nb de trames, 12*Nb trames	Fixée
Algorithme d'apprentissage	Descente du gradient	
Fonction de transfert	log-sigmoid pour les 2 couches	Fixée
#Neurones dans la couche cachée	5,10,15,20,25,30,35,40,45	variable
Erreur d'apprentissage maximale MSE	0.0001	fixée

Iterations maximales	4000	variable

Les résultats obtenus avec les deux vecteurs descripteurs MFCC et PLP sont donnés par le graphe suivant en utilisant le classifieur neuronal MLP :

Taux de reconnaissance MFCC-MLP et PLP-MLP

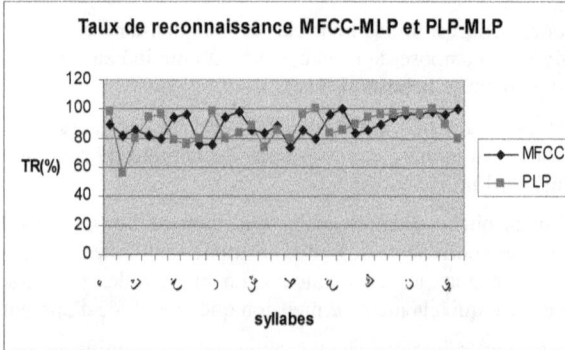

Figure 5 36 Taux de reconnaissance MFCC-MLP et PLP-MLP

Il est clair que pour l'ensemble des syllabes, le taux de reconnaissance obtenu par la caractérisation MFCC est souvent supérieur à celui obtenu pour les coefficients PLP, sauf pour certains signaux syllabiques.

Nous avons opté pour la suite de notre thèse de travailler avec les vecteurs MFCC comme vecteur d'entrée de notre système d'identification de locuteur/parole.

En comparant le classifieur MLP au classifieur RBF, les résultats montrent une légère différence entre les scores obtenus. Bien que le réseau RBF présente une convergence rapide par rapport au classifieur MLP, ce dernier présente une architecture modifiable aisément lors de l'apprentissage.

Taux de reconnaissance MFCC-MLP et MFCC-RBF

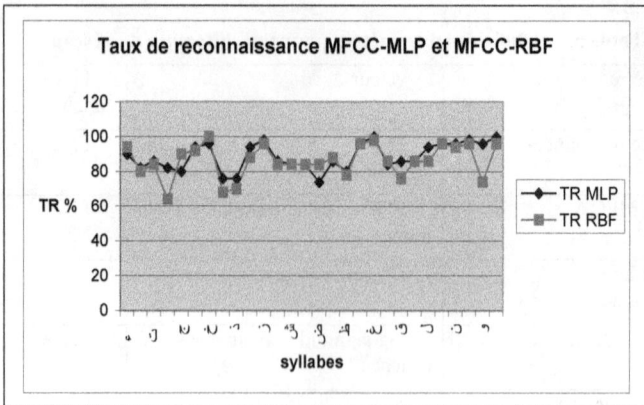

Figure 5 37 Taux de reconnaissance MFCC-MLP et MFCC-RBF

Cette complexité, que doit traiter la perception auditive, explique les difficultés auxquelles sont confrontées les recherches dans ce domaine, la multiplicité des théories contradictoires, la limitation de leur application clinique.

Le problème de la classification du signal sonore ou l'identification de locuteurs est un problème de reconnaissance de forme. Il est important de souligner l'intérêt d'une bonne étude dans ce processus : l'extraction pertinente des caractéristiques du signal (MFCC ou PLP) et le choix du classsifieur.

5.6.8.3 Système de reconnaissance visuelle (modalité visuelle)

Bien que la communication orale engage l'ensemble du visage du locuteur, les lèvres occupent une place privilégiée : elles fournissent une source visuelle d'information pour la perception de la parole. La capture automatique des mouvements labiaux tend à doter l'ordinateur de paramètres intelligibles et indépendants pour contrôler des visages synthétiques parlants ou bien identifier le message énoncé par une reconnaissance audiovisuelle automatique. Les difficultés technologiques résident dans la complexité de ces mouvements et la variabilité intra- et inter- locuteurs.

L'extraction des traits ou vecteurs caractéristiques joue un rôle important dans toute tache de classification des formes. En effet, la sélection des traits pertinents à partir d'un ensemble de données redondants est nécessaire. Dans certains cas, le classifieur généralise moins quand l'ensemble de données redondantes est important. Beaucoup de chercheurs ont montrés la possibilité d'extraire les trais pertinents dans l'espace fréquentiel, tel que l'espace décrit par la transformée en cosinus discrète. Les résultats ont montés l'efficacité d'extraire des composantes fréquentielles discriminantes pour la classification **(Meng&al, 05)**.

La reconnaissance faciale (plus précisément labiale) est largement utilisée dans les systèmes de reconnaissance audiovisuelle, son implémentation est difficile vu les variations d'illumination, de pose, d'age, etc. la procédure de reconnaissance visuelle utilisée dans notre thèse inclut deux étapes : l'extraction des vecteurs caractéristiques tels que les coefficients DCT ou issus de la transformée par ondelettes DWT, et l'étape de classification réalisée par un réseau MLP ou RBF. La figure 5.38 illustre le principe adopté : (**Chelali&al, 10**).

Le système de reconnaissance visuelle a été initialement appris pour un nombre maximal de 4000 itérations ou jusqu'à ce que l'erreur quadratique moyenne atteint la valeur 0.0001.Vingt huit (28) réseaux MLP ont été construits pour chaque phonème, tous les réseaux présentent une convergence rapide quand les coefficients DCT sont pris comme vecteurs d'entrée au réseau et le processus d'apprentissage s'arrête au bout de 400 à 500 itérations, avec une erreur moyenne quadratique égale à (10-4).

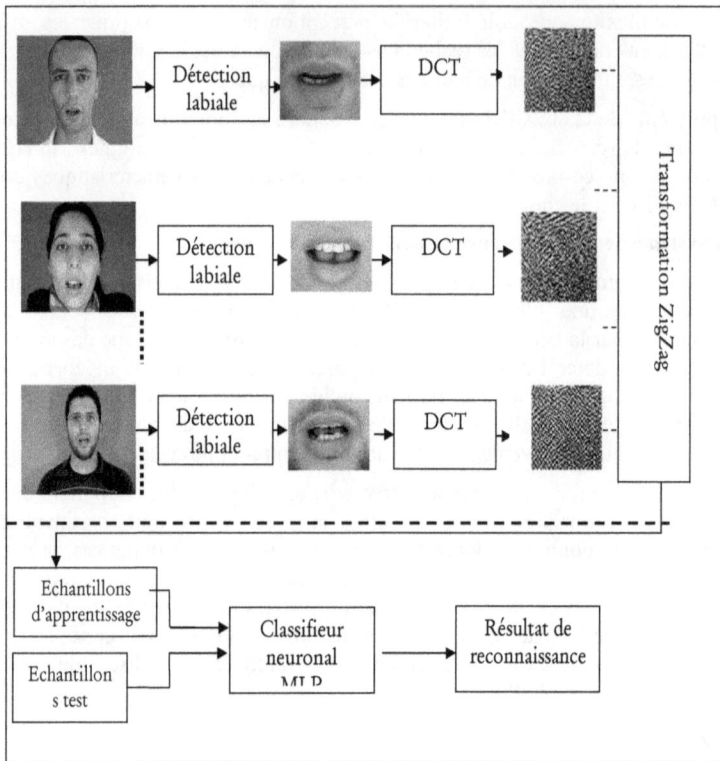

Figure 5 38 Diagramme proposé pour la méthode adoptée basée DCT-MLP **(chelali&al, 10)**

Nous avons implémenté l'algorithme DCT-MLP en variant la taille du vecteur caractéristique issu de la phase de caractérisation de 20 à 140~180 coefficients pour une image labiale de 120*160 pixels (rendue 120*120), les résultats obtenus montrent qu'en gardant seulement 90 ou 100 coefficients, les taux de reconnaissance sont satisfaisants.

D'autre part, nous nous sommes limité pour la caractérisation labiale par ondelettes au 2éme niveau de décomposition. Plusieurs tests ont été effectués, nous avons retenu cette dernière puisqu'elle permet d'avoir des taux accecptables et une meilleure reconstitution de la forme labiale étudiée. Les ondelettes de haar et daubechies ont été largement utilisées par beaucoup de chercheurs dans le domaine de la reconnaissance faciale et acoustique, nous démontrons ainsi au cours de notre analyse sa robustesse pour les fomrmes (patterns) du visage telle que la forme labiale.

Les résultats obtenus pour la modalité visuelle et pour l'ensemble des 28 phonèmes sont illustrés par la figure suivante :

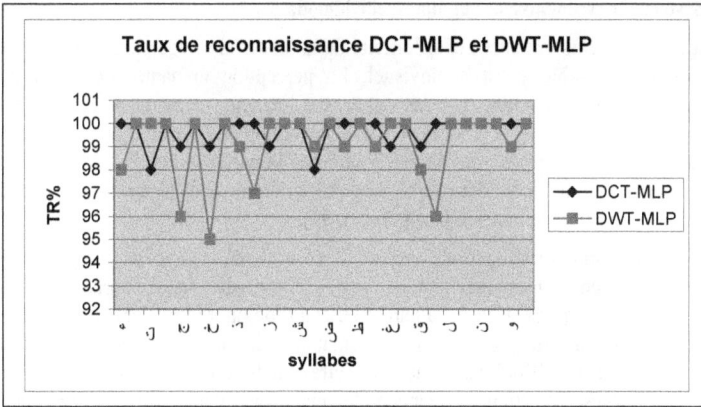

Figure 5 39 Taux de reconnaissance DCT-MLP et DWT-MLP

Nous concluons plusieurs remarques à partir des résultats obtenus :

> ➤ Bien que le temps d'exécution de la caractérisation des dix locuteurs par ondelettes est beaucoup plus court (de l'ordre de 40 secondes) par rapport à celui obtenu pour la technique DCT (environ 3 minutes pour les 100 images des dix locuteurs), les résultats obtenus par le classifieur DCT-MLP sont meilleurs à ceux obtenus par le classifieur DWT-MLP.

> ➤ Nous avons montré que la modalité visuelle améliore fortement les résultats de la reconnaissance audiovisuelle en la comparant à ceux obtenus pour la modalité acoustique.

> ➤ Les résultats obtenus pour la modalité acoustique varient de 75% à 100%, ceci est du à plusieurs paramètres tels que : état émotionnel et physique du locuteur, bruits existants, les conditions d'enregistrement, la vitesse d'élocution, etc.

> ➤ En étudiant le dernier paramètre « vitesse d'élocution », une comparaison entre les durées des phonèmes ou des séquences monosyllabiques des locuteurs a été faite, le calcul de la durée syllabique étudié au chapitre 3 nous a permis de conclure que la durée de l'entité choisie est largement dépendante du locuteur et du débit de parole. Ainsi, aucune mesure ne peut donner de modèle absolu de la durée. Cette dernière est corrélée à une multitude de facteurs complexes de nature linguistique (accent, position des mots dans la phrase, catégorie grammaticale, etc.) et extra-linguistique (débit de parole, émotion, expressivité, etc.).

L'étape de caractérisation de locuteurs ou de réduction de l'espace de données est très importante dans le développement des systèmes de reconnaissance audiovisuelle. Elle permet de récupérer des coefficients non redondants et assez discriminants, ce qui améliore fortement la fiabilité et la robustesse des systèmes d'identification ou de vérification de locuteurs, de la parole ou de l'image faciale.

5.6.8.4 Système de reconnaissance audiovisuelle bimodale

Plusieurs chercheurs ont décrit la spécificité de la modalité visage parlant par le fait que le signal de parole y est audiovisuel. La perception humaine tire profit de l'information visuelle apportée par le visage du locuteur notamment lorsque les conditions acoustiques sont dégradées. C'est cette bimodalité intrinsèque, et le gain d'intelligibilité qu'elle apporte, qu'explore l'étude de la parole audiovisuelle. Mise en évidence pour la communication humaine, elle ouvre de nouvelles perspectives pour la communication avec et par la machine **(Revéret, 92)**.

Bien que la communication orale engage l'ensemble du visage du locuteur, les lèvres occupent une place privilégiée : elles fournissent une source visuelle d'information pour la perception de la parole et, étant toujours identifiables, se prêtent à une analyse automatique. La capture automatique des mouvements labiaux (ou labiométrie) tend à doter l'ordinateur de paramètres intelligibles et indépendants pour contrôler des visages synthétiques parlants ou bien identifier le message énoncé par une reconnaissance audiovisuelle automatique. Les difficultés technologiques résident dans la complexité de ces mouvements et la variabilité intra- et inter- locuteurs **(Revéret, 92)**.

Plusieurs recherches se sont intéressées à l'étude du visage parlant, dans des conditions bruitées, l'accès à l'information visuelle peut grandement faciliter la compréhension du message auditif. On peut alors s'interroger sur la contribution respective de chacune de ces informations unimodales sur la perception, et sur leur possible interaction dans des conditions normales (non bruitées). D'un point de vue comportemental, deux approches principales peuvent apporter des éléments de réponse :

- d'une part, l'étude des perceptions et des réactions comportementales de sujets face à des situations sensorielles conflictuelles qui engendrent des illusions perceptives,

- d'autre part, l'étude des performances de sujets face à des entrées sensorielles bi- (ou multi-) modales qui portent des informations complémentaires ou non d'un point de vue structurel ou sémantique **(Bredin, 07)**.

La parole ne se réduit pas uniquement à du son transmis entre la bouche d'un locuteur et l'oreille de celui qui le reçoit.La chaîne de production de la parole est un système complexe mettant en œuvre un ensemble d'articulateurs dont certains sont peu visibles car placés à l'intérieur du conduit vocal et d'autres visibles tels que les lèvres. La parole est donc multimodale et met en éveil les sens du système de perception de la parole qui sait recruter non seulement l'audition, mais aussi la vision.

La reconnaissance audiovisuelle de la parole concerne la reconnaissance de la parole par les êtres humains ou la machine tels que les composantes acoustiques et visuelles sont utilisées simultanément. Dans la reconnaissance de la parole par la machine, la composante visuelle est utilisée comme support pour la reconnaissance acoustique de la parole. Implémenter un système de reconnaissance audiovisuel de la parole est basé sur des expériences d'une lecture labiale. Les systèmes de reconnaissance acoustique du locuteur/parole sont loin d'être parfaits dans des conditions de bruit. Le contenu de la parole peut être expliqué partiellement à travers la lecture labiale.

Dans cette section, nous présentons le problème d'un système de reconnaissance bimodal, qui reconnaît les individus à partir de séquences audiovisuelles basé sur la fusion des traits acoustiques et visuels déjà enregistrés dans une base d'individus connus. Notre objectif est d'étudier la technique de fusion de données des deux modules de reconnaissance afin d'améliorer le taux de reconnaissance au lieu d'étudier chaque modalité séparément.

Ceci nous conduit à dire que la perception de la parole humaine est bimodale : l'être humain combine l'information acoustique et visuelle pour décider quel a été le mot prononcé, spécialement dans des environnements bruités ou identifier le locuteur. Plusieurs techniques de fusion ont déjà été présentées.

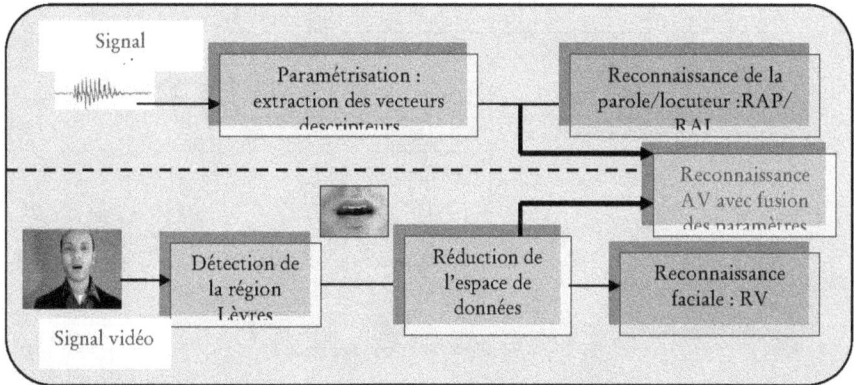

Figure 5 40 Schéma synoptique global de reconnaissance audiovisuelle réalisée

La fusion au niveau des traits caractéristiques utilise plusieurs vecteurs extraits à partir de différents capteurs ou différents vecteurs extraits à partir du même capteur mais de différentes façons. Un classifieur doit être utilisé pour les nouveaux vecteurs d'apprentissage.

La sommation pondérée peut être utilisée si les vecteurs sont extraits à partir de capteurs homogènes (deux microphonnes par exemple). Autrement dit, tous les vecteurs descripteurs peuvent être concaténés dans un seul vecteur trait, qui représente l'identité de la personne dans un nouvel espace traits.

Le vecteur concaténé est large et le nouvel espace de traits devient plus grand que l'espace des traits. Plus de donnécs d'apprentissage est nécessaire et une réduction de dimensionnalité tel que ACP ou LDA peut être utilisée. Un des problèmes de cette fusion est que l'on ne peut pas distinguer entre la bonne ou mauvaise contribution à la décision finale.

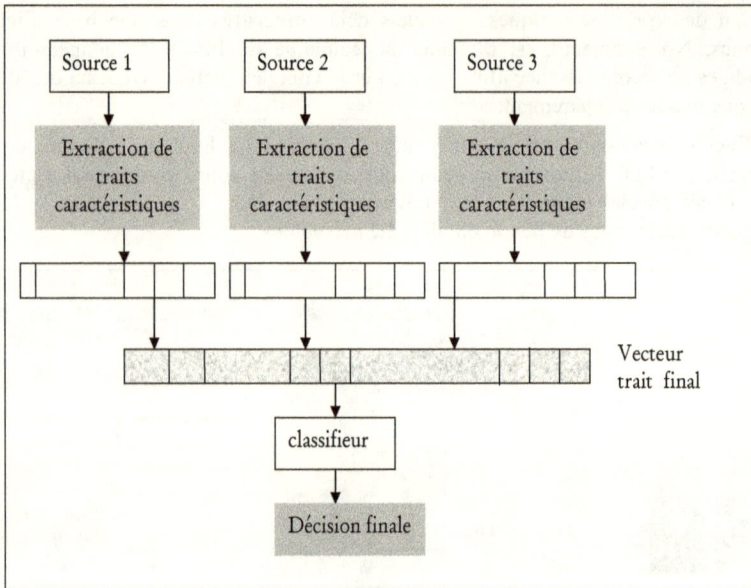

Figure 5 41 Fusion des traits

La fusion au niveau des traits caractéristiques est la plus compliquée à cause de la synchronisation des trames. Un exemple de la reconnaissance à partir du flux audio et vidéo est que les deux flux ont des fréquences d'échantillonnage différentes. Les trames video sont extraites chaque 25 images par seconde alors que les traits acoustiques sont entre 100fps à 33fps (10-30ms).

Afin d'équilibrer les fréquences d'échantillonnage, une solution consiste à interpoler linéairement les vecteurs de paramètres visuels. Une autre solution consiste à sous-échantillonner les vecteurs de paramètres acoustiques (**Bredin, 07**).

Dans notre étude, nous utilisons les traits labiaux extraits par une analyse DCT ou ondelettes discrètes. Notre contribution consiste à fusionner la modalité auditive et l'information labiale, modélisée par une DCT, pour la tache de reconnaissance du locuteur/parole. Nous avons opté pour notre analyse à la fusion sérielle des paramètres acoustiques (MFCC/PLP) et visuels (DCT) en vecteurs audiovisuels, ces derniers servent comme vecteurs d'entrée au classifieur neuronal pour réaliser la reconnaissance audiovisuelle de la parole ou du locuteur. La figure suivante illustre les résultats obtenus :

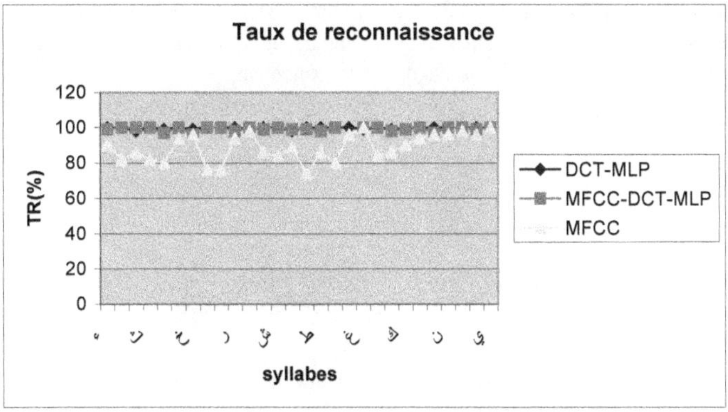

Figure 5 42 Taux de reconnaissance des 28 syllabes pour la modalité auditive (MFCC-MLP)
et la modalité auditive-visuelle (MFCC-DCT-MLP)

D'après l'analyse des résultats, nous avons montré que la modalité visuelle améliore fortement les résultats de la reconnaissance audiovisuelle en la comparant à ceux obtenus pour la reconnaissance acoustique. En effet, Les résultats obtenus pour la modalité acoustique varient de 75% à 100%, ceci est du à plusieurs paramètres tels que : état émotionnel et physique du locuteur, bruits existants, les conditions d'enregistrement, la vitesse d'élocution, etc.

En étudiant le dernier paramètre « vitesse d'élocution », une comparaison entre les durées des phonèmes ou des séquences monosyllabiques des locuteurs a été faite, après segmentation des signaux et élimination des signaux bruits, le calcul de la durée syllabique nous amène aux conclusions suivantes :

Nous avons calculé la variation de la durée syllabique pour l'ensemble de 28 phonèmes, elle est de 200ms à 400ms pour les locuteurs masculins (amine et halim), tandis que pour les locuteurs féminins, elle peut atteindre la valeur 650 ou 700 ms (cas de la locutrice naima), ce phénomène indésirable et inévitable vu les conditions d'enregistrement est une des causes principales des dégradations des taux de reconnaissance de la modalité acoustique.

Comme les autres paramètres, la durée est largement dépendante du locuteur et du débit de parole. Ainsi, aucune mesure ne peut donner de modèle absolu de la durée. Elle est corrélée à une multitude de facteurs complexes de nature linguistique (accent, position des mots dans la phrase, catégorie grammaticale, etc.) et extra-linguistique (débit de parole, expressivité,etc.).

En effet, les résultats obtenus pour la modalité acoustique reflètent la variabilité de ce signal pseudo aléatoire, nous résumons dans ce qui suit les paramètres influant sur les résultats obtenus :

➢ Soit au locuteur (état physique et cognitif) ou le signal se modifie en fonction de l'état émotionnel ou physique du locuteur (stress, fatigue, voix enrouée, etc.),

> soit à l'environnement ou au média de transmission du signal, le microphone par exemple, selon ses caractéristiques (plus ou moins directif), capte, en même temps que le signal de parole, les bruits de l'environnement,

> Soit à la langue elle-même (ambiguïté)

> Soit à la phase de segmentation temporelle qu'on ne peut réaliser de façon optimale, etc.

5.6.8.5 Comparaison entre les différentes approches

Nous avons appliqué plusieurs approches à la reconnaissance audiovisuelle, nous exposons dans ce paragraphe les performances de reconnaissance tels que l'ACP-kppv, l'ADL-kppv, MLP-DCT et le RBF-DCT.

Les performances du classifieur MLP et RBF ayant les coefficients DCT ou ondelettes DWT comme vecteurs descripteurs comparé à d'autres classifieurs tels que l'ACP-kppv et ADL-kppv , dans le cas de la reconnaissance faciale, est présenté par la table suivante

Table 5. 2Comparaison entre les différentes approches

Méthode	PCA-kppv	LDA-kppv	DCT+MLP	DWT-MLP	DCT-RBF
Taux de reconnaissance	55 à60%	90%	98à 100%	95à100%	94%
Temps d'exécution	6min	5min	3min 5sec	1min 30sec	2min

Il est évident à partir de la table que la méthode neuronale des taux de reconnaissance élevés et un temps d'exécution faible. Le classifieur MLP donne des résultats meilleurs que les classifieurs linéaires ACP-kppv et LDA-kppv. En effet, les réseaux de neurones largement appliqués en reconnaissance des formes peuvent incorporer l'information statistique et structurelle et permettent de meilleures performances que les classifieurs à distance minimale.

L'avantage des réseaux de neurones par rapport aux classifieurs linéaires est qu'ils permettent de réduire les fausses classifications entre les voisinages des classes. Évidement, cette capacité diminue avec le nombre important de données d'entrée.

5.6.8.6 Etude des performances des classifieurs neuronaux sur des bases de données faciales standard

Les classifieurs MLP et RBF ont été testés sur deux bases de données faciales standard, la base ORL et celle du centre Computer vision. Nous donnerons d'abord quelques images choisies de la base ORL.

La base ORL a été fournie par le laboratoire de recherche OLIVETTI. Conçue par AT&T laboratoires de l'université de Cambridge en Angleterre, la base de donnée ORL (Olivetti Research Laboratory) est une base de donnée de référence pour les systèmes de reconnaissances automatique des visages. Sa popularité est due aux nombre de contraintes imposées, la plus part des changements possibles et prévisibles du visage ont été pris en compte, comme par exemple : le changement de coiffure, la barbe, les lunettes, les changements dans les expressions faciales, etc. Ainsi que les conditions d'acquisition telles que : le changement d'illumination et le changement d'échelle dû à la distance entre le dispositif d'acquisition et l'individu. La base ORL comprend aussi des individus de différents âges, sexe et couleurs de peaux.

La base de données ORL est constituée de 20 individus, chaque individu possède 10 poses. Les poses ont étaient prises sur des intervalles de temps différents pouvant aller jusqu'à trois mois. Nous présenterons dans la figure suivante quelques spécificités de la base de données.

Figure 5 43 Exemple de changements d'orientations du visage (base ORL)

Figure 5 44 Exemple de changements d'éclairage (base ORL)

Cet exemple montre les changements d'échelle dus à la distance entre le dispositif d'acquisition et l'individu :

Figure 5 45 Exemple de changements d'échelle (base ORL)

Figure 5 46 Exemple de changements des expressions faciales (base ORL)

Figure 5 47 Exemple de changements de coiffure et de port de barbe (base ORL)

Les résultats obtenus ont été très satisfaisants, l'algorithme linéaire ADL-kppv appliqué à la base computer vision a donné un taux de reconnaissance de l'ordre de 90%, alors que le classsifieur neuronal MLP permet un taux de 96% et celui du réseau RBF est de 94%.

Le classifieur MLP combiné à la technique DCT et appliqué sur les images faciales de la base ORL donne un taux de reconnaissance de 97%, qui est très appréciable vu la variation dans les images faciales. Cette comparaison nous montre l'intérêt de la réduction de l'espace de données par la technique fréquencielle DCT ou DWT.

Conclusion

Nous avons étudié et réalisé un système de reconnaissance multimodale,ou bimodale, pour l'identification du locuteur/ phonèmes de la langue arabe. Ce système comporte un module de reconnaissance faciale, un module de reconnaissance acoustique de locuteur/parole et un module de fusion.

Nous avons proposé un système de reconnaissance audio visuel permettant la reconnaissance du locuteur relativement aux phonèmes de la langue arabe, en utilisant l'information acoustique produite et l'image labiale correspondante. Nous avons choisi une paramétrisation adéquate pour les deux modalités acoustique et visuelle tels que les coefficients cepstraux (MFCC et PLP) et l'analyse fréquentielle de l'image (DCT et DWT).

Nous avons ainsi montré que l'information portée par la zone labiale, utilisé comme une source complémentaire d'information au signal de parole acoustique, améliore les scores obtenus pour la modalité acoustique. Le module de fusion combine les deux vecteurs descripteurs relatifs à chaque modalité pour achever la décision de reconnaissance finale.

Les résultats obtenus montrent que la modalité visuelle améliore significativement la reconnaissance audiovisuelle en la comparant à la modalité acoustique, nous avons ainsi discuté les limites des performances de la reconnaissance acoustique, surtout en milieu partiellement bruité tel que notre environnement d'enregistrement. Parallèlement, on peut combiner d'autres classifieurs de reconnaissance pour le module fusion.

La lecture labiale est une tâche difficile à cause des homonymies labiales et des phonèmes qui ne sont pas vus. En effet, certains phonèmes ont une articulation postérieure: l'orbiculaire des lèvres ne bouge pas ou peu, et on ne peut pas les distinguer. D'autres phonèmes ont la même aperture, une tension du visage presque identique, et ces phonèmes noyés dans le cursus d'une phrase sont très difficilement analysables par la personne qui lit sur les lèvres.

Nous envisageons dans nos travaux futurs d'étudier un code supplémentaire tel que le langage des signes pour lever cette ambiguïté et renforcer le rôle de la multimodalité dans la communication entre les humains et entre l'être humain et la machine.

Conclusion générale et persepectives

La reconnaissance audiovisuelle de la parole et du visage parlant concerne la reconnaissance de la parole par les êtres humains ou la machine tels que les composantes acoustiques et visuelles sont utilisées simultanément. Dans la reconnaissance de la parole par la machine, la composante visuelle est utilisée comme support pour la reconnaissance acoustique de la parole. Les systèmes de reconnaissance acoustique du locuteur/parole sont loin d'être parfaits dans des conditions de bruit. Le contenu de la parole peut être expliqué partiellement à travers la lecture labiale.

Des problèmes peuvent être observés dans les systèmes de reconnaissance visuels du locuteur/parole ou la qualité de l'image acquise est médiocre, les conditions de pose et de prise de vue ainsi que la variation dans l'expression faciale affectent négativement les résultats. Cependant, des solutions robustes pour la reconnaissance simultanée de la parole et du locuteur emploient plusieurs modalités tels que : parole, texture labiale, mouvement des lèvres. Nous avons proposé dans ce travail l'utilisation simultanée des deux modalités acoustique et visuelle pour implémenter un système de reconnaissance audio visuelle robustes aux bruits affectant les deux signaux image et parole.

Nous avons étudié et réalisé un système de reconnaissance multimodal de la parole visuelle, ce système comporte un module de reconnaissance faciale, un module de reconnaissance acoustique de locuteur et un module de fusion. Il a été montré que le mouvement des lèvres peut être utilisé comme une source complémentaire d'information au signal de parole acoustique. Le module de fusion combine les deux vecteurs descripteurs relatifs à chaque modalité pour achever la décision de reconnaissance finale.

Nous avons réalisé le banc expérimental l'acquisition de notre corpus audiovisuel : 10 locuteurs, dont 5 femmes et 5 hommes, ont été enregistrés avec le dispositif cité auparavant, les enregistrements audio-visuels des locuteurs ont été effectués au laboratoire communication parlée et traitement du signal LCPTS permettant l'analyse des séquences correspondantes aux 28 phonèmes de la langue Arabe. Deux protocoles ont été adoptés : le premier concerne les séquences monosyllabiques de la langue arabe prises en condition non synchronisée, dans le but d'étudier les deux modalités séparément, nous avons discuté les classifiers étudié pour la modalité acoustique et la modalité visuelle. Le deuxième protocole prend en considération le cadre de classification dynamique c'est-à-dire la prise en compte d'information spatiale et temporelle tels que l'étude des phase de production de la parole audiovisuelle, nous nous sommes intéressés au calcul de la distance verticale de la bouche lors de l'articulation d'une séquence bisyllabique pour un ensemble de quatre locuteurs pour des séquences audiovisuelles synchronisées.

Notre première contribution concerne l'étude des visemes de la langue arabe qui constitue une ambiguïté visuelle dans le développement des systèmes de reconnaissance visuels. Pour cela, nous avons proposé 11 classes pour les visemes de la langue arabe en incluant les voyelles courtes en utilisant deux méthodes : statistiques et géométriques en calculant les distances labiales du contour interne et externe des lèvres prises en images fixes. Ce résultat est préliminaire et nécessite d'autres améliorations tel que l'ajout de la troisième dimension pour une meilleure caractérisation des formes labiales. Nous avons ainsi montré en étudiant les séquences bisylabiques les différentes phases de production de la parole ainsi que le phénomène de coarticulation qui complique la tache de classification de visemes et de catégorisation visuelle. Cependant, nous avons montré lors de nos expériences que la vision précède le son d'environ 300ms. Cette étude s'avère très importante dans l'étude de la synchronie audiovisuelle entre les deux modalités acoustique et visuelle **(chelali&al, 11c).**

Nous avons proposé un système de reconnaissance audio visuel permettant la reconnaissance du locuteur relativement aux phonèmes de la langue arabe, en utilisant l'information acoustique produite et l'image labiale correspondante. Nous avons choisi une paramétrisation adéquate pour les deux modalités acoustique et visuelle tels que les coefficients cepstraux (MFCC et PLP) et l'analyse fréquentielle de l'image (DCT et DWT). Nous avons traité dans une première étape les deux modalités séparément. Pour la modalité visuelle, Notre premier système décrit les lèvres par des méthodes « globales » linéaires tel que l'analyse en composantes principales « ACP » et l'analyse discriminante linéaire de Fisher « LDA », La méthode de reconnaissance ou d'identification utilisée est celle du K plus proche voisins. Lés résultas étaient plus au moins satisfaisants (des taux environ 90%), nous avons ainsi conclut que l'ADL permet une bonne séparation des classes après projection sur les axes principaux en la comparant à l'ACP **(chelali&al, 09a ; chelali&al, 09b).**

Nous nous sommes intéressés par la suite à l'application des réseaux de neurones artificiels comme classifieur ayant comme entrées les vecteurs issus de la caractérisation visuelle par DCT et DWT, et de la caractérisation acoustique par les vecteurs cepstraux MFCC et PLP**(chelali&al, 11c).** Deux types de reséaux de neurones ont été testés le perceptron multicouches MLP et le réseau à fonction de base radiale RBF. Nous avons montré que la modalité visuelle améliore fortement les résultats de la reconnaissance audiovisuelle en la comparant à ceux obtenus pour la reconnaissance acoustique. En effet, Les résultats obtenus pour la modalité acoustique varient de 75% à 100%, ceci est du à plusieurs paramètres tels que : état émotionnel et physique du locuteur, bruits existants, les conditions d'enregistrement, la vitesse d'élocution, etc. Nous avons aussi conclut que les résultats obtenus par le classifieur DCT-MLP sont meilleurs à ceux obtenus par le classifieur DWT-MLP,et que les réseaux MLP donne des résultats plus au moins supérieurs à ceux obtenus par le réseau RBF. Cependant, le MLP a été retenu pour la suite de notre analyse.

Notre deuxième contribution concerne le choix des différents classifieurs pour améliorer la reconnaissance acoustique et visuelle et celle combinat les deux. Nous avons opté pour notre analyse à la fusion sérielle des paramètres acoustiques (MFCC/PLP) et visuels (DCT) en vecteurs audiovisuels, ces derniers servent comme vecteurs d'entrée au classifieur neuronal MLP pour réaliser la reconnaissance audiovisuelle de la parole ou du locuteur.

Nous avons ainsi montré que la modalité visuelle améliore fortement les résultats obtenus pour la modalité acoustique. En effet, les résultats obtenus pour la modalité acoustique dépendent de plusieurs facteurs de variabilité, cette variabilité peut être liée

La modalité visuelle décrite par la caractérisation fréquentielle DCT ou DWT nous a permis une meilleure modélisation du visage parlant. Les deux modalités audio et video transmettent donc des informations complémentaires.

D'autres solutions peuvent être apportés à notre système en proposant une troisième modalité tels que l'analyse des gestes pour enlever l'ambiguïté (visemes) citée auparavant. Nous pourrons aussi proposer d'autres classifieurs ou d'autres types de fusion pour améliorer notre système.

Dans ce contexte, plusieurs recherches tentent de vérifier l'apport de plusieurs modalités tels que le geste, les expressions faciales dans le domaine de la communication verbale, nous pourrons citer le projet de La Langue Française Parlée Complétée (ou code LPC), qui est un complément visuel de la lecture labiale permettant la communication entre bien-entendants et sourds. La lecture labiale seule génère des ambiguïtés, puisqu'un certain nombre de sons de parole ne sont pas visibles aux lèvres et d'autres possèdent des formes aux lèvres similaires. Avec la méthode LPC, deux phonèmes de même forme visuelle sont associés à deux codes différents, présentés par la main pointant une position précise sur le côté du visage. La perception visuelle conjointe de la forme des lèvres et du code manuel permet ainsi l'identification du phonème.

Notre projet trouve son application dans plusieurs domaines de recherches. Dans plusieurs applications tels que les visioconférences, les meetings, les études du comportement humain, la fusion audiovisuelle est une étape de prétraitement. Les techniques sont applicables dans ce contexte et pas seulement restreints aux interfaces en temps réel.

Il existe un potentiel important d'application à ces recherches. La simplification de la communication entre l'homme et la machine. L'idée est de rendre le dialogue homme machine plus convivial. Les informations issues d'une analyse vidéo sont plus pertinentes qu'un système de reconnaissance du langage.

Le développement de systèmes de « surveillance » intelligents. La reconnaissance de comportement suspects (comportement agressif), les systèmes e-learning, etc.

Un autre avantage de l'utilisation des capteurs multimodaux est la robustesse à l'environnement et au bruit qui peut être achevée à travers une intégration des informations des différents capteurs tels que camera et microphone,etc.

Un autre domaine connexe à la Communication Homme-Machine, tout aussi prometteur, concerne celui de l'enregistrement et de la retranscription immédiate de (télé-) conférences et de débats (et donc de parole spontanée). Cette retranscription permettra de structurer la mémoire collective des interactions à distance ou d'indexer automatiquement les documents multimédias pour en faciliter la consultation. Dans ce cas, la machine n'est plus l'interlocuteur privilégié, mais apparaît plutôt comme un participant en retrait par rapport à la communication interhumaine, chargé d'en améliorer l'efficacité (schwartz).

Notre système réalisé ne porte pas sur le thème des interactions homme machines proprement dites, il porte sur la problématique de savoir comment faire pour que la machine « comprenne le langage audiovisuel humain ». Ce système peut être implémenté dans une chaîne d'interface homme machine visant à interpréter et reconnaître un certain nombre d'informations liées à la communication verbale ou la parole et le visage, en particulier les lèvres, sont les modalités les plus pertinentes à la mise en œuvre de notre système. Malgré sa précision, notre système n'est pas encore intégré dans une chaîne complète de communication homme machine, néanmoins, il présente un travail préliminaire au niveau de notre équipe de recherches pour des travaux futurs.

Nos perspectives de recherches à court et à long terme se focalisent d'une part sur la complémentarité et la synchronie audiovisuelle, d'autre part sur l'implémentation d'une interface homme-système qui permet au mieux à l'utilisateur de communiquer via les deux modalités acoustique et visuelle, et éventuellement de proposer d'autres modalités de communication afin d'améliorer l'efficacité et la robustesse.

Perspectives à court terme

En analysant les résultats obtenus, il serait important de corriger les erreurs dues aux acquisitions acoustiques vu les scores obtenus. Nous suggérons pour la partie visuelle d'analyser les scores en incluant la partie du visage au lieu des lèvres. Il serait aussi judicieux de proposer une étape de segmentation de lèvres ou de visages pour le traitement de la parole visuelle.

Une autre application consiste à utiliser des mesures de synchronie pour localiser, parmi plusieurs personnes apparaissant à l'écran par exemple, celle qui est effectivement en train de parler. Il suffit pour cela de mesurer la synchronie entre la voix entendue et le mouvement des lèvres de chaque personne (Bredin).

Nous proposons aussi d'étudier d'autres systèmes de fusion de modèles permettant d'intégrer les modèles de markov cachées et d'autres classifieurs tels que les machines à vecteurs supports afin d'améliorer la robustesse du système.

Nous envisageons de prendre en considération la modalité d'expression faciale, des gestes de la main et l'étude des émotions lors d'une conversation avec la machine. Il s'agira de reconnaître les actions du corps humain dans son ensemble (posture et comportement) ou de certaines parties du corps (reconnaissance de gestes, analyse des expressions faciales, reconnaissance de mouvement de la tête,).

Perspectives à long terme

Nous projetons dans nos perspectives d'ajouter la troisième dimension dans nos traitements, beaucoup plus pour l'identification de visemes. Pour certaines consonnes la 3D améliore significativement la compréhension des phonèmes ambigus. De le même contexte, nous envisageons une étude détaillée d'un langage complété parlé pour la langue arabe, que nous allons proposer aux institutions de l'éducation, ainsi que d'autres travaux permettant aux sourds et aux malentendants de mieux communiquer au sein de notre société. pour les personnes malentendantes et sourdes, la partie visuelle est une source d'information très importante.

Références bibliographiques

(Alexandra, 02)   Alexandra FORT, « Corrélats électrophysiologiques de l'intégration des informations auditives et visuelles dans la perception intermodale chez l'homme ».Thèse de doctorat présentée et soutenue publiquement le 12 Décembre 2002, L'université LYON 2 Spécialité : Sciences Cognitives - Option Psychologie Cognitive.

(Aboutabit, 07)   Noureddine Aboutabit, « Reconnaissance de la Langue Française Parlée Complétée (LPC) : Décodage phonétique des gestes main lèvres », thèse de doctorat de l'INPG, soutenue le 11 décembre 2007.

(Amehraye, 09)   Asmaa Amehraye, « Débruitage perceptuel de la parole », thèse de doctorat, l'Ecole Nationale Supérieure des Télécommunications de Bretagne en habilitation conjointe avec l'université de bretagne sud en cotutelle avec l'université Mohamed V-1gdal de rabat, soutenue le 15 mai 2009.

(Azam&al, 09)   Azam Bastanfard, Mohammad Aghaahmadi, Alireza Abdi kelishami, Maryam Fazel, and Maedeh Moghadam. (2009). Persian Viseme Classification for Developing Visual Speech Training Application, Springer-Verlag Berlin Heidelberg, P. Muneesawang et al. (Eds.): PCM 2009, LNCS 5879, pp. 1080–1085.

(Abou Zliekha&al, 06) M. Abou Zliekha, S. Al-Moubayed, O. Al-Dakkak and, N. Ghneim. « Emotional audio visual arabic text to speech", 14th European Signal Processing Conference EUSIPCO, Florence, Italy, copyright by EURASIP. 2006.

(Allano, 2009)   lorène Allano, « la biométrie multimodale : stratégie de fusion de scores et mesure de dépendance appliquée aux bases de personnes virtuelles », thèse de doctorat. Ecole doctorale Sitevry en co-accréditation acec l'université d'Evry-val d'essonne, le 12 janvier 2009.

(Bredin, 07)   Hervé BREDIN, « Vérification de l'identité d'un visage parlant. Apport de la mesure de synchronie audiovisuelle face aux tentatives délibérées d'imposture ». Thèse présentée pour obtenir le grade de Docteur de l'École Nationale Supérieure des Télécommunications, Spécialité : Signal et Images, 2007.

(Buniet, 97)   Laurent BUNIET, « Traitement automatique de la parole en milieu bruité : étude de modèles connexionnistes statiques et dynamiques », Thèse de Doctorat de l'Université Henri Poincaré - Nancy 1 spécialité informatique, présentée et soutenue publiquement le lundi 10 février 1997.

(Benoît&al, 92) C. Benoît, T. Lallouache, T. Mohamadi, & C. Abry 1992. "A set of visual French visemes for visual speech synthesis". Talking Machines, (G. Bailly et al. Eds), Amsterdam, Elsevier, 485-504.

(Benoît&al, 94) C. Benoît, T. Mohamadi & S. Kandel 1994. "Effects of phonetic context on audio-visual intelligibility of French". J. Speech and Hearing Research, 37, 1195-1293.

(Benoît&al, 96) C. Benoît, T. Guiard-Marigny, B. Le Goff, & A. Adjoudani 1996. "Which components of the face humans and machines best speechread ? Speechreading by man and machine: Models, Systems and Applications", (D.G. Stork & M.E. Hennecke, Eds), NATO ASI Series, Springer, 315-328.

(Behnke, 03) S.Behnke, "Hieraarchical Neural Networks for image interpretation", par Springer-Verlag, Juin 2003.

(Baloul, 03) Baloul Sofiane, « Développement d'un système automatique de synthèse de la parole à partir du texte arabe standard voyellé », Thèse de doctorat, Université du Maine, France, soutenue le 27 mai 2003.

(Benselama, 07) BENSELAMA Zoubir-Abdeslem, « Pathologie du Langage Parlé Arabe Cas des Sigmatismes Occlusifs et Constrictifs », Thèse de doctorat d'état en Electronique, ENP,Alger, 15-12-2007.

(Boukadida, 05) Fatouma BOUKADIDA, Noureddine ELLOUZE, « Modélisation Statistique de la Durée des Voyelles en Parole Arabe », 3rd International Conference: Sciences of Electronic, Technologies of Information and Télécommunications, March 27-31, 2005 – TUNISIA.

(Breen&al, 96) Breen, Dr. A. P, Bowers, Ms. E. and Welsh, Dr. W. An Investigation into the generation of mouth shapes for a talking head. The fourth international conference on spoken language processing, 2159 - 2162 vol.4.1996.

(Belhumeur&al, 97) Belhumeur, P.; Hespanha, J. & Kriegman, D. "Eigenfaces vs. Fisherfaces: Recognition using Class Specific Linear Projection". IEEE Transactions on Pattern Analysis and Machine Intelligence, Vol. 19, No. 7, (July 1997) 711-720, 0162-8828.

(Calen, 02) Jean Caelen, "Systèmes interactifs multimodaux", Laboratoire CLIPS/IMAG, rapport 05-Nov-2002.

(Chentir, 09) Chentir amina, « Etude de la Microprosodie en vue de la Synthèse de la parole en Arabe Standard », thèse de doctorat en électronique, USD Blida, 2009.

(Calliope, 89) E. CALLIOPE, « La parole et son traitement automatique », collection technique et scientifique des télécommunications, Masson, Paris 1989.

(Cohen&al, 93) Michael M.Cohen and Dominic W Massaro, Modeling Coarticulation in synthetic visual speech. Book Models and

Techniques in Computer Animation, pages139-156, publisher: Springer-Verlag.1993.

(Chellapa, 95)　　CHELLAPA R, Wilson C.L and Sirohey .S: "Human and machine recognition of faces: A survey". Proceedings of the IEEE, p 705-740,1995.

(Chung&al, 01)　　Ki-Chung Chung , Seok Cheol Kee , Sang Ryong Kim , "face recognition using principal component analysis of gabor filters responses", Recognition, Analysis, and Tracking of Faces and Gestures in Real-Time Systems, 2001.

(Cetingul&al, 06)　H.E. Cetingul , E. Erzin, Y. Yemez, A.M. Tekalp ,"Multimodal speaker/speech recognition using lip motion, lip texture and audio", Signal Processing 86 (2006) 3549–3558.

(Chelali, 06)　　Etude des composantes d'une séquence audiovisuelle en vue d'une reconnaissance d'acteurs, mémoire de magistère, Faculté d'électronique et d'informatique, Université des Sciences et de technologie Houari Boumédienne USTHB, 2006.

(Chelali&al, 08)　Fatma-Zohra Chelali, Amar Djeradi: "Real time face recognition from video stream using eigen faces", International Conference on Artificial Intelligence and Pattern Recognition, AIPR-08, Orlando, Florida, USA, July 7-10, 2008. ISRST 2008, ISBN 978-1-60651-000-1, pp 75-80.

(Chelali&al, 09a)　FZ. CHELALI A .DJERADI　et R.DJERADI , « Linear Discriminant Analysis for Face Recognition", International Conference on Multimedia and Systems. ICMCS'09, IEEE– April 02-04, 2009 - Ouarzazate, Morocco. IEEE Catalog Number CFP09050-CDR, ISBN :978-1-4244-3757-3.

(Chelali&al, 09b)　FZ. CHELALI　,A .DJERADI　et R.DJERADI,　"Face Recognition System based on PCA and LDA", Artificial Intelligence and Pattern Recognition (AIPR-09), Orlando, Florida,USA. during July 13-16 2009. Editors: Dimitrios A. Karras, Zoran Majkic, Etienne E. Kerre, Chunping Li　ISRST 2009, ISBN 978-1-60651-007-0,pp 24-34.

(Chelali&al, 10)　CHELALI A .DJERADI et R.DJERADI, "Face recognition system based on DCT and Neural Network", Artificial Intelligence and Pattern Recognition (AIPR-10), Orlando, Florida, USA.13-16 2010.

(Chelali&al, 11a)　FZ. CHELALI and A .DJERADI, "Audiovisual speech/speaker recognition, Application to Arabic language", International Conference on Multimedia and Systems. ICMCS'11 ,IEEE– April 07-09, 2011 - Ouarzazate, Morocco. IEEE Catalog Number CFP 731-3-CDR. ISBN :978 -1-61284-731-3.

(Chelali&al, 11b)　FZ. CHELALI A .DJERADI ET R.DJERADI, "Speaker/speech Identification System based on PLP Coefficients and Artificial Neural Network", The 2011 International Conference of Signal and Image Engineering).The World Congress on Engineering 2011 (WCE2011).

(Chelali&al, 11c)   Fatma zohra CHELALI , Amar DJERADI, " Primary research on Arabic visemes, Analysis in space and frequency domain", International Journal of Mobile Computing and Multimedia Communication (IJMCMC), published by IGI Global, USA,pp 1-19, DOI: 10.4018/IJMCMC, ISSN: 1937-9412, EISSN: 1937-9404, vol.3 , N°4.

(Dumont & al, 02)   Annie Dumont, Christian calbour, « voir la parole : lecture labiale, perception audiovisuelle de la parole ». Edition Masson, Paris 2002, ISBN : 2-294-00701-8.

(Damien&al, 09)   Pascal Damien, Nagi Wakim and Marcel Egéa, Phoneme-Viseme Mapping for Modern, Classical Arabic Language, ACTEA 2009.

(Damien, 11)   Pascal Damien, Visual Speech Recognition of Modern Classic Arabic Language, 2011 International Symposium on Humanities, Science and Engineering Research.

(Delac&al, 04)   Delac K., Grgic M., Grgic S., "Independent Comparative Study of PCA, ICA, and LDA on the FERET Data Set", Technical Report, University of Zagreb, FER, 2004.

(Davis&al, 80)   S. B. Davis et P. Mermelstein. Comparison of parametric representations for monosyllabic word recognition in continuously spoken sentences. IEEE Transactions on Acoustics, Speech and Signal Processing, vol. 28, no 4, pp 357-366, 1980.

(Delac&al, 05)   Kresimir delac, Mislav Grgic, panos liatsis , "Appearance based statistical methods for face recognition",. 47th international symposium EL-MAR 2005, 08-10 juin 2005, Croatia.

(Delac&al, 06)   Kresimir delac, Mislav Grgic, Sonja Grgic, "independant comparative Study of PCA,ICA and LDA on the FERET data Set", 2006 wiley periodicals,Inc. Vol 15,p252-260.

(Erber et al, 79)   Erber N.P, Sachs R.M , & DeFillippo C.L. (1979). Labiometrics I: Analysis of articulatory dynamics in relation to perception of vowels through lipreading. The journal of Acoustical society of America, 65, suppl. N°1, S136.

(Erber, 69)   N. P. Erber 1969. "Interaction of audition et vision in the recognition of oral speech stimuli". J. Speech and Hearing Research, 12, 423-425.

(Erber, 75)   N. P. Erber 1975. « Auditory-visual perception of speech ». J. Speech and Hearing Disorders, 40, 481-492.

(Eveno, 04)   Nicolas EVENO, « Segmentation des lèvres par un modèle déformable analytique », Thèse pour obtenir le grade de Docteur de L'INPG , Spécialité - Signal, Image, Parole, Télécoms préparée au Laboratoire des Images et Signaux (LIS) dans le cadre de l'Ecole Doctorale Electrotechnique, Electronique, Automatique, Traitement du Signal.

(Ezzat&al, 00) Tony Ezzat and Tomaso Poggio. "Visual Speech Synthesis by Morphing Visemes", In International Journal of Computer Vision 38(1), 45–57, Kluwer Academic Publishers.Manufactured in The Netherlands. 2000.

(Essid, 05) Slim Essid, « Classification automatique des signaux audiofréquences : reconnaissance des instruments de musique », thèse présentée pour obtenir le grade de docteur de l'Université Pierre et Marie Curie. Soutenue le 13 décembre 2005.

(Eleyan&al, 05) Eleyan, A. & Demirel, H. "Face Recognition System based on PCA and Feedforward Neural Networks", Proceedings of Computational Intelligence and Bioinspired Systems, pp. 935-942, 978-3-540-26208-4, Spain, June 2005, Springer-Verlag, Barcelona.

(Freeman, 92) J.A.Freeman et D.M.Skapura « Neural Network: Algorithm, Application and Programming Techniques » ;Edition Addison – Westly Publication Company1992.

(Gelin, 97) Philippe Gelin, « Détection de mots clés dans un flux de parole : Application à l'indexation de documents multimédia »,thèse pour l'obtention du grade de docteur ès sciences techniques, Ecole Polytechnique Fédérale de Lausanne.1997.

(Grant&al, 00) K. W. Grant,& P. Seitz 2000. "The use of visible speech cues for improving auditory detection of spoken sentences". J. Acoust. Soc. Am., 108, 1197-1208.

(Guellal, 09) GUELLAL Amar, « Implémentation sur FPGA d'une commande MLI on-line basée sur le principe des réseaux de neurones », Mémoire de Magister en Electronique, Ecole Nationale Polytechnique, 2009.

(Gunawan&al, 01) Wira Gunawan and Mark hasegawa-Johnson, "PLP coefficients can be quantizied at 400 BPS", department of electrical and Computer Engineering,University of Illinois at Urbana-Champaign,USA. ICASSP, Salt Lake City, UT, pp. 2.2.1-4, 2001.

(Hammami, 05) Mohamed HAMMAMI , « Modèle de peau et application à la classification d'images et au filtrage des sites Web » , Pour obtenir le grade de Docteur de l'école centrale de Lyon, 2005.

(Hadi, 03) Hadi Harb, « Classification du signal sonore en vue d'une indexation par le contenu des documents multimédias », Thèse sous la supervision de Prof. Liming Chen, Lab. LIRIS, Ecole Centrale de Lyon. 2003.

(Hueber, 09) Thomas HUEBER, « Reconstitution de la parole par imagerie ultrasonore et vidéo de l'appareil vocal : vers une communication parlée silencieuse », Thèse de doctorat de l'université Pierre et marrie curie, soutenue le 9 décembre 2009.

(Hazem&al, 07)   Hazem Mohamed Amir, Nabi Rachid et Jean François Bonastre, « Reconnaissance de Visages », Universités d'Avignon et du pays du Vaucluse, IUP GMI, 2007.

(Hung, 03)   LE Xuan Hung, « Extraction des traits non-linguistiques pour l'indexation des documents audio-visuels », DEA d'informatique : Systèmes et communications, Ecole doctorale mathématiques et informatiques, 23 juin 2003.

(Hermansky, 90)   H. Hermansky,"perceptual linear predictive(PLP) analysis of speech", journal of the Acoustical Society of America, vol 87 no.4,pp 1738-1752,1990.

(Hermansky&al, 91a) H. Hermansky, N. Morgan, A. Bayya et P. Kohn. Compensation for the effect of the communication channel in auditory-like analysis of speech (RASTA-PLP). Proceedings of the European Conference on Speech Communication and Technology, pp 1367-1370, 1991.

(Hermansky&al, 91b) H. Hermansky, N. Morgan, A. Bayya et P. Kohn. RASTA-PLP speech analysis. Rapport technique TR-91-069, 6 pp, International Computer Science Institute, Berkeley (CA, États-Unis), 1991.

(Hachkar&al, 11)   Z.HACHKAR, B.MOUNIR, A. FARCHI, J. El ABBADI, « Comparison of MFCC and PLP Parameterization in pattern recognition of Arabic Alphabet Speech", Canadian Journal on Artificial Intelligence, Machine Learning & Pattern Recognition Vol. 2, No. 3, April 2011.

(Hung, 03)   LE Xuan Hung, « Extraction des traits non-linguistiques pour l'indexation des documents audio-visuels », DEA d'informatique : systèmes et communication, Ecole doctorale mathématique et informatique, 23 juin 2003.

(Idiou, 09)   Idiou Ghania , « Régression et modélisation par les réseaux de neurones » Thèse de Magister, Constantine 2009.

(Jonas, 11)   Jacques Jonas, Prosopagnosie transitoire provoquée par stimulations intracérébrales de régions occipito-temporales spécifiques des visages, thèse de doctorat en médecine, Université Henri Poincaré, NancyI, soutenue le 17 octobre 2011.

(Jaquier, 08)   Caroline Jacquier, « Étude d'indices acoustiques dans le traitement temporel de la parole chez des adultes normo-lecteurs et des adultes dyslexiques ». Thèse de doctorat. L'université Lyon 2. École doctorale : Neurosciences et Cognition. Le 9 octobre 2008.

(Klatt, 76)   D.H.KLATT, « linguistic uses of segmental duration in English : acoustic and perception evidence », Journal of the Acoustical society of America,59,pp,1208-1221. 1976.

(Khayem, 03)   SA. Khayem, "The Discrete Cosine Transform: Theory and Application", Departement of Electrical & Computer Engineering Michigan State University, March 2003.

(Kim, 01)   Kyungnam Kim, "face recognition using principal Component Analysis", course project, 2001.

(Khoudja, 05)   Mohamed Khairallah KHOUJA, Mounir ZRIGUI et Mohamed BENAHMED, «Etude acoustique de la durée de la gémination pour la parole arabe », 3rd International Conference: Sciences of Electronic, Technologies of Information and Télécommunications , March 27-31, 2005 – TUNISIA.

(Latinus, 07)   Marianne Latinus, "De la perception unimodale à la perception bimodale des visages, Corrélats électrophysiologiques et interactions entre traitements des visages et des voix », thèse de doctorat de l'université de Toulouse III. Discipline : Neurosciences, Présentée et soutenue Le 26 mars 2007.

(Laskri&al, 02)   Mohamed tayeb laskri,Djallel chefrour, "Who_is: Système d'identification de visages humains",ARIMA,volume 1-2002. pages 39 à 61.

(Luo, 03)   Min luo, "Eigen face for recognition", ECE533 Final project Report, pall'03. Department of biomedical Engineering.

(Luong, 05)   Luong Hông Viêt, « Étude de la méthode de la transformation en ondelette et l'application à la compression des images », Rapport final de TIPE, 15 juillet 2005.

(L.bailly, 05)   Lucie BAILLY, « Etude articulatoire de la parole produite en environnement bruyant », Mémoire pour le Master Sciences et Technologies de l'UPMC, Mention Sciences de l'Ingénieur, Spécialité MIS, Parcours ATIAM, 06 juillet 2005.

(Martinez & Kak, 01)   A. Martinez, A. Kak, "PCA versus LDA", IEEE Trans. on Pattern Analysis and Machine Intelligence, Vol. 23, No. 2, February 2001, pp. 228-233.

(Martin, 00)   Jean-Claude Martin, « Introduction aux Interfaces Homme-Machine Multimodales », Rapport, LIMSI-CNRS, BP 133, 91403 Orsay Cedex, 2000. Web : http://www.limsi.fr/Individu/martin/

(Morizet, 09b)   Nicolas MORIZET, « Reconnaissance Biométrique par Fusion Multimodale du visage et de l'iris », Thèse de Doctorat, Ecole National Supérieure des Télécommunication, Paris, 18 mars 2009.

(Morizet&al, 09a)   Nicolas MORIZET, Thomas EA, Florence ROSSANT, Frederic AMIEL, Amara AMARA, « Revue des algorithmes PCA, LDA et EBGM utilisés en reconnaissance 2D du visage pour la biométrie », Institut Supérieur d' Electronique de Paris (ISEP).

(Möttönen&al, 00)   Möttönen Riikka, Olivés Jean-Luc, Kulja Janne and Sams, Mikko. Parameterized visual speech synthesis and its evaluation. Congrès Signal processing X : theories and applications ,Tampere,EUSIPCO 2000 : European signal processing conference No10, FINLANDE 04/09/2000 , pp. 769-772.

(Minh, 96)   Minh N. Do, "An Automatic Speaker Recognition System", Digital Signal Processing Mini-Project, Audio Visual Communications Laboratory Swiss Federal Institute of Technology, Lausanne, Switzerland. 1996, pp.1-14.

(Moghaddam&al, 02)   B. Moghaddam, "Principal Manifolds and Probabilistic Subspaces for Visual Recognition", IEEE Trans. on Pattern Analysis and Machine Intelligence, Vol. 24, No. 6, October 2002, pp. 780-788.

(Meng&al, 05)   Meng Joo Er, Member, IEEE, Weilong Chen, and Shiqian Wu, Member, IEEE, "High-Speed Face Recognition Based on Discrete Cosine Transform and RBF Neural Networks", IEEE Transactions on neural networks, VOL. 16, NO. 3, MAY 2005.

(Nguyen, 04)   NGUYEN Thanh Phuong, dirigé par Prof. Dr. NGUYEN Thi Hoang Lan, « detection de visage », L'Institut de la Francophonie pour l'Informatique, juin 2004.

(Naotoshi, 08)   Naotoshi Seo sonots, Pitch Detection, ENEE632 Project4 Part I: March 24, 2008.

(Navarrete&al, 02) P. Navarrete, J. Ruiz-del-Solar, "Analysis and Comparison of Eigenspace-Based Face Recognition Approaches", International Journal of Pattern Recognition and Artificial Intelligence, Vol. 16, No. 7, November 2002, pp. 817-830.

(Nguyen, 04)   NGUYEN Thanh Phuong, dirigé par Prof. Dr. NGUYEN Thi Hoang Lan, « detection de visage », L'Institut de la Francophonie pour l'Informatique, juin 2004.

(Odisio, 05)   Matthias Odisio, Estimation des mouvements du visage d'un locuteur dans une séquence audiovisuelle, Thèse pour obtenir le grade de Docteur de l'INP Grenoble Spécialité signal, image, parole, télécoms. Décembre 2005.

(Potamianos, 03)   Gerasimos Potamianos, Chalapathy Neti, Guillaume Gravier , Ashutosh Garg and Andrew W. Senior, "Recent Advances in the automatic recognition of Audiovisual Speech" , IEEE, proceedings of the IEEE, vol.91,NO.9,September 2003.

(Pinquier, 04)   Julien PINQUIER, « Indexation sonore : recherche de composantes primaires pour une structuration audiovisuelle »,thése de Doctorat de l'Universit´e Toulouse III – Paul Sabatier, Formation doctorale en informatique", Université Paul Sabatier,20 décembre 2004.

(Perronnin&al, 02) Florent Perronnin et Jean-Luc Dugelay « Introduction à la Biométrie, Authentification des Individus par Traitement Audio Vidéo », Revue Traitement du Signal, volume 19, numéro 4, 2002.

(Potamianos&al, 04) Gerasimos Potamianos, Chalapathy Neti, "Audio-Visual Automatic Speech Recognition: An Overview" Chapter to appear in: Issues in Visual and Audio-Visual Speech Processing, G. Bailly, E. Vatikiotis-Bateson, and P. Perrier, Eds., MIT Press, 2004.

(Parizeau, 04) M.Parizeau «Réseaux de neurones », par Université LAVAL, 2004.

(Revéret, 92) Lionel REVÉRET, « Conception et évaluation d'un système de suivi automatique des gestes labiaux en parole », thèse pour obtenir le grade DOCTEUR de l'Institut National Polytechnique de Grenoble, mai 1992.

(Robert&al, 98) J.Robert-Ribes, J.L. Schwartz, T. Lallouache & P. Escudier 1998. "Complementary and synergy in bimodal speech : auditory, visual, and audio-visual identification of French oral vowels in noise". J. Acoust. Soc. Am., 6, 3677-3689.

(Revéret, 99) L.Revéret, "Conception et évaluation d'un système de suivi automatique des gestes labiaux en parole », Thèse de doctorat préparée au sein de l'Institut de la Communication Parlée, 1999.

(Robaye, 06) H.Robaye, "Investigation et amélioration des méthodes d'approximations par réseaux de fonction à base radiale généralisées", PFE d'ingénieur civile électromécanicien, Université libre de Bruxelles, Faculté des Science Appliquées Service de Mathématique de la gestion 2006.

(Rioul, 93) Olivier Rioul, « Ondelettes réguliéres : Application à la compression d'images fixes », Thèse Doctorat, Ecole Nationale Supérieure des Télécommunications, 15 mars 1993.

(Rennard, 06) G.P.Rennard, "Réseaux neuronaux : une introduction accompagnée d'un modèle java", par Vuibert, Paris 2006.

(Sodoyer, 04) Sodoyer David, « La séparation de sources audiovisuelles », thèse de doctorat de l'INPG, 13 décembre 2004.

(Sumby&al, 54) W. H. Sumby & I. Pollack 1954. « Visual contribution to speech intelligibility in noise ». J. Acoust. Soc. Am., 26, 212-215.

(Schwartz&al,02) J.L. Schwartz, P. Teissier & P. Escudier 2002. "La parole multimodale : deux ou trois sens valent mieux qu'un. Traitement automatique du langage parlé - 2 : reconnaissance de la parole", (J. J. Mariani Ed.), Paris, Hermes, 141-178.

(Schwartz&al,04)   J.L. Schwartz, F. Berthommier & C. Savariaux 2004. "Seeing to hear better: Evidence for early audio-visual interactions in speech identification". Cognition, 93, 69-78.

(Summerfield, 79) Q. Summerfield 1979. "Use of visual information for phonetic perception". Phonetica, 36, 314-331.

(Summerfield, 87) Q. Summerfield 1987. "Some preliminaries to a comprehensive account of audio-visual speech perception, in Hearing by Eye : The Psychology of Lipreading",(B. Dodd & R. Campbell Eds) ,Lawrence Erlbaum Associates, London, Royaume Uni, 3-51.

(Selouani, 00)   S-A. Selouani, « Reconnaissance automatique de la parole par des techniques multiagents, connexionnistes et hybrides », Thèse d'état, Université des Sciences et Technologie Houari Boumediènne, 2000.

(Scapel&al, 97)   Nicolas Scapel et maxime sermesant, « Morphing appliquée à la reconnaissance de visages », rapport séminaire, école centrale paris en collaboration avec Damien FENEYROU de MATRA systèmes et information, février 1997.

(Scapel&al, 97)   Nicolas Scapel et maxime sermesant, « Morphing appliquée à la reconnaissance de visages », rapport séminaire, école centrale paris en collaboration avec Damien FENEYROU de MATRA systèmes et information, février 1997.

(Sergios&al, 03)   Sergios Theodoridis and Konstantinos koutroumbas.. book pattern recognition, second edition, Elsevier (USA). 2003.

(Strang, 99)   G. Strang, "The Discrete Cosine Transform", SIAM Review, vol. 41, 1999.

(Shih&al, 08)   Frank Y. Shih and Chao-Fa Chung , "Performance Comparisons of facial expression recognition in JAFFE database", International Journal of Pattern Recognition and Artificial Intelligence, Vol. 22, No. 3 (2008) 445–459, World Scientific Publishing Company.

(Toma &al, 05)   Toma monica, klaeyle Vincent, Levy Mathias, Varagnat matthieu , Roger maxime, Bercot Nicolas, keslassy michael, « comparaison de méthodes de lecture sur les lèvres », Projet scientifique collectif, 09 mai 2005, rapport écrit final.

(Tebbi&al, 07)   Tebbi Hanane, Guertie Mhania, « La conversion Graphèmes Phonèmes en vue d'une lecture automatique de textes en Arabe Standard ».Séminaire national sur le langage naturel et l'intelligence artificielle.LANIA'2007. Chlef, 20/21 Novembre 2007.

(Tiddeman&al, 02) Tiddeman, Bernard and Perret.(2002) David.Prototyping and transforming visemes for animated speech. Computer Animation 2002, ISBN: 0-7695-1594-0, pp 248-251.

(Teddy, 07)   Teddy DIDE, « Réalisation d'un framework pour la reconnaissance de la parole », Rapport de Stage, école polytechnique de l'université de tours, 2006-2007.

(Toygar, 03)   Önsen TOYGAR and Adnan ACAN,"Face recognition using PCA, LDA and ICA approaches on colored images",Journal of electrical and electronics engineering, volume 3, N°1,page 735-743,2003.

(Touzet, 92)   C.Touzet," Les réseaux de neurones artificielle, Introduction au connexionnisme, Cours, exercices et travaux pratique", Juillet 1992.

(Turk& Pentland, 91) M.Turk and A.Pentland ,"Eigen faces for recognition",journal of cognitive neuroscience, vol3,N°1,1991.

(Virginie, 05)   Virginie Attina Dubesset , la langue française complétée (LPC) : production et perception, thèse de doctorat, spécialité « sciences cognitives », INPG, soutenue le 25 novembre 2005.

(Virginie, 05)   Virginie Attina Dubesset , la langue française complétée (LPC) : production et perception, thèse de doctorat, spécialité « sciences cognitives », INPG, soutenue le 25 novembre 2005.

(Vaufreydaz, 02)   Dominique Vaufreydaz, « Modélisation statistique du langage à partir d'Internet pour la reconnaissance automatique de la parole continue », Thèse de doctorat de l'université JOSEPH FOURIER - GRENOBLE I, Informatique Système et Communication, 2002.

(Waters&al, 93)   Waters,Keith and Levergood, Thomas M. (1993). DECface: An automatic lip-synchronization algorithm for synthetic faces. (Technical report series).CRL93/4, Digital Equipment Corporation, Cambridge Research Lab, September 23.

(Wang&al, 00)   Wang Anhong, BAO Huaiqiao, Chen Jiayou. "Primary research on the viseme system in Standard Chinese". International Symposium on Chinese Spoken Language Processing (ISCSLP).2000.

(Wang&al, 06)   Xiaogang wang and Xiaoou Tang , "Random Sampling for Subspace Face Recognition", International Journal of Computer Vision 70(1), 91–104, 2006.

(Young, 97)   Young, A.W, "Finding the mind's construction in the face", the psychologist, oct. P447-452. 1997.

(Yang&al, 03)   F. Yang, M. paindavoine, N. Malasné, « Localisation et reconnaissance de visages en temps réels avec un réseau de neurones RBF : algorithme et architecture », Traitement du Signal 2003 – Volume 20 – n°4.

(Zhao &al, 95)   W. Zhao,R.Chellappa and P.J.Phillips , "Subspace Linear Discriminant Analysis for Face Recognition", Tech. rep. CAR-TR-914, Center for Automation Research, University of Maryland, College Park, MD.1999.

(Zhao &al, 03)   W.Zhao, R.Chellappa, J.Phillips and A.Rosenfeld , "Face recognition in still and video images:A litterature survey", ACM comput surv 35(2003),399-458.

Sites internet

(www1)   le cerveau humain, disponible sur site
                http://www.lecerveau.mcgill.ca/
(www2)   Emmanuel VIENNET, "Réseaux à fonctions de base radials", chapitre   4   disponible   sur   site:http://hal.archives-ouvertes.fr/docs/00/08/50/92/PDF/Chapitre_04_hermes.pdf

Contribution de l'auteur

Publications Internationales

• Fatma zohra CHELALI , Amar DJERADI, " *Primary research on Arabic visemes, Analysis in space and frequency domain*", International Journal of Mobile Computing and Multimedia Communication (IJMCMC), published by IGI Global, USA,pp 1-19, 2011.DOI: 10.4018/IJMCMC, ISSN: 1937-9412, EISSN: 1937-9404, vol.3 , N°4.

• FZ. CHELALI A .DJERADI et R.DJERADI
"*Speaker Identification System based on PLP Coefficients and Artificial Neural Network*", The 2011 International Conference of Signal and Image Engineering.The World Congress on Engineering 2011 (WCE2011), 6-8 juillet 2011. Travail publié dans le journal: Lecture Notes in Engineering and Computer Science Year: 2011 Vol: 2191 Issue: 1 Pages/record No.: 1641-1646.

• FZ. CHELALI , A .DJERADI et R.DJERADI, « *Linear Discriminant Analysis for Face Recognition*", International Journal on Information and Communication Technologies, Vol. 2, No. 3-4, July-December 2009, pp. 237-246.

Communications internationales

1. FZ .CHELALI, A .DJERADI
"Real time Face Recognition From Video Stream using Eigen Faces",
Artificial Intelligence and Pattern Recognition (AIPR-08), Orlando, FL, USA during July 7-10 2008. ISRST 2008, ISBN 978-1-60651-000-1,pp 75-80.

2. FZ. CHELALI, A .DJERADI et R.DJERADI
« *Linear Discriminant Analysis for Face Recognition*", International Conference on Multimedia and Systems. ICMCS'09 ,IEEE– April 02-04, 2009 - Ouarzazate, Morocco.
IEEE Catalog Number CFP09050-CDR, ISBN :978-1-4244-3757-3.

3. FZ. CHELALI, A .DJERADI et R.DJERADI
"*Face Recognition System based on PCA and LDA*",
Artificial Intelligence and Pattern Recognition (AIPR-09), Orlando, Florida,USA. during July 13-16 2009. ISRST 2009, ISBN 978-1-60651-007-0,pp 24-34.

4. FZ. CHELALI ,A .DJERADI et R.DJERADI
"*Face recognition system based on DCT and Neural Network*",
Artificial Intelligence and Pattern Recognition (AIPR-10), Orlando, Florida,USA. during July 13-16 2010.

5. FZ. CHELALI and A .DJERADI
"*Audiovisual speech/speaker recognition, Application to Arabic language*",
International Conference on Multimedia and Systems. ICMCS'11 ,IEEE– April 07-09, 2011 - Ouarzazate, Morocco. IEEE Catalog Number CFP 731-3-CDR. ISBN :978 -1-61284-731-3.

6. N . CHERABIT , FZ. CHELALI A .DJERADI *"A Robust Iris localization Method of Facial faces"*. International Conference on Multimedia and Systems. ICMCS'11 ,IEEE– April 07-09, 2011 - Ouarzazate, Morocco. IEEE Catalog Number CFP 731-3-CDR. ISBN :978 -1-61284-731-3.

7. FZ. CHELALI A .DJERADI et R.DJERADI
"Speaker Identification System based on PLP Coefficients and Artificial Neural Network",the 2011 International Conference of Signal and Image Engineering.The World Congress on Engineering 2011 (WCE2011), 6-8 juillet 2011.

8. Fatma zohra CHELALI, Amar. DJERADI,
" *Classifying Arabic visemes, application to lip reading"*, article accepté pour la conférence: « The eight Saudi engineering conference SEC-8).

www.ingramcontent.com/pod-product-compliance
Lightning Source LLC
Chambersburg PA
CBHW021042210326
41598CB00016B/1078